Effective SQL
61 Specific Ways to Write Better SQL

Effective SQL

编写高质量SQL语句的61个有效方法

[法] 约翰·L. 维卡斯（John L. Viescas）

[加] 道格拉斯·J. 斯蒂尔（Douglas J. Steele）　著

[美] 本·G. 克洛西尔（Ben G. Clothier）

文浩 译

机械工业出版社
China Machine Press

图书在版编目（CIP）数据

Effective SQL：编写高质量 SQL 语句的 61 个有效方法 /（法）约翰·L. 维卡斯（John L. Viescas）等著；文浩译 . —北京：机械工业出版社，2018.6
（Effective 系列丛书）

书名原文：Effective SQL: 61 Specific Ways to Write Better SQL

ISBN 978-7-111-60066-4

I. E… II. ① 约… ② 文… III. 关系数据库系统—程序设计 IV. TP311.138

中国版本图书馆 CIP 数据核字（2018）第 117712 号

本书版权登记号：图字 01-2017-0906

Effective SQL
编写高质量 SQL 语句的 61 个有效方法

出版发行：机械工业出版社（北京市西城区百万庄大街 22 号　邮政编码：100037）

责任编辑：缪　杰　　　　　　　　　　　　　责任校对：殷　虹

印　　刷：北京市荣盛彩色印刷有限公司　　版　　次：2018 年 7 月第 1 版第 1 次印刷

开　　本：186mm×240mm　1/16　　　　　　印　　张：16.25

书　　号：ISBN 978-7-111-60066-4　　　　　定　　价：69.00 元

凡购本书，如有缺页、倒页、脱页，由本社发行部调换

客服热线：（010）88379426　88361066　　　投稿热线：（010）88379604

购书热线：（010）68326294　88379649　68995259　　读者信箱：hzit@hzbook.com

版权所有·侵权必究
封底无防伪标均为盗版
本书法律顾问：北京大成律师事务所　韩光 / 邹晓东

Praise 本书赞誉

"鉴于作者在业内的声誉，这本书想必会让人印象深刻，可实际仍超出预期，我彻底被它震撼了。大部分 SQL 书籍只告诉你"怎么做"，而本书还会告诉你"为什么要这样做"。大部分 SQL 书籍将数据库设计与实现分开，而本书却将数据库设计原则与 SQL 实现的各个方面相结合。大部分 SQL 书籍都陈放在我的书架上，而本书永远放在我的办公桌上。"

——Roger Carlson，Microsoft Access MVP（2006～2015）

"学习 SQL 的基础知识很容易，但是要构建准确高效的 SQL 语句却非常困难，尤其是针对需求复杂的核心系统。但现在，有了这本书，编写高效的 SQL 语句会比以前快很多，无论你使用的是哪种 DBMS。"

——Craig S. Mullins，Mullins Consulting 公司，DB2 金牌顾问与 IBM 顶级分析师

"这本书可谓精妙绝伦。全书用初学者也能读懂的浅易语言编写，同时，那些技巧与窍门使行业专家也能从中受益。本书适合于任何专注数据库设计、管理或编程的人，他们的书架上就应该放着这样一本书。"

——Graham Mandeno，数据库顾问与 Microsoft MVP（1996～2015）

"对于任何关系型数据库或 SQL 数据库的程序员与设计师来说，本书都是一本卓越的读物——语言通俗易懂，示例知行合一。示例囊括了市面上主流的数据库产品，包括 Oracle、DB2、SQL Server、MySQL 和 PostgreSQL。书中向读者展示如何运用各种高级技巧解决诸如层次数据和计数表之类的复杂问题，同时讲解在 SQL 语句中使用 GROUP BY、EXISTS、IN、关联与非关联子查询、窗口函数和关联查询时的内部工作原理以及对性能产生的影响。书中的技巧举世无双，示例妙趣横生，绝对不同凡响。

——Tim Quinlan，数据库架构师与 Oracle 认证 DBA

"这本书适合有不同 SQL 方言工作经验的人。每个方法都是独立的，你可以按需阅读。自 1992 年以来，我一直从事与 SQL 相关的各种工作，想来也算经验丰富，但尽管如此，

我仍然从本书中学到了一些新的技巧。"

——Tom Moreau 博士，SQL Server MVP (2001～2012)

"这本书讲述了 SQL 的使用技巧，内容紧凑、直观有力、语言通俗易懂——通过用 SQL 解决现实中的问题来传授如何编写查询语句，并且解释了"数据如何存储"与"数据如何被查询"之间的关系，以获得准确高效的查询结果。"

——Kenneth D. Snell 博士，数据库咨询师与前 Microsoft Access MVP

"到目前为止，还没有一本书能够说清楚如何从初级数据库管理员成长为高级数据库管理员，这个问题一直困扰着大家。本书结合现实中真实存在的问题，引导你如何从基础的结构化查询语言（Structured Query Language，SQL）进阶到运用更为高级的技巧来解决问题，它就像学习路线图、指南、教练，或者说像破解古埃及文明的"罗塞塔石碑"一样神奇。与其瞎忙或到处寻找答案，不如帮自己一个忙：直接买这本书吧。这样你不仅能学到甚至连数据库顾问都要花数年才能想出来的各种解决方案，还能详细了解不同数据库做法迥异的原因。为了节省时间、精力，避免徒劳无益，买这本书就对了。"

——Dave Stokes，MySQL 社区管理员，Oracle 公司职员

"本书是数据库开发人员必不可少的一本书。书中展示了如何使用强大的 SQL 一步一步地解决现实中的问题。作者使用深入浅出的语言详细比较了各种解决方案的优缺点。众所周知，在 SQL 中完成一件事有很多种方法，作者解释了为什么某些特定的查询语句会比其他查询语句更有效率。我最喜欢的是每一条结尾的总结，其中再次强调了该条的重点并提醒读者哪些是需要注意的陷阱。向所有从事数据库开发的同行们强烈推荐本书。"

——Leo（theDBguy™），UtterAccess 论坛版主与 Microsoft Access MVP

"这本书讲述了如何编写高效 SQL 以及解决特定问题的不同解决方案，不仅适合普通的开发人员阅读，而且适合高级 DBA 阅读。在我看来，阅读本书是非常有必要的。还有一个原因是，这本书涵盖了大多数常用的关系数据库管理系统，如果有 RDBMS 迁移的需求，本书刚好能派上用场。作者做了件很了不起的事情，我表示由衷的感谢。"

——Vivek Sharma，Oracle 亚太地区混合云解决方案，核心云技术专家

　　大多数软件开发人员都会接触数据库开发，SQL 的语法虽然很容易学习，但是要写出高效的 SQL 语句却很困难。首先你必须了解项目需求，然后还要熟悉你所使用的数据库产品，最后才能有针对性地写出有用的 SQL 查询。但实际上能做到以上两点的开发人员很少，因为开发人员往往更熟悉项目需求，而疏于数据库与 SQL 技能；DBA 熟悉数据库的各种调优技能，但不太了解项目各方面的需求，编写 SQL 也会感觉心余力绌。作为一本经验总结性的著作，本书将帮助开发人员摆脱这个窘境，是开发人员甚至 DBA 不可或缺的手边书。

　　在翻译这本书的过程中，我深深地体会到作者的良苦用心，作者擅长运用通俗易懂的语言阐述自己的观点，并配合贴近真实项目的案例佐证修改之后 SQL 的高效与精确。翻译中，我往往会受作者一言启发，犹如醍醐灌顶，恍然大悟！建议大家在阅读每一条方法时着重理解作者要解决的问题，当项目中遇到类似的问题时，再回过头来重新习读，这样可能效果更好。

　　很荣幸能够有机会承担本书的翻译工作。在翻译过程中，经常会为一句话、一个术语进行反复讨论，到处查找资料，力图使本书的翻译能正确、贴切地反映原文的意思，同时注意使句子、段落符合中国人的语言习惯。真挚地希望你能从本书中获益，这是作者的初衷，也是我的愿望！

　　由于我的能力有限，表达方式也有所欠缺，因此译文中不可避免会有疏漏和不足之处，希望广大读者多多指正，我将不胜感激。

文浩

序 *Foreword*

从成为国际标准数据库查询语言以来，SQL 在 30 年中被众多数据库产品采用。如今，SQL 已经无处不在。高性能事务处理系统、智能手机应用程序或 Web 应用程序的后端系统，甚至有一类因不支持（或者说之前不支持）SQL 而被称为 NoSQL 的数据库也在使用 SQL。NoSQL 数据库已经添加了 SQL 接口，"No" 的含义现在被解释为 "不仅" 是 SQL。

由于 SQL 的普及，你很可能在不同产品或者开发环境中接触过 SQL。SQL 有一点为人所诟病（或许是对的）：虽然在不同数据库产品之间极其相似，但还是存在一些细微的差别。这些差别是由解读标准的不同、开发风格的不同以及底层架构的不同导致的。为了理解这些差别，使用示例对照的方式比较不同 SQL 方言的细微差别是非常有帮助的。本书就像是一块解读 SQL 查询的 "罗塞塔石碑"，书中展示了如何使用不同数据库方言编写查询语句，并解释了不同方言之间的差别。

我常说，犯错是最好的学习方法，正所谓 "吃一堑，长一智"。这么说的理由是，懂得最多的人往往犯过的错也最多，并且知道从别人的错误中吸取教训。本书包含了一些不完整或不正确的 SQL 查询示例，作者也解释了它们为什么是不完整或不正确的。你可以抓住这些机会从别人的错误中学习。

SQL 是一种既强大又复杂的数据库语言。作为一名数据库顾问兼美国与国际 SQL 标准委员会的成员，我看到很多查询都没有充分利用好 SQL 的特性。能够完全理解 SQL 的强大与复杂性并充分利用 SQL 特性的应用程序开发人员，不仅可以构建健壮的应用程序，还可以加快开发的速度。本书中的 61 个特殊示例可以帮助你习得这些知识。

——Keith W. Hare

JCC 咨询公司高级顾问

美国 SQL 标准委员会 INCITS DM32.2 副主席

国际 SQL 标准委员会 ISO/IEC JTC1 SC32 WG3 负责人

　　结构化查询语言（Structured Query Language）简称 SQL，是与大多数数据库系统通信的标准语言。如果你正在阅读本书并希望从数据库系统中获取信息，那么就需要使用 SQL。

　　本书面向从事 SQL 工作的开发人员和初级数据库管理员（DBA），适合对 SQL 的基本语法比较熟悉并且希望再获得一些有用的技巧以便更高效地使用 SQL 语言的人。而且我们发现，当从计算机编程惯用的基于过程的方式转变为基于集合的方式来解决问题时，所需的思维方式是截然不同的。

　　关系数据库管理系统（RDBMS）是一种软件应用程序，用于创建、维护、修改和操作关系数据库。许多关系数据库系统也提供了用于操作数据库中数据的客户端工具。关系数据库系统自出现以来一直在不断发展，并随着硬件技术和操作系统环境的进步变得更加完善和强大。

SQL 简史

　　IBM 研究员 Edgar F. Codd 博士（1923—2003）在 1969 年首次提出了关系数据库模型。他在 20 世纪 60 年代后期研究了处理大量数据的新方法，并开始思考如何应用数学原理解决遇到的各种问题。

　　自 1970 年 Codd 博士向世界提出了关系数据库模型之后，许多组织（如大学和研究实验室）开始致力于开发一种语言，用作支持关系数据库的基础。20 世纪 70 年代中期几种不同的语言出现，其中一个正是来自位于加利福尼亚州圣何塞的 IBM 圣特雷莎研究实验室的努力。

　　20 世纪 70 年代初，IBM 启动了一个名为 System/R 的重大科研项目，旨在证明关系模型的可行性，并希望在设计和实现关系数据库方面获得一些经验。1974～1975 年，他们的初次实验获得成功，创建了一个关系数据库的迷你原型。

　　在开发关系数据库的同时，研究人员也在努力定义数据库语言。1974 年，Donald Chamberlin 博士和他的同事发明了结构化英语查询语言（Structured English Query Language，

SEQUEL），这门语言允许用户使用清晰易懂的英语句子操作关系数据库。原型数据库 SEQUEL-XRM 的初步成功，激励着 Chamberlin 和他的同事，他们决定继续研究。1976～1977 年，他们把语言名称从 SEQUEL 修改为 SEQUEL/2，但是不巧，SEQUEL 缩写已经被别人使用了，出于法律原因，他们不得不将 SEQUEL 更名为 SQL（结构化查询语言或 SQL 查询语言）。时至今日，虽然大家已经广泛接受了官方发音"ess-cue-el"，但是许多人还是将 SQL 读作"sequel"。

虽然 IBM 的 System/R 项目与 SQL 语言证明关系数据库是可行的，但是由于当时的硬件技术水平太低，这款产品并没有商用。

1977 年，加利福尼亚州门罗公园的一群工程师创办了 Relational Software 公司，他们开发了一套基于 SQL 的关系数据库产品并命名为 Oracle。1979 年，Relational Software 公司发布了这款产品，使之成为第一个商业化的关系数据库产品。Oracle 的一大优势是能运行在 Digital 的 VAX 小型机上，而不是昂贵的 IBM 大型机。Relational Software 公司此后更名为 Oracle 公司，成为 RDBMS 软件领域领先的厂商之一。

大约在同一时间，来自加利福尼亚大学伯克利分校计算机实验室的 Michael Stonebraker、Eugene Wong 和其他几位教授也在研究关系数据库技术。他们也开发了一个关系数据库的原型，命名为 Ingres。Ingres 使用一种称为查询语言（QUEL）的数据库语言，它比 SQL 结构更为清晰，而且使用了更少的类似英语的词句。但是，很明显当时 SQL 正在慢慢变成数据库标准语言，所以 Ingres 最终改为基于 SQL 的关系数据库。1980 年，这几位教授离开伯克利，成立了 Relational Technology 公司。1981 年，他们发布了 Ingres 的第一个商业版本。Relational Technology 公司之后经历了几次变革。Ingres 之前为 Computer Associates International 公司所有，现在属于 Actian 公司，但不管怎么样，Ingres 仍然是行业数一数二的数据库产品。

1981 年，IBM 也宣布开发自己的关系数据库，名为 SQL/DataSys（SQL / DS），并于 1982 年发布。1983 年，IBM 公司推出了一种名为 Database 2（DB2）的新型关系数据库产品，它可以在安装 IBM 的主流 MVS 操作系统的 IBM 大型机上运行。1985 年第一次发布之后，DB2 就成为 IBM 首屈一指的关系数据库，其技术已经融入 IBM 整个产品线中。

随着数据库语言的不断发展，语言标准化的想法在数据库社区中呼声渐长。但是，由谁来制定标准，或者应该参照哪个方言来制定一直没有达成共识，所以每个开发商还在不断开发与改进他们自己的数据库产品，并希望有朝一日自己的数据库方言能够成为行业标准。

许多开发商都会根据用户的反馈和需求在自己的数据库方言中增加新的元素，从而形成了早期非正规的标准。相对现在的标准来说它只能算是很小的一部分，因为它只包含各种 SQL 方言中相似的部分。然而，正是这一小部分规范（尽管不是很完善）为数据库用户提供了一套权威的评判标准，通过这些标准可以判断市场上的各种数据库，并且用户可以在不同数据库间切换。

1982 年，为了满足关系数据库语言标准化日益增长的需求，美国国家标准协会（ANSI）委托旗下 X3 组织数据库技术委员会 X3H2 制定一个标准。一番周折之后（包括对 SQL 的大量改进），委员会才意识到新的标准与市面上主要的 SQL 方言不兼容，对 SQL 的修改也并没有带来显著提高，不兼容是肯定的。最后，他们只保留了数据库厂商都能够遵循的最小集合。

1986 年，美国国家标准协会（ANSI）正式采纳了"ANSI X3.135-1986 数据库语言 SQL"这个标准，也就是我们熟知的 SQL/86 标准。本质上，它就是将各种 SQL 方言之间的相似部分提取出来并标准化，其实许多数据库厂商早就实现了。尽管这个标准还不太完善，但是至少为数据库语言的未来奠定了坚实的基础。

1987 年，国际标准化组织（ISO）正式批准了自己的数据库标准（几乎和 ANSI SQL/86 一样）作为国际标准，标准文件为"ISO 9075：1987 数据库语言 SQL"（这两个标准通常都简称为 SQL/86）。国际数据库社区厂商与美国数据库厂商使用了相同的数据库标准，他们可以联合工作。尽管 SQL 已经标准化了，但是语言离完成还很远。

很快 SQL/86 受到舆论、政府和行业专家的多方批评，例如著名的数据库大师 C. J. Date 认为 SQL 语法很冗余（相同的查询有不同的写法），缺乏对某些关系运算符以及引用完整性的支持。

为了解决这个问题，ISO 和 ANSI 修改了标准，只采用了原来标准中的核心部分，而且特别增加了对数据引用完整性的支持。1989 年中期，ISO 发布了名为"ISO 9075：1989 数据库语言 SQL 与完整性增强"的标准文件。同年末期，ANSI 也发布了名为"X3.135-1989 数据库语言 SQL 与完整性增强"的标准文件。这两个标准通常简称为 SQL/89 标准。

人们普遍认为，SQL/86 和 SQL/89 标准缺乏数据库系统应有的最基本功能。例如，标准中没有定义如何修改或删除数据库结构，也没有定义修改数据库的安全权限的方法，即便所有数据库厂商都已经在自己的产品中实现了这些功能（例如，使用 CREATE 语法创建了数据库对象，但是标准中没有定义 ALTER 或 DROP 语法来修改这个数据库对象）。

ANSI 和 ISO 不想再制定一个所有数据库厂商都能支持的"最小集合"，他们把工作重点放在了 SQL 的修订上，这也许能让 SQL 变得更加完善。新标准（SQL/92）包括了大多数数据库厂商已经广泛支持的功能，但是也包括一些只有少数数据库厂商支持的功能，甚至还有一些从未实现过的功能。

1992 年 10 月，ANSI 与 ISO 分别发布了新的 SQL 标准文件"X3.135-1992 数据库语言 SQL"和"ISO/IEC 9075：1992 数据库语言 SQL"。SQL/92 标准的内容远多于 SQL/89，而且涉及的范围更广。例如，新标准中定义了创建数据库结构之后修改它的方法，增加了对字符串、日期和时间的操作运算符，并定义了额外的安全特性。相比之前的标准，SQL/92 算是个重要的里程碑。

当数据库厂商致力于实现 SQL/92 标准中的功能时，他们也在开发和实现自己的功能，从而在 SQL 标准的基础上扩展新的功能。虽然这些扩展（例如支持更多的数据类型，在 SQL/92 中只有 6 种数据类型）能为产品提供更多的功能，而且还可以区分其他的数据库产品，但同时也存在很多隐患。最主要的问题是，扩展导致每个数据库厂商的 SQL 方言与原始标准相差甚远，这就破坏了应用程序在不同数据库之间运行的可移植性。

1997 年，ANSI 的 X3 组织更名为国家信息技术标准委员会（NCITS），原来负责 SQL 标准的技术委员会现在称为 ANSI NCITS-H2。由于 SQL 标准复杂性的激增，ANSI 和 ISO 标准委员会将标准分成 12 个有独立编号的部分和一个附录，这样做的原因是，他们已经开始 SQL3 的工作（这样命名是因为它是标准的第三个主要修订版本），分开之后每个部分的工作可以同时进行。自 1997 年至今，共制定了两个新的部分。

本书中所有的内容都是基于最新版的 ISO SQL 标准：数据库语言——SQL/ 基础（文档 ISO/IEC 9075-2:2011）——目前已经在大多数商业数据库系统中实现。ANSI 也采用了 ISO 标准，这个标准因此成了真正的国际化标准。我们还参考了 IBM DB2、Microsoft Access、Microsoft SQL Server、MySQL、Oracle 和 PostgreSQL 的最新文档，在需要解释不同数据库产品的不同语法时会用到。虽然你在本书中学习的大多数 SQL 不是针对某个特定的数据库软件产品，但是我们会在必要的时候向你展示与特定数据库产品相关的示例。

我们关注的数据库

虽然上一节提到了 SQL 标准，但是这并不意味着所有数据库系统都是一样的。DB-Engines 网站收集整理了大量的数据库系统，并按照流行度每月公布一次排名，网址为 http://db-engines.com/en/ranking/relational+dbms。

有 6 个数据库系统持续保持排行榜最热门 DBMS 好几个月，按字母顺序依次为（括号里的版本是书中测试使用的数据库版本）：

1）IBM DB2（Linux、UNIX 和 Windows 版的 DB2，v10.5.700.368）

2）Microsoft Access（Microsoft Access 2007，向上兼容 2010、2013、2016 或更高版本）

3）Microsoft SQL Server（Microsoft SQL Server 2012 11.0.5343.0）

4）MySQL（MySQL 社区版 5.7.11）

5）Oracle 数据库（Oracle Database 11g Express 版本 11.2.0.2.0）

6）PostgreSQL（PostgreSQL 9.5.2）

这并不意味着书中的代码不能在这 6 种数据库之外的数据库中运行，我们只是没有在其他数据库或其他版本上测试而已。阅读本书时，你可能会注意到，在针对不同数据库时，我们都添加了说明（标有注意的部分）。注意的内容只涵盖这 6 种数据库。如果你使用的是其他数据库，运行示例遇到任何问题时，请查阅相关数据库文档。

示例数据库

为了阐明书中的概念，我们创建了一些用于举例的数据库，如下：

1）啤酒风格：这是一个很有趣的游戏，根据 Michael Larson 的书《 Beer: What to Drink Next 》（Sterling Epicure，2014）中提到的，对 89 种不同风格的啤酒进行分类。

2）演出代理：这个数据库用来管理演员、代理、客户和预订。你将使用类似的设计来处理待办事项和酒店预订。

3）菜谱：这个数据库可以用来保存和管理所有喜爱的食谱。

4）销售订单：这个是典型的商店订单数据库，销售自行车、滑板以及相关配件。

5）学生课程：这个数据库用来管理学生的信息、他们参加的课程，以及课程成绩。

我们还为某些条目提供了特殊的示例数据库，在这些条目里面就可以找到与这些示例数据库相关的创建代码。你可以在 GitHub 上找到与本书相关的数据库表结构和示例数据。

在 GitHub 上查找示例

很多技术书籍都会附带一个包含全书代码的光盘。我们觉得这太局限了，所以决定把书中的所有示例都放在 GitHub 上，网址为 https://github.com/TexanInParis/Effective-SQL。

GitHub 上，最上层的 6 个文件夹是我们关注的几个数据库系统。6 个文件夹中分别包含与书中章节相对应的 10 个文件夹和 1 个示例数据库文件夹。

在这 10 个文件夹中分别包含一些 SQL 代码文件，文件名与对应章节内的代码清单的编号一致。注意，这些代码不一定适用于所有数据库。如果存在不兼容某些数据库的情况，在每个章节文件夹下面我们都创建了一个名为 README 的文件，用来记录不同数据库之间的差异。对于 Microsoft Access，README 文件记录的是哪个示例数据库包含对应章节的代码清单。

GitHub 根目录还有一个 Listings.xlsx 文件，这个文件记录了每个示例数据库对应哪些代码清单，同时还记录了这些代码清单能够适用于 6 个数据库系统中的哪几个。

每个示例数据库文件夹中都包含许多 SQL 文件，除了 Microsoft Access 示例数据库，Microsoft Access 文件夹下面包含的都是 Microsoft Access 2007 格式的 .accdb 文件。我们使用 Microsoft Access 2007 格式的原因是它能兼容版本 12（2007）以上的所有版本。示例数据库文件夹下面的某些文件是用来创建数据库表结构的，另外一些是用来插入示例数据库的数据的。（注意，书中的某些条目依赖于某些特定的数据。这些条目需要的数据库结构和数据有时就包含在章节的代码清单中。）

🔵 注意　在准备本书的代码清单时，有些时候会遇到每行 63 个字符的限制，这个限制是纸质书规定的。某些代码清单可能存在编辑错误。当你不确定的时候，请参考我们在 GitHub 上的代码清单，上面的代码清单都测试过，我们确信都是正确的。

章节概要

正如本书的书名所示，书中共包含了 61 个方法。每个方法条目都是相对独立的。如果你使用某个条目里面的内容，不需要阅读其他条目。当然，也有特例，有些条目里的内容依赖于其他条目。在这种情况下，我们尽可能地提供它们之间的依赖关系，但绝大多数情况下，我们都提供了它们之间的引用关系，所以你可以自行查阅。

虽然每个条目正如我们说的那样相互独立，但是仍然可以分成不同的主题。我们把它们分成以下 10 个主题：

1）*数据模型设计*：如果你面对的是糟糕的数据模型设计，想要编写高效的 SQL 语句是不太可能的，该章包含一些基本的数据模型设计原则。如果你的数据库设计违反了该章中讨论的任何原则，你应当找出问题所在并修复。

2）*可编程性与索引设计*：仅靠良好的逻辑数据模型设计是写不出高效的 SQL 语句的。你还必须保证设计被正确实施，否则你可能会发现使用 SQL 从数据库中高效查询数据的能力会大打折扣。该章将帮助你了解索引的重要性，以及如何正确地使用它。

3）*当你不能改变设计时*：有时，就算你使出浑身解数，也没办法处理在你控制之外的外部数据。该章将帮助你解决这个难题。

4）*过滤与查找数据*：从数据库中查询或过滤数据的能力是 SQL 的主要功能之一。该章探讨了几种不同的方法，可以用来查询所需的数据。

5）*聚合*：SQL 标准一直都有聚合数据的功能。但是，通常你得提供诸如"按客户统计总数""按天统计订单数"或者"按月统计每个类型的平均销售额"等的统计方式。它总是跟在"按""以"或者"每"后面。该章将介绍高效聚合数据的技术，其中还会介绍如何使用窗口函数解决更为复杂的聚合问题。

6）*子查询*：使用子查询有很多种方法。本章将介绍在 SQL 语句中使用子查询获得更多灵活性的各种方法。

7）*获取与分析元数据*：有时候会觉得信息不够。你需要有关数据的信息，甚至可能需要有关数据如何被查询到的信息。这种情况下，使用 SQL 获取数据库元数据可能会有帮助。该章可能会针对某个数据库产品，但我们希望书中提供了足够的信息，以便你可以将这些原则应用到数据库系统中。

8）*笛卡儿积*：笛卡儿积是将一个表中的所有行与第二个表中的所有行组合在一起的结果。虽然可能不像其他表连接查询那样常用，但该章中展示的案例如果不使用笛卡儿积是没办法解决的。

9）*计数表*：另外一个有用的工具就是计数表，通常是具有单列连续递增数字的表、单列连续递增日期，或者更复杂一点的用作记录行列转换函数所需列名的表。笛卡儿积依赖于表中实际存储的数据，而计数表则不受此限制。该章介绍了几种只有使用计数表才能解决的问题。

10）**层次数据建模**：在关系数据库中，层次数据建模并不罕见。糟糕的是，它恰好是 SQL 的一个软肋。该章将帮助你如何在数据规范化和查询与维护元数据的便利性之间进行权衡。

每种数据库系统都有一些用来计算或者操作日期与时间的函数。同样，每种数据库系统也有自己的日期与时间的数据库类型和计算规则。由于这些差异的存在，我们特意提供了一个附录，在使用日期和时间的时候提供给你一些帮助。虽然我们确信已经总结了所有的数据类型和运算符，但还是强烈建议你参考相关的数据库文档，了解你使用的函数的特定语法。

致 谢 *Acknowledgements*

有位著名的政客曾经说过："养育一个孩子,需要全村的力量。"如果你想写一本书,不管是技术还是非技术方面的,都需要一个强大的团队,才能把你的"孩子"变成一本好书。

首先,要感谢 Trina MacDonald,我们的策划编辑兼项目经理。自 John 的畅销书《SQL Queries for Mere Mortals》出版以来,他就一直缠着 John,不仅促成了 John 与 Effective 软件开发系列的合作,还带领这个项目成功度过各个阶段。John 组建了一个真正国际化的团队,这是完成本书的关键,他个人非常感谢团队成员的辛勤付出。此外,特别感谢 Tom Wickerath 在项目早期与后期技术审校期间提供的帮助。

之后,Trina 把我们介绍给了 Songlin Qiu,我们的开发编辑,她帮助我们了解了写一本 Effective 系列书籍的来龙去脉。非常感谢 Songlin 的指导。

接下来,Trina 邀请了一大批技术编辑,他们辛勤地审校并调试了数百个例子,给了我们很多有价值的反馈。感谢负责 MySQL 的 Morgan Tocker 与 Dave Stokes,负责 PostgreSQL 的 Richard Broersma Jr.,负责 IBM DB2 的 Craig Mullins 以及负责 Oracle 的 Vivek Sharma。感谢大家!

在这期间,此图书系列的编辑也是畅销书《Effective C++》的作者 Scott Meyers,也给我们提供了很多宝贵的意见。希望本书能让 Effective 系列之父引以为豪。

然后,感谢来自制作团队的 Julie Nahil、Anna Popick 和 Barbara Wood,他们帮助我们将书装订成册以便出版。没有他们,我们不可能完成这项工作。

最后,感谢我们的家人,多少个漫长的夜晚他们独自承受,而我们却忙于编辑初稿和整理示例。真心感谢他们的理解与耐心!

——John Viescas
法国巴黎
——Doug Steele
加拿大安大略省凯瑟琳街
——Ben Clothier
美国德克萨斯州康弗斯

John L. Viescas 是一位拥有超过 45 年工作经验的独立数据库顾问。他最初是一名系统分析师,曾为 IBM 大型机系统设计过大规模的数据库应用程序。他在德克萨斯州达拉斯做过 6 年的数据研究工作,在那里,他带领着一个超过 30 人的团队,负责 IBM 大型机数据库产品的研究、开发与客户支持工作。在达拉斯做数据研究期间,John 完成了他在德克萨斯大学达拉斯分校的商业与金融学专业的学业,并以优异的成绩获得该专业的学士学位。

1988 年,John 加入 Tandem 计算机公司,负责美国西部销售片区的数据库营销程序的开发与实施。他是 Tandem 公司关系数据库管理系统 NonStop SQL 技术研讨会的发起者。John 的第一本书《A Quick Reference Guide to SQL》(Microsoft Press,1989),作为一个研究项目记录了 SQL 语法在 ANSI-86 SQL 标准、IBM 的 DB2、Microsoft 的 SQL Server、Oracle 公司的 Oracle 以及 Tandem 的 NonStop SQL 之间的相似性。他从 Tandem 休假期间,写了《Running Microsoft® Access》(Microsoft Press,1992)的第 1 版。之后又陆陆续续写了 4 本 Running 系列的书,3 本《Microsoft® Office Access Inside Out》(Microsoft Press,2003、2007 和 2010)即 Running 系列的后续篇,以及《Building Microsoft® Access Applications》(Microsoft Press,2005)。他也是畅销书《SQL Queries for Mere Mortals》(第 3 版,Addison-Wesley,2014)的作者。John 目前是连续被评为 Microsoft Access MVP(最有价值专家)时间最长的纪录保持者,1993~2015 年每年都获此殊荣。John 与他的妻子一直住在法国巴黎,已经 30 多年了。

Douglas J. Steele 与计算机打交道已经超过 45 年了,用过大型机和小型计算机(最初甚至还用过穿孔卡!)。2012 年退休之前,他曾在一家大型国际石油公司就职超过 31 年。虽然在职业生涯的后期他主要从事系统中心配置管理器(System Center Configuration Manager,SCCM)任务序列的开发,将 Windows 7 安装在全球超过 100 000 台计算机上,但是

他大部分时间关注的焦点还是数据库与数据建模。

Doug 连续 17 年被评为 Microsoft MVP，他发表了许多关于 Access 的文章，是《Microsoft® Access® Solutions: Tips, Tricks, and Secrets from Microsoft® Access® MVPs》（Wiley, 2010）的合著者，担任过许多书的技术编辑。

Doug 拥有滑铁卢大学（加拿大安大略省）系统设计工程专业硕士学位，他的研究主要集中在为特殊计算机用户设计用户界面（但话又说回来，20 世纪 70 年代末，很少有计算机用户是普通的！）。这项研究源于他的音乐背景（他是多伦多皇家音乐学院钢琴表演的会员）。他还痴迷于酿酒，曾毕业于尼亚加拉学院（安大略省尼亚加拉湖）的酿酒师与酿酒厂运营管理专业。

Doug 和他的爱妻一直住在加拿大安大略省凯瑟琳街，已经超过 34 年了。你可以通过以下邮箱联系他：AccessMVPHelp@gmail.com。

Ben G. Clothier 是 IT Impact 公司的解决方案架构师，IT Impact 公司是一家在 Access 和 SQL Server 领域领先的开发商，总部位于伊利诺伊州芝加哥市。他曾担任很多公司的独立顾问，包括 J Street Technology 和 Advisicon 等知名公司，负责把一个小型的 Access 项目从个人解决方案扩大为整个公司业务线的整体解决方案。代表项目包括为水泥公司做的工作记录跟踪与库存管理功能，为保险公司做的医疗保险计划生成器，还有为某国际航运公司做的订单管理功能。Ben 是 UtterAccess 论坛的管理员，并且与 Teresa Hennig、George Hepworth 和 Doug Yudovich 合著了《Professional Access® 2013 Programming》（Wiley，2013），与 Tim Runcie 和 George Hepworth 合著了《Microsoft® Access® in a SharePoint World》（Advisicon，2011），也是《Microsoft® Access® 2010 Programmer's Reference》（Wiley，2010）的特邀作者。他拥有 Microsoft SQL Server 2012 解决方案助理认证，也是 MySQL 5.0 认证开发人员。自 2009 年以来，他一直被微软评为 MVP。

Ben 和妻子 Suzanne、儿子 Harry 住在德克萨斯州的圣安东尼奥。

Richard Anthony Broersma Jr. 是 Mangan 公司的系统工程师，公司位于加拿大长滩。他拥有 11 年 PostgreSQL 应用程序开发经验。

Craig S. Mullins 是一位数据管理分析师、研究员和顾问。他是 Mullins 咨询公司的总裁兼首席顾问，被 IBM 评为金牌顾问与顶级分析师。他在数据库系统开发领域有超过 30 年的经验，从 DB2 第 1 版就开始使用。想进一步了解他，可以阅读他的畅销书:《DB2 Developer's Guide》（第 6 版，IBM，2012） 和《Database Administration: The Complete Guide to DBA Practices and Procedures》(第 2 版，Addison-Wesley，2012）。

Vivek Sharma 目前是 Oracle 亚太地区 Oracle 核心技术与混合云解决方案部门的技术专家。他拥有超过 15 年的 Oracle 技术领域工作经验，在成为全职 Oracle 数据库性能架构师之前，他曾作为一名开发人员从事 Oracle Forms 组件与 Reports 组件的开发。作为 Oracle 数据库专家，Vivek 投入大量时间帮助客户提高 Oracle 系统与数据库投资的利用率，他是著名 Oracle Elite Engineering Exchange 组织与 Server Technologies Partnership 计划的成员。Sharma 被 Oracle 印度社区评为 2012 年度与 2015 年度的"年度最佳演讲者"。他在博客（viveklsharma.wordpress.com）上发表了很多关于 Oracle 数据库技术的文章，并在 www.oracle.com/technetwork/index.html 上发表了一些关于 Oracle 技术网络的文章。

Dave Stokes 是 Oracle 公司 MySQL 社区的管理员。他之前是 MySQL AB 公司与 Sun 公司的 MySQL 认证经理。他的工作经历按字母排序涵盖从美国心脏协会（American Heart Association）到施乐（Xerox）公司，工作的内容从反潜作战到网站开发人员，范围很广。

Morgan Tocker 是 Oracle 公司 MySQL Server 的产品经理。他曾担任过很多角色，包括技术支持、培训及社区管理。Morgan 现住在加拿大多伦多市。

目　录 *Contents*

第 1 章 *Chapter 1*

数据模型设计

"猪耳朵做不成丝钱包"——巧妇难为无米之炊。这句名言出自 1579 年英国著名讽刺作家 Stephen Gosson，这句话也同样适用于数据库设计。如果你面对的是一个糟糕的数据模型设计，想写出高效的 SQL 语句是不太可能的。当数据模型规范化没有使用正确的关联关系定义时，你会发现使用 SQL 语句从这些数据中获取有用的信息即使有可能也会是相当困难的。本章介绍了一些基本的数据模型设计原则。如果你的数据库设计违反了本章中讨论的任何原则，应当找出问题所在并修复。

如果数据库设计不在你的控制之下，至少也要能够理解你面对的问题是什么，然后再把你认为可行的方案解释给有设计权利的人。你可以使用本章中提到的内容来解释，为什么很难或根本不可能使用 SQL 从数据库查询数据。即使你没办法改善设计，在 SQL 中也有其他变通的方法可以解决某些问题。倘若这是你正面对的情况，请阅读第 3 章。

我们并不会谈及数据库设计的所有方面，只会涉猎一些基础的。如果你想深入地了解如何设计一个规范的关系模型，找一本好的数据库设计书籍，例如 Michael J. Hernandez 的《Database Design for Mere Mortals》（第 3 版，Addison-Wesley，2013）。

第 1 条：确保所有表都有主键

关系模型要求数据库系统能够区别表中的每一行，所以每张表都应该包含由一列或多列组成的主键。主键的值必须唯一且不能为空（有关空值的更多细节，请阅读第 10 条）。如果缺少主键，过滤数据时就没办法确定到底是匹配一行还是零行。然而，创建没有主键的表是合法的。事实上，仅仅将一列或多列设置为非空且唯一并不意味着数据库引擎会更有效地使用这些列。必须通过在一列或多列上定义主键的方式明确地告知数据库引擎才行。此外，在没有定义主键的表之间创建模型关系通常是不可能或不可取的。

图 1-1　数据不一致的例子

当表缺少主键时，会出现各种问题，比如重复数据、数据不一致、查询缓慢以及统计报告中信息不准确等！以图 1-1 中所示的 Orders 表为例。

在图 1-1 中，从计算机的角度来看，表中的值的确都是唯一的，但是有可能它们都属于同一个人，至少第 1、2 和 4 行（John A. Smith 的变体）是相同的。虽然计算机处理数据的速度比任何人的大脑都快，但是在没有预先大量编程的情况下，计算机并不善于识别相同的数据。因此，即使我们可以把 Customer 列定义为表的主键，也不见得会是一个很好的设计，即便它满足了唯一性要求。

那么，什么样的列才能作为主键呢？主键应具有以下特征：

❑ 唯一性

❑ 值非空

❑ 不可变（即值永不会被更改）

❑ 尽可能简单（例如采用整数数据类型而不是浮点或字符类型，使用单列而不是多列）

符合上述要求的常见做法是使用自动生成的无意义数值类型作为主键。这种主键在不同关系数据库管理系统（RDBMS）软件中叫法不一样，在 IBM DB2、Microsoft SQL Server 和 Oracle 12c 中称为 IDENTITY，在 Microsoft Access 中称为 AutoNumber，在 MySQL 中称为 AUTO_INCREMENT，PostgreSQL 中称为 serial。在以往的 Oracle 版本中，需要使用 Sequence 对象作为主键，但不同的是，它是一个独立的对象而不是列的属性。DB2、SQL Server 和 PostgreSQL 也同样支持 Sequence 对象。

引用完整性（RI）是关系数据库中非常重要的概念。强制引用完整性是指子表中具有非空外键的所有记录都必须在父表中找到相匹配的记录。

一个设计良好的 Orders 表，客户信息应该来自一个外键，此外建关联另外一张 Customers 表的主键。如果存在多个名为 John Smith 的客户，每条客户记录应该拥有自己的唯一标识，这样识别每个订单的唯一客户就容易多了。

为了维持表之间的引用完整性，主键值的任何改动都必须级联更新到关联表的相关子记录。但级联更新会导致关联表加锁，在高并发多用户数据库中可能导致严重的问题。以

图 1-2 所示的 Customers 表为例，该表取自 Microsoft Access 2003 的示例数据库 Northwind 中的 Customers 表。

在这个示例中，我们假设有一个业务规则，文本型的主键 CustomerID 的值会随公司的名称变化而变化。如果某一个公司修改了名称，CustomerID 的值也会按照相关的业务规则改变。这就需要级联更新关联表中的数据。如果使用无意义的数据作为主键，就可以避免这样做，而且还可以保留文本型的列显示相关业务的值。

	CustomerID	CompanyName	ContactName	ContactTitle
1	ALFKI	Alfreds Futterkiste	Maria Anders	Sales Representative
2	ANATR	Ana Trujillo Emparedados y helados	Ana Trujillo	Owner
3	ANTON	Antonio Moreno Taquería	Antonio Moreno	Owner
4	AROUT	Around the Horn	Thomas Hardy	Sales Representative
5	BERGS	Berglunds snabbköp	Christina Berglund	Order Administrator
6	BLAUS	Blauer See Delikatessen	Hanna Moos	Sales Representative

图 1-2 Customers 表中的示例数据

支持文本型作为主键的一个常见观点是它可以防止引入重复数据。例如，如果把 CompanyName 列设置为主键，可以保证不存在重复的名称。然而，通过在 Customers 表的 CompanyName 列上创建唯一索引的方式来防止重复名称一样容易。在满足了引用完整性的同时，仍然可以使用自动生成的数值作为主键。如果同时采纳了第 2 条和第 4 条建议，避免出现我们在图 1-1 中提到的问题就特别奏效。另一方面，使用文本型的主键避免了在连接查询时需要事先在其他表查询与数值主键对应的文本值的开销（CompanyName，图 1-2 中的例子），这样通常能够简化 SQL 语句。

使用数值还是文本型作为主键一直都是数据库专家们激烈争论的问题。我们并不会倾向任何一方的观点，我们关注的重点是所有表都有能作为主键的唯一标识。

同时，我们建议不要使用复合主键，因为效率太低，有以下两个原因：

1）定义主键时，大多数数据库系统会同时强制创建唯一索引。唯一索引创建在多列上会对数据库系统造成额外的负担。

2）使用主键做连接查询很常见，但是在具有多个列的主键上这样做会很复杂，效率也更低。

但是，在某些情况下，使用包含多个列的主键确实是有帮助的。以一个关联产品和供应商的表为例，表包含 VendorID 和 ProductID 字段，分别关联供应商和产品表的主键。这个表可能还包含其他列，例如用来表明产品的供应商是一级供应商还是二级供应商的字段，还有产品的价格字段。

你可以添加一个自动生成的数值列作为代理主键，但是你也可以使用 VendorID 和 ProductID 两列的组合作为主键。你始终会使用其中一个字段关联到这个表，因此设置复合主键可能会比单独再添加一列作为主键更有效率。而且你会使用这两列来标识数据的唯一性，所以使用这两列作为复合主键而不是再添加一列作为主键更好。请阅读第 8 章深入了解复合主键的优势。

总结

- ❏ 所有表都必须有一列（或多列）设置为主键。
- ❏ 如果不希望非键列出现重复数据，在列上定义唯一索引以保证其完整性。
- ❏ 键尽可能简单，且值不被更改。

第 2 条：避免存储冗余数据

存储冗余数据会导致很多问题，包括数据不一致；插入、更新或者删除时出现异常，而且还浪费磁盘空间。规范化是指按照不同的主题将信息分类，以避免存储冗余数据的过程。请注意，我们所说的冗余，并不是指一个表的主键在另外一个表作为外键重复出现就是冗余数据。我们说的冗余是指用户在不同地方输入相同数据的情况。前一种冗余用来维护表之间的关联关系是非常有必要的。

由于本书篇幅的限制，我们不能对数据库规范化做过多深入的分析，但是对于使用数据库的人来说，全面理解数据库规范化还是非常重要的。在数据库规范化方面有很多优秀的书籍和网络资源，想了解更详细的内容，请阅读相关资料。

规范化最重要的目标就是最小化数据重复，无论是在同一张表里还是在整个数据库中。图 1-3 展示了客户订单数据库包含的几个存储冗余数据的例子。

数据不一致问题。客户 Tom Frank 的地址在第二条记录中，地址中数字的部分是 7453，但是在第 6 条记录中，数字的部分却是 7435。类似的数据不一致的问题可能出现在任何列中。

插入数据时异常。在这个表中，如果一条销售数据在没有录入客户数据的情况下试图先插入某个汽车的型号数据，则会出现插入异常。而且，当客户多购买一辆汽车时，这个表的设计都会重复大部分的数据。这种不必要的数据不仅浪费了磁盘、内存和网络资源，甚至还浪费数据录入员的时间。此外，重复数据大大增加了数据错误的风险，例如图 1-3 中地址里颠倒的错误数字。

图 1-3　单表中存储冗余数据

更新数据时异常。如果销售人员结婚后更改了姓氏，则需要更新与其相关的所有数据。如果很多人同时更新这些数据，可能会造成很大的压力。此外，只有当此人的名字拼写都完全相同（意味着没有不一致的数据）并且没有其他人使用这个名字的时候，更新才会成功。

删除时异常。如果从数据库删除了某条数据，可能会丢失某条并不想删除的数据。

图 1-3 所示的客户销售数据在逻辑上可以分成 4 个表：

1）客户表（Customers，名称、地址等）

2）员工表（Employees，销售员姓名、聘用日期等）

3）汽车信息表（AutomobileModels，年份、型号等）

4）销售记录表（SalesTransactions）

这种设计允许你将客户、员工和汽车型号信息分别存储在相关表中。所有的表都包含一个唯一标识符作为主键。销售记录表使用外键关联这几张表，并存储销售的详细信息，如图 1-4 所示。

聪明的读者可能已经注意到了，采用此流程更正 Tom Frank 的地址后，消除了一个重复的客户记录数据。

通过将 3 张父表（Customers、AutomobileModels 和 Employees）中的主键与 Sales-Transactions 子表中的外键相关联，可以创建一个关联关系（也称为外键约束），如图 1-5 所示。图中所示的示例是用 Microsoft Access 软件中的表关系编辑器创建的。每个关系数据库都有自己不同的表关系展示方式。

Customers					
CustomerID	CustFirstName	CustLastName	Address	City	Phone
1	Amy	Bacock	111 Dover Lane	Chicago	312-222-1111
2	Tom	Frank	7453 NE 20th St.	Bellevue	425-888-9999
3	Debra	Smith	3223 SE 12th Pl.	Seattle	206-333-4444
4	Barney	Killjoy	4655 Rainier Ave.	Auburn	253-111-2222
5	Homer	Tyler	1287 Grady Way	Renton	425-777-8888

Employees	
EmployeeID	SalesPerson
1	Mariam Castro
2	Donald Ash
3	Bill Baker
4	Jessica Robin

AutomobileModels		
ModelID	ModelYear	Model
1	2016	Mercedes R231
2	2016	Land Rover
3	2016	Toyota Camry
4	2016	Subaru Outback
5	2016	Ford Mustang GT Convertible
6	2015	Cadillac CT6 Sedan

SalesTransactions				
SalesID	CustomerID	ModelID	SalesPersonID	PurchaseDate
1	1	1	1	2/14/2016
2	2	2	2	3/15/2016
3	3	3	3	1/20/2016
4	4	4	3	12/22/2015
5	5	5	1	11/10/2015
6	2	6	4	5/25/2015

图 1-4 按主题将数据分割成表的例子

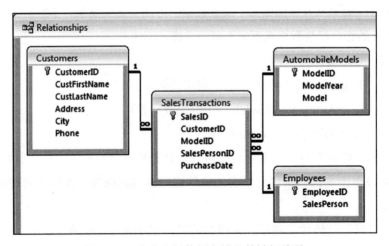

图 1-5 4 张表之间使用主键和外键相关联

你可以通过创建虚拟表（查询）的方式很容易地重现先前图 1-3 中的数据样式，而不会存储任何冗余数据（创建虚拟表是公用表表达式（简称 CTE）最好的使用方式，我们会在第 42 条进一步讨论这个问题），如代码清单 1-1 所示。

代码清单1-1 还原成原始数据的SQL语句

```
SELECT st.SalesID, c.CustFirstName, c.CustLastName, c.Address,
  c.City, c.Phone, st.PurchaseDate, m.ModelYear, m.Model,
  e.SalesPerson
FROM SalesTransactions st
  INNER JOIN Customers c
    ON c.CustomerID = st.CustomerID
  INNER JOIN Employees e
    ON e.EmployeeID = st.SalesPersonID
  INNER JOIN AutomobileModels m
    ON m.ModelID = st.ModelID;
```

总结

❑ 数据库规范化的目标是消除冗余数据，并在处理数据时最小化资源消耗。

❑ 通过消除冗余数据，避免插入、更新和删除时出现异常。

❑ 通过消除冗余数据，尽量减少数据的不一致性。

参考文献

如果你想深入了解正确设计关系数据库的方法，下面我们推荐了一些书。第一本很适合初学者入门：

❑ Hernandez, Michael J. *Database Design for Mere Mortals* (Addison-Wesley, 2013). ISBN-10: 0-321-88449-3.

❑ Fleming, Candace C., and Barbara von Halle. *Handbook of Relational Database Design* (Addison-Wesley, 1989). ISBN-10: 0-201-11434-8.

第3条：消除重复数据组

重复的数据组出现在电子表格中是很常见的。通常，数据录入员只是简单地将这些数据导入到数据库中，并不会考虑数据库的规范化问题。图 1-6 中是重复数据组的例子，DrawingNumber 关联最多 5 个 Predecessor 数据。表的 DrawingNumber 和 Predecessor 之间是一对多的关系。

图 1-6 中将单个属性 Predecessor 包含了重复的数据组，在 ID=3 的记录中 Predecessor 还存在重复数据，这并不是我们想要的。类似的例子比如把 January、February 和 March（或 Jan、Feb 和 Mar）月份当成列等。然而，重复数据组不仅限于单个属性。例如，如果你看到列名类似 Quantity1、ItemDescription1、Price1、Quantity2、ItemDescription2、Price2……

QuantityN、ItemDescriptionN、PriceN 的时候，你就可以认定它们使用了重复数据组模式。

ID	DrawingNumber	Predecessor_1	Predecessor_2	Predecessor_3	Predecessor_4	Predecessor_5
1	LO542B2130	LS01847409	LS02390811	LS02390813	LS02390817	LS02390819
2	LO426C2133	LS02388410	LS02495236	LS02485238	LS02495241	LS02640008
3	LO329W2843-1	LS02388418	LS02640036	LS02388418		
4	LO873W1842-1	LS02388419	LS02741454	LS02741456	LS02769388	
5	LO690W1906-1	LS02742130				
6	LO217W1855-1	LS02388421	LS02769390			

图 1-6　单表中的重复数据组

　　基于重复数据组的查询和统计报表会变得很困难。在图 1-6 的示例中，如果将来需要增加 Predecessor 的值或者减少 Predecessor 列的数量，都必须修改当前的设计，添加或删除列，并且还需要修改所有与此表相关的查询语句（视图）、表单和统计报表。记住一个很有用的原则：

　　列昂贵。

　　行便宜。

　　如果当前的表设计需要添加或者删除列的方式才能满足将来存储相似的数据的需求，那么你就应该意识到这可能是一个问题。更好的设计是在需要的时候才添加或删除列。在这个例子中，我们创建一个 Predecessors 表，并把 ID 的值作为外键的值。为清楚起见，我们还把 ID 外键的名称修改为 DrawingID，如图 1-7 所示。

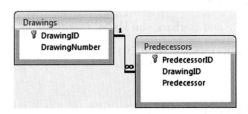

图 1-7　满足一对多关系的规范化设计

　　UNION 查询在处理重复数据组时很有用。如果不能创建规范化的设计，可以使用 UNION 查询在只读视图中规范化数据。我们还可以使用类似的 UNION 查询追加额外的数据到 Predecessors 表，如代码清单 1-2 所示。

代码清单1-2　使用UNION查询规范化数据

```
SELECT ID AS DrawingID, Predecessor_1 AS Predecessor
FROM Assignments WHERE Predecessor_1 IS NOT NULL
UNION
SELECT ID AS DrawingID, Predecessor_2 AS Predecessor
FROM Assignments WHERE Predecessor_2 IS NOT NULL
UNION
```

```
SELECT ID AS DrawingID, Predecessor_3 AS Predecessor
FROM Assignments WHERE Predecessor_3 IS NOT NULL
UNION
SELECT ID AS DrawingID, Predecessor_4 AS Predecessor
FROM Assignments WHERE Predecessor_4 IS NOT NULL
UNION
SELECT ID AS DrawingID, Predecessor_5 AS Predecessor
FROM Assignments WHERE Predecessor_5 IS NOT NULL
ORDER BY DrawingID, Predecessor;
```

> 📷 注意　如果需要将所有的数据，包括重复的数据显示在一行，我们可以在每次出现 UNION 关键字的后面添加 ALL 关键字，如 UNION ALL。但是，在这种情况下，我们确实希望消除 ID 为 3 的记录中不小心输入的重复数据。

　　UNION 查询要求每个 SELECT 语句的列具有相同的数据类型，并且保持相同的顺序。这意味着在第一个 SELECT 查询之后就不再需要包括如 AS Drawing ID 或 AS Predecessor 之类的写法了：UNION 查询仅从第一个 SELECT 语句中获取列名。

　　每个 SELECT 语句中的 WHERE 子句可以包含不同的条件表达式。取决于数据，我们可能还需要排除空字符串（ZLS）和其他不可打印的字符，例如空字符（''）。

　　UNION 查询可以在结尾使用单个 ORDER BY 子句。还可以指定排序的顺序，如 ORDER BY 1，2。这类似于代码清单 1-2 中的 ORDER BY DrawingID, Predecessor。

总结

- ❏ 数据库规范化的目标是消除重复的数据组，并尽可能减少表结构的修改。
- ❏ 通过删除重复的数据组，可以使用唯一索引来防止出现意外的重复数据，并大大简化查询语句。
- ❏ 删除重复的数据组使设计更加灵活，因为添加新的数据组只需要加一条记录，而不用修改表设计增加更多的列。

第 4 条：每列只存储一个属性

　　在关系术语中，关系（表）应该只表示一个主题或行为。属性（列）只包含一个（通常称为"原子"数据）与该表的主题相关的数据。属性同样也可以作为外键引用其他表的属性，并且外键还提供了与其他表中的一些元组（行）之间的关联关系。

　　在单个列中存储多个属性的值是不明智的，因为在执行搜索和聚合时很难隔离属性值。原则上讲，应该将关键的属性单独存储在一列中。如表 1-1 所示，有多个列都存储了多个属性的例子（顺便提一下，示例中的地址是真实存在的地址，但并不是对应作者的实际地址）。

表 1-1　多个列包含多个属性的表

AuthID	AuthName	AuthAddress
1	John L. Viescas	144 Boulevard Saint-Germain, 75006, Paris, France
2	Douglas J. Steele	555 Sherbourne St., Toronto, ON M4X 1W6, Canada
3	Ben Clothier	2015 Monterey St., San Antonio, TX 78207, USA
4	Tom Wickerath	2317 185th Place NE, Redmond, WA 98052, USA

这样的表存在以下几个问题：

❑ 按姓氏搜索即使可能也是非常困难的。如果表中不止 4 条记录，搜索姓氏包含 Smith 的人，使用 LIKE 语句加通配符的方式搜索可能返回 Smithson 或 Blacksmith。

❑ 你可以按名字搜索，但是必须使用低效率的 LIKE 语句或先截取名字字符串然后查询。以通配符结尾的 LIKE 语句虽然可以高效地执行，但是由于名字前面可能还包含称谓（如 Mr.），必须在 LIKE 语句的前面也加上通配符才能找到你想要的数据，但这会导致数据扫描。

❑ 按照街道名称、城市、州、省或邮政编码来搜索会很麻烦。

❑ 尝试对数据进行分组时（可能合并其他表的章数或页数），会发现很难按照州、省、邮政编码或国家进行分组。

当数据库里的数据是从外部数据源（如电子表格）导入进来的，你就很可能看到类似的数据。但是一般在产品数据库环境中很少见到这种糟糕的表设计。

一种更好的解决方案是创建一个类似于代码清单 1-3 所示的表。

代码清单1-3　创建一个属性分隔的Authors表的SQL语句

```
CREATE TABLE Authors (
AuthorID int IDENTITY (1,1),
AuthFirst varchar(20),
AuthMid varchar(15),
AuthLast varchar(30),
AuthStNum varchar(6),
AuthStreet varchar(40),
AuthCity varchar(30),
AuthStProv varchar(2),
AuthPostal varchar(10),
```

```
    AuthCountry varchar(35)
);

INSERT INTO Authors (AuthFirst, AuthMid, AuthLast, AuthStNum,
    AuthStreet, AuthCity, AuthStProv, AuthPostal, AuthCountry)
    VALUES ('John', 'L.', 'Viescas', '144',
    'Boulevard Saint-Germain', 'Paris', ' ', '75006', 'France');

INSERT INTO Authors (AuthFirst, AuthMid, AuthLast, AuthStNum,
    AuthStreet, AuthCity, AuthStProv, AuthPostal, AuthCountry)
    VALUES ('Douglas', 'J.', 'Steele', '555',
    'Sherbourne St.', 'Toronto', 'ON', 'M4X 1W6', 'Canada');

-- ... additional rows.
```

请注意，我们把街道号字段设置为字符数据类型，因为街道号通常也包含字母和其他字符。例如，一些街道号包含 ½。在法国，街道号数字后面通常跟着 bis 字样。同样的情况也出现在邮政编码中，美国的邮政编码都是数字，但是在加拿大和英国，除了数字之外还包括字母和空格。

采用上面建议的表设计，现在数据可以被拆分成每列一个属性，如表 1-2 所示。

表 1-2 设计合理的作者表，每列只有一个属性

AuthID	AuthFirst	AuthMid	AuthLast	AuthStNum	AuthStreet	...
1	John	L.	Viescas	144	Boulevard Saint-Germain	...
2	Douglas	J.	Steele	555	Sherbourne St.	...
3	Ben		Clothier	2015	Monterey St.	...
4	Tom		Wickerath	2317	185th Place NE	...

...	AuthCity	AuthStProv	AuthPostal	AuthCountry
...	Paris		75006	France
...	Toronto	ON	M4X 1W6	Canada
...	San Antonio	TX	78207	USA
...	Redmond	WA	98052	USA

现在，对任何一个或多个单独的属性进行搜索或分组操作都很容易，因为每列只有一个属性。

如果需要重新组合属性，例如查询邮寄地址，在 SQL 中很容易实现，可以使用字符连接的方式还原完整的地址。如代码清单 1-4 所示。

代码清单1-4　使用连接还原原始数据的SQL语句

```
SELECT AuthorID AS AuthID, CONCAT(AuthFirst,
  CASE
    WHEN AuthMid IS NULL
    THEN ' '
    ELSE CONCAT(' ', AuthMid, ' ')
  END, AuthLast) AS AuthName,
  CONCAT(AuthStNum, ' ', AuthStreet, ' ',
      AuthCity, ', ', AuthStProv, ' ',
      AuthPostal, ', ', AuthCountry)
    AS AuthAddress
FROM Authors;
```

> **注意** IBM DB2、Microsoft SQL Server、MySQL、Oracle 和 PostgreSQL 都支持 CONCAT() 函数，只不过 DB2 和 Oracle 仅接受两个参数，所以连接多个字符串必须嵌套 CONCAT() 函数。ISO 标准仅定义运算符 || 来执行连接。DB2、Oracle 和 PostgreSQL 也支持 || 连接运算符，MySQL 在服务器的配置项 sql_mode 包含 PIPES_AS_CONCAT 时也支持这个运算符。在 SQL Server 中，可以使用 + 作为连接运算符。Microsoft Access 不支持 CONCAT() 函数，但可以使用 & 或 + 连接字符串。

　　我们先前说过，代码清单 1-3 可能是正确的设计之一，但你可能会感到奇怪，为什么我们建议把街道号与街道地址分开存储。事实上，在大多数应用中，不区分街道号码和街道名称也能工作得很好。你必须根据应用程序的需求来做决定。对于用于土地勘测的数据库，区分街道号和街道名称（可能是"街道""大道"或"大街"）是至关重要的。在其他一些应用中，分离电话号码的国家代码、区域代码和本地号码可能是很重要的。在分析属性的时候，你需要弄清楚哪部分是重要的，以便能够更细粒度地拆分。

　　很明显，将属性拆分成单独的列后，按数据的某个部分进行搜索或分组会变得更加容易。同样在报表或打印清单时，重新组合这些属性也会变得很简单。

总结

❑ 正确的表设计是为每个属性分配单独的列，当列包含多个属性时，搜索和分组即使有可能做，也会是极其困难的。

❑ 对于某些应用程序，有过滤列中的某部分数据（如地址或电话号码）的需求，这可能会决定列的粒度级别。

❑ 当需要重新把属性组合成报表或打印清单时，使用连接。

第 5 条：理解为什么存储计算列通常有害无益

有时候可能会存储计算结果，特别是当计算依赖于其他相关表中的数据时。以代码清单 1-5 为例。

代码清单1-5　创建表的SQL语句

```
CREATE TABLE Orders (
  OrderNumber int NOT NULL,
  OrderDate date NULL,
  ShipDate date NULL,
  CustomerID int NULL,
  EmployeeID int NULL,
  OrderTotal decimal(15,2) NULL
);
```

从表面上看，Order 表中加上 OrderTotal（可能是 Order_Details 表中的 Quantity * Price 的计算结果）似乎很合理，因为没有必要在每次需要订单和金额数据时获取相关的行并计算它的结果。这种计算结果的字段可能在数据仓库中行得通，但是在主动数据库中可能会造成比较大的性能影响（具体请阅读第 9 条）。你可能会发现很难维护数据的完整性，因为必须确保在每次更新、插入或删除 Order_Details 行的任何数据时，都必须确保其值被重新计算。

好消息是，许多现代数据库系统都提供了一种维护此类字段的方法，在服务器上执行代码进行计算。让计算结果字段值持续更新的最简单做法是在包含计算列的表上创建触发器。触发器是一段代码，在表插入、更新或删除数据时运行。在代码清单 1-5 的例子中，需要在 Order_Details 表上创建一个用来计算 OrderTotal 值的触发器。但触发器会消耗大量资源且很容易写错（具体请阅读第 13 条）。

某些数据库系统提供了一种在创建表时定义计算列的方法，可能比触发器更好，因为将计算列的定义作为表定义的一部分，这样就可以避免编写复杂的触发器代码。某些数据库系统，特别是在最新的版本中，都已经支持这样定义计算列。例如，Microsoft SQL Server 提供了 AS 关键字，后跟一个定义所需计算的表达式。如果计算使用的列来自同一张表，可以简单地将其他列中的表达式作为计算列的定义。如果计算依赖于其他相关表的数据时，某些数据库系统可以通过编写函数的方式来做计算，在创建或者修改表结构时，定义列的 AS 子句中调用此函数就可以了。代码清单 1-6 展示了 Microsoft SQL Server 中创建表和函数的例子。请注意，因为该函数依赖于另外一张表中的数据，因此这个数据是非确定性的，所以不能在计算列上创建索引。

> **确定性与非确定性**
>
> 　　确定性函数是指每次使用特定的输入值集调用函数都会返回相同的结果。非确定性函数则恰好相反，是指每次使用特定的输入值集都会返回不同的结果。例如，SQL Server 的内置函数 DATEADD() 是确定性的，因为不管三个参数给定任何值集都会返回相同的结果，而 GETDATE() 是非确定性的，因为它被调用时总是使用相同的参数，而且每次调用返回的值都是不同的（前提是传入 DATEADD() 的三个参数也是确定性的，例如，不能使用 GETDATE() 作为参数）。有关各种数据库日期和时间函数的详细信息，请阅读附录。

代码清单1-6　Microsoft SQL Server函数和创建表的SQL示例

```
CREATE FUNCTION dbo.getOrderTotal(@orderId int)
RETURNS money
AS
BEGIN
  DECLARE @r money
  SELECT @r = SUM(Quantity * Price)
  FROM Order_Details WHERE OrderNumber = @orderId
  RETURN @r;
END;
GO
CREATE TABLE Orders (
  OrderNumber int NOT NULL,
  OrderDate date NULL,
  ShipDate date NULL,
  CustomerID int NULL,
  EmployeeID int NULL,
  OrderTotal money AS dbo.getOrderTotal(OrderNumber)
);
```

　　实际上这是一个非常糟糕的做法。因为这个函数是非确定性的，所以这个列不能像表中的其他列那样可以被存储（PERSISTED）。你不能在这种列上创建索引，而且在使用这些列时会造成大量的服务器开销，因为服务器必须为每条记录调用函数进行计算。还不如在你需要的时候使用子查询按 OrderID 分组然后计算更有效率。

　　在 IBM DB2 中有一个类似的功能，关键字是 GENERATED。但是，DB2 绝对不允许在需要执行查询的函数上创建计算列，因为这样的函数是非确定性的。不过，你也可以使用确定性的函数或表达式定义列。代码清单 1-7 展示了如何在 Order_Details 表中使用计算数量乘以单价的表达式创建一个总价字段。

代码清单1-7 DB2使用表达式定义字段的SQL示例

```
-- Turn off integrity so we can change the table
SET INTEGRITY FOR Order_Details OFF;
-- Create the calculated column using an expression
ALTER TABLE Order_Details
  ADD COLUMN ExtendedPrice decimal(15,2)
    GENERATED ALWAYS AS (QuantityOrdered * QuotedPrice);
-- Turn integrity back on
SET INTEGRITY FOR Order_Details
IMMEDIATE CHECKED FORCE GENERATED;

-- Index the calculated column
CREATE INDEX Order_Details_ExtendedPrice
  ON Order_Details (ExtendedPrice);
```

因为表达式现在是确定性的，所以你可以使用它在表上创建字段并添加索引。代码清单 1-7 只展示了 DB2 的一个例子，我们在代码文件里面也包含了其他数据库系统的示例（参见 GitHub 上的文件 List 1.007，网址：https://github.com/TexanInParis/Effective-SQL）。

如果你想在 Oracle 中创建计算列（或称为虚拟列），需要使用 GENERATED [ALWAYS] AS。Oracle 中在 Order_Details 表中创建 ExtendedPrice 字段的 SQL 如代码清单 1-8 所示。

代码清单1-8 Oracle中创建表包含内联表达式的SQL示例

```
CREATE TABLE Order_Details (
  OrderNumber int NOT NULL,
  OrderNumber int NOT NULL,
  ProductNumber int NOT NULL,
  QuotedPrice decimal(15,2) DEFAULT 0 NULL,
  QuantityOrdered smallint DEFAULT 0 NULL,
  ExtendedPrice decimal(15,2)
    GENERATED ALWAYS AS (QuotedPrice * QuantityOrdered)
);
```

我们刚花了很长的篇幅示范如何使用计算列，在这一点上，你可能会奇怪为什么本条的标题是"理解为什么存储计算列通常有害无益"。有害无益的原因是：如果这个表用于大型在线数据录入系统，创建计算列可能会对服务器造成巨大的负载，从而影响服务器的响应时间。

如果你使用的是 IBM DB2、Microsoft SQL Server 或 Oracle，还可以在计算列上定义索引，这通常有助于提高基于计算列查询的效率。注意你不能使用代码清单 1-6 的例子在 SQL Server 中为计算列创建索引（其他数据库也不行），因为它依赖于数据库中的另外一张表，是不确定性的（请阅读第 17 条）。

SQL Server 中，你还必须做另外一件事，在表达式前面使用 PERSISTED 关键字。而对于 DB2，在表达式上创建索引后就会自动存储。

代码清单 1-7 的情况，每当更新、插入或删除 Order_Details 表中的数据时，被调用函数的值都可能发生变化，值发生变化就会产生额外的服务器开销。终端前录入订单的人可能要经历难以接受的服务器响应时间，因为必须先执行函数来计算和存储索引的值。在代码清单 1-6 或代码清单 1-8 中，每次从 Orders 表中查询该列都会产生额外的服务器开销，因此使用 SELECT 语句查询包含此计算列并返回较多的数据时，响应时间都可能是令人难以接受的。

总结

- 许多数据库系统允许你在创建表时定义计算列，但应该注意性能影响，特别是在使用非确定性表达式或函数的时候。
- 你还可以像定义普通列一样定义计算列，然后使用触发器来维护，但是编写触发器的代码可能会很复杂。
- 计算列会对数据库系统产生额外的开销，只有当利大于弊的时候才考虑使用它。
- 大多数情况下，你希望在计算列上创建一个索引，以消耗更多的存储空间和较慢的更新作为交换，获得一些便利性。
- 当不能使用索引时，使用视图来做计算通常可以作为在表里创建计算列的替代方法。

第 6 条：定义外键以确保引用完整性

正确地设计数据库时，在许多表中都会包含引用相关父表主键的外键。例如，销售订单数据库中的订单表应该包含 CustomerID 或 CustomerNumber 列，引用 Customers 表的相关主键，这样才能识别每个特定订单的客户。

图 1-8 展示了典型销售订单数据库的结构。

> **注意** 图 1-8 是使用 Microsoft SQL Server Management Studio 图表编辑器创建的。DB2、MySQL、Oracle 和 Microsoft Access 也有类似的工具，例如 Erwin 或 Idera ER/Studio。

图 1-8 中详细地展示了各表之间的关系。每个关系线一端的钥匙符号表示关系来自某个表的主键，而另一端的无穷符号则表示"多"关系来自第二个表的外键。

数据库系统知道表之间的关系，是因为我们定义了声明式的引用完整性（DRI）约束。

定义这种关系有两个目的：

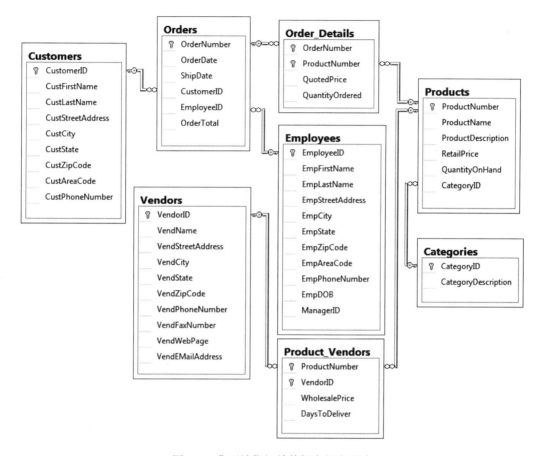

图 1-8　典型销售订单数据库的表设计

1）当你使用设计器创建新视图或存储过程时，数据库的图形查询设计器知道如何正确地构造 JOIN 子句。

2）当在"多"端插入或更新数据，或在"一"端更新或删除数据时，数据库系统知道如何强制执行数据完整性约束。

第二点是最重要的，因为你必须确保数据的完整性，例如，不能创建无效或缺少 CustomerID 的订单。如果你可以修改 Customers 表的 CustomerID 值，则需要确保值被更新（使用 ON UPDATE CASCADE）到相关订单记录中。如果用户尝试删除已被 Orders 表引用的 Customers 记录，要么确保客户记录不被删除，要么同时删除 Orders 表中的所有相关记录（使用 ON DELETE CASCADE）。

要在数据库系统中使用这个重要的功能，需要在使用 CREATE TABLE 创建"多"端表或创建表之后使用 ALTER TABLE 修改表时添加 FOREIGN KEY 约束。让我们看看如何在 Customers 和 Orders 表上执行此操作。

首先，我们创建 Customers 表，如代码清单 1-9 所示。

代码清单1-9　创建Customers表

```
CREATE TABLE Customers (
  CustomerID int NOT NULL PRIMARY KEY,
  CustFirstName varchar(25) NULL,
  CustLastName varchar(25) NULL,
  CustStreetAddress varchar(50) NULL,
  CustCity varchar(30) NULL,
  CustState varchar(2) NULL,
  CustZipCode varchar(10) NULL,
  CustAreaCode smallint NULL DEFAULT 0,
  CustPhoneNumber varchar(8) NULL
);
```

接下来，我们创建 Orders 表，然后执行 ALTER TABLE 来定义关系，如代码清单 1-10 所示。

代码清单1-10　创建Orders表，修改表时定义关系

```
CREATE TABLE Orders (
  OrderNumber int NOT NULL PRIMARY KEY,
  OrderDate date NULL,
  ShipDate date NULL,
  CustomerID int NOT NULL DEFAULT 0,
  EmployeeID int NULL DEFAULT 0,
  OrderTotal decimal(15,2) NULL DEFAULT 0
);

ALTER TABLE Orders
  ADD CONSTRAINT Orders_FK99
    FOREIGN KEY (CustomerID)
      REFERENCES Customers (CustomerID);
```

请注意，如果你先创建了两个表，也向这两个表插入了数据，然后才决定添加 FOREIGN KEY 约束，如果表中的数据不能满足引用完整性的要求，则对 Orders 表的修改可能会失败。在一些数据库系统中，也可能成功，但约束可能就是不可信赖的，并且不会被优化器优化，因此仅定义约束也不一定能保证在约束创建之前的数据也被强制约束了。

你还可以在创建子表时定义约束，如代码清单 1-11 所示。

代码清单1-11　创建表时定义FOREIGN KEY约束

```
CREATE TABLE Orders (
  OrderNumber int NOT NULL PRIMARY KEY,
```

```
OrderDate date NULL,
ShipDate date NULL,
CustomerID int NOT NULL DEFAULT 0
  CONSTRAINT Orders_FK98 FOREIGN KEY
    REFERENCES Customers (CustomerID),
EmployeeID int NULL DEFAULT 0,
OrderTotal decimal(15,2) NULL DEFAULT 0
);
```

在某些数据库系统（特别是 Microsoft Access）中，定义引用完整性约束的外键列上会自动创建索引，因此在执行连接查询时性能会有所提升。对于那些不在外键上自动创建索引的数据库系统（例如 DB2），最佳实践是也创建索引以优化约束检查。

总结

❑ 外键明显有助于保证相关表之间的数据完整性，确保子表的记录能在父表找到对应的记录。

❑ 如果表中存在违反约束的数据，向表中添加 FOREIGN KEY 约束将失败。

❑ 在某些数据库系统中，定义 FOREIGN KEY 约束会自动创建索引，这样可以提高连接查询的性能。在其他一些数据库系统中，创建索引来覆盖 FOREIGN KEY 约束必须小心。即使没有索引，一些数据库系统优化器也会特别对待这些列，以提供更好的查询效率。

第 7 条：确保表间关系的合理性

理论上讲，只要两个表中的每组列具有相同的数据类型，就可以为它们创建任何关系。但可以做并不代表就应该做。请阅读图 1-9 中的有关销售订单数据库的模型图。

表面上看似乎还挺合理。有几张表，每张表都只包含一个主题。我们关注其中三张表：Employees、Customers 和 Vendors 表。如果仔细观察这三张表，会发现表之间有很多相似的字段。大多数情况下，这不会有任何问题，因为三张表中的数据通常是不相同的。

但如果公司的供应商或员工恰巧也是公司的客户，那么这个数据模型就违反了之前我们在第 2 条讨论的重复数据原则。有些人可能会创建一个单独的 Contacts 表来解决这个难题，用来存储所有类型的联系人。但是仍然存在不少问题。其中一个问题是，EmployeeID、CustomerID 和 VendorID 的值现在都来自同一个主键 ContactID，这样我们就没办法识别这个 ID 了，例如事实上一个真真正正的供应商碰巧也可能是客户。

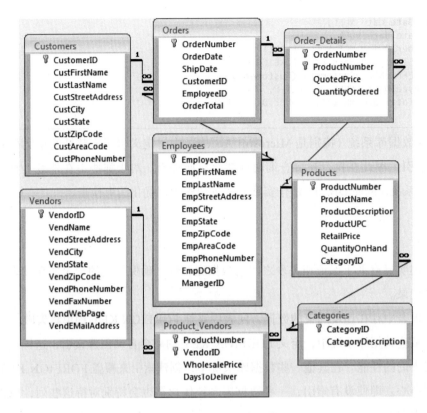

图 1-9　销售订单数据库的模型图

　　某些人可能通过在 Customers、Vendors 和 Employees 与 Contacts 表之间建立一对一关系来解决这个问题，这样每个实体就可以保留自己特有的数据，例如客户不需要 ManagerID 和 VendWebPage 字段就可以把它们分开。然而，这意味着使用此数据库结构的应用程序会复杂得多，因为必须有额外的逻辑来验证实体是否存在。如果有的话，是否还需要特定的领域对象来填充数据。毕竟，如果应用程序不事先做重复检查就盲目地插入新记录的话，这些表就没有任何存在的意义。但可以理解的是，并不是所有的公司都愿意为额外的程序复杂性花费更多的时间和金钱。通常情况下，销售产品的公司也不会存在既是客户又是供应商或员工的情况，因此针对这种罕见的情况，偶尔的重复比起简化数据库结构付出的代价要小得多。

　　让我们考虑这样一个场景：为销售员分配销售区域，然后把这些区域的客户映射到该销售员。一种做法是在 Customers 表中的 CustZipCode 列与 Employees 表中的 EmpZipCode 列之间创建关联关系。两列拥有相同的数据类型和内容。但是与其在表之间创建关系，还不如在 Employees 和 Customers 的邮政编码列上使用连接查询的方式来查找销售员负责的客户。

虽然在 Customers 表中创建外键 EmployeeID 来关联客户和销售员会更简单，但实际上会造成更多的问题。其中一个问题是，假设客户搬到另外一个销售区域会怎样？数据录入员可能正确地更新了客户的地址，但可能没有意识到或忘记更新对应的销售员，从而引入新的问题。

最好是创建一个名为 SalesTerritory 的表，并定义外键 EmployeeID，表中的数据表示分配给销售员的邮政编码（TerrZIP 字段）。SalesTerritory 表中的每个邮政编码都是唯一的，因为你不会将邮政编码分配给多个销售员。然后从 TerrZIP 创建与 Customers 表之间的关系应该是可行的，这样就可以找到销售员管辖区域内的客户了。

相反，如果按照其他条件而不是销售区域的方式为客户分配销售员的话，在 Customers 表中创建 EmployeeID 外键可能会是个更好的选择，更能反映客户与销售员之间分配的自由性。这种方式即使在销售区域为默认分配的情况下仍然可以用，但客户可以自行要求分配其他销售员。与前面提到的例子一样，这种方式必定需要额外的编程才能最小化数据输入错误。

当公司需要列出所有已销售产品，并提供每种产品及其全部属性的详细信息时，也会遇到类似的问题。例如对于一个销售木材的公司来说，有一个包含长度、宽度、高度和木材类型的产品表算是比较合理的。毕竟这是一家销售木材的公司。但是对于销售各种商品的零售商店来说，在表里面添加几个很少使用的列看起来不是好主意。我们也不想为每个产品类别单独创建一张表来存储各类别相关的数据。面对这种问题，有些人可能会倾向于创建一个属性列，将产品的属性转换为 XML 或者 JSON 文档数据存储在这个属性列里面。如果没有相关业务规则需要在关系表里面拆分产品的属性，这样做倒是没有什么问题。但是如果需要按照属性来做查询的话，创建一个 ProductAttributes 表，然后将 Products 表中相关产品的属性列转换成数据行，就可以实现⊖。代码清单 1-12 展示了一种可行的表设计。

代码清单1-12　创建Products与ProductAttributes表之间的关系

```
CREATE TABLE Products (
  ProductNumber int NOT NULL PRIMARY KEY,
  ProdDescription varchar(255) NOT NULL
);

CREATE TABLE ProductAttributes (
  ProductNumber int NOT NULL,
  AttributeName varchar(255) NOT NULL,
  AttributeValue varchar(255) NOT NULL,
  CONSTRAINT PK_ProductAttributes
    PRIMARY KEY (ProductNumber, AttributeName)
```

⊖　这通常称为实体－属性－值，简称 EAV 模式。

```
);

ALTER TABLE ProductAttributes
  ADD CONSTRAINT FK_ProductAttributes_ProductNumber
    FOREIGN KEY (ProductNumber)
      REFERENCES Products (ProductNumber);
```

虽然将属性列转换为数据行看起来能解决这个问题，但是现在查询相关产品及其属性的操作会变得更加复杂，特别是多个属性交叉查询的时候。

顺便提一下，上面关于属性的问题表明设计者需要有能力区分什么是结构化数据和半结构化数据。在关系模型中，在添加数据之前，所有的数据必须先结构化，然后整理成列并规定数据类型。这与 XML 或 JSON 文档数据之类的半结构数据恰好相反，文档数据不一定需要有相同的结构，即使是在记录级别也是如此。如果在关系建模时遇到困难，可以先思考一下处理的是否是半结构化数据，是否真的有必要在关系模型中拆分它。现在 SQL 标准已经支持在 SQL 中使用 XML 和 JSON 数据，为你提供了更多的选择，但这些内容超出了本书讨论的范畴。

根据以上所述，业务是衡量数据建模是否正确的标准，并且还需要考虑应用程序的设计。通常这有点难度，人们更倾向于使用应用程序来驱动数据模型设计，而实际应该是恰好相反的。在现实项目中，选择不同的数据模型可能导致应用程序设计的重大变化。这些变化可能会影响应用程序的开发成本与上线时间。

总结

❑ 再三斟酌，为了简化关系模型而合并包含相似字段的表是否真的有意义。

❑ 只要对应列数据类型匹配（或可以隐式地强制转换），就可以在两个表之间创建连接，但只有当列都属于同一个业务领域时，关系才是有效的。所以，最理想的连接是两端都具有相同的数据类型和业务领域。

❑ 在建模之前，检查你处理的数据是否是结构化数据。如果是半结构化的，则要做特殊的处理。

❑ 明确数据模型的目标通常有助于判断给定的设计是否由于简化关系模型和使用此数据模型应用程序的设计导致了复杂性或异常的增加。

第 8 条：当第三范式不够时，采用更多范式

有一个普遍的说法，第三范式能满足大多数的应用程序。许多数据库从业者都听过或

者引用过"第三范式就足够了"或"规范化直到难以实现，反规范化直到解决问题"。这些俗语的问题是，它们都暗示着更高的范式需要更多的修改才能实现，但实际上，对于大多数数据库模型，满足第三范式的实体很可能也已经满足了更高的范式。事实上，大多数数据库中的许多示例表都已经满足了第五甚至第六范式，尽管人们还称之为第三范式。因此，我们需要关注的是已经遵循第三范式但是违反了更高的范式的情况。这种情况一般很少见，但确实存在，如果真的遇到了，很容易设计错误，从而产生异常的数据，即使表看似已经满足了第三范式。

判断一个设计遵循第三范式但可能违反更高范式的警告标志是，看一个表是否与其他多个表关联，特别是当表参与了多个多对多的关系时。另外一个判断方法是，如果表包含复合键就有可能违反较高的范式。如果使用的不是自然键而是代理键就要额外注意，后面我们会详细讲解。

简单提一下，前三个范式（也称为 BoyceCodd 范式）关注关系中属性之间的功能依赖。功能依赖的是指属性依赖于关系中的键。例如，存储电话号码"466.315.0072"的列可以说在功能上依赖于存储姓名" Douglas J. Steele "的列，指明这个电话号码是属于这个人的，其他属性不会影响电话号码与所属者之间的关系。如果电话号码依赖于其他非键属性，那么肯定是录入了错误的数据。

对于第四范式，我们关注的是多值依赖，是两个彼此独立的属性同时依赖关系中同一个键的情况。然后这两个属性存在多种数据组合。这是违反第四范式的典型例子。以表 1-3 销售员的销售产品表为例。

表 1-3　销售员的销售产品表

Salesperson	Manufacturer	Product
Jay Ajurap	Acme	Slicer
Jay Ajurap	Acme	Dicer
Jay Ajurap	Ace	Dicer
Jay Ajurap	Ace	Whomper
Sheila Nyu	A-Z Inc.	Slicer
Sheila Nyu	A-Z Inc.	Whomper

这个表并非表示每个制造商仅生产两个产品，而是为了说明销售员必须销售制造商产的所有商品。所以，如果 Sheila 决定开始销售 Ace，我们就需要新插入两条数据，一个是 Ace 的 Dicer 产品，另外一个是 Ace 的 Whomper 产品。如果更新表数据不当，可能会导致异常的数据。所以，为了避免出现这种情况，我们可以按图 1-10 所示将表进行拆分。

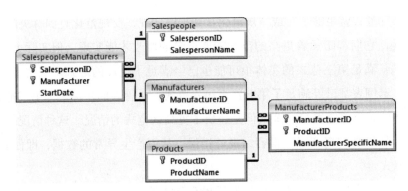

图 1-10　销售员数据库的模型图

在这个模型里，我们只想找出销售员可能销售的所有产品，然后找出关联的制造商和对应的产品，最后通过连接 SalespeopleManufacturers 和 ManufacturerProducts 表的方式找出销售员销售的产品就可以获得与表 1-3 同样的结果。需要特别注意的是，业务规则规定销售员必须销售制造商生产的所有产品。但在现实生活中，销售员只可能销售制造商生产的部分产品。在这种业务规则下，表 1-3 中的数据就不算违反第四范式了。这就是为什么说高的范式往往很罕见。大多数业务规则已经让数据模型满足了更高的范式。

第五范式要求候选键可推导出所有连接依赖。以表 1-4 所示的非规范化的办公室、设备和医生数据为例。

表 1-4　列包含多个属性的表

Office	Doctor	Equipment
Southside	Salazar	X 射线机
Southside	Salazar	CAT 扫描仪
Southside	Salazar	MRI 成像
Eastside	Salazar	CAT 扫描仪
Eastside	Salazar	MRI 成像
Northside	Salazar	X 射线机
Southside	Chen	X 射线机
Southside	Chen	CAT 扫描仪
Eastside	Chen	CAT 扫描仪
Northside	Chen	X 射线机
Southside	Smith	MRI 成像
Eastside	Smith	MRI 成像

在这个数据模型中，医生（Doctor）工作需要设备（Equipment），我们需要为医生分配有特定设备的办公室（office）。我们假设医生都接受过相关设备的培训，所以把医生分配到

他不能使用设备的办公室是没有意义的。但并非所有的医生都接受了同样的培训,有些可能学习的是相对较新的设备,或学习的专业化程度不同,所以并不是每个人都拥有相同的技能。

　　表中有办公室和设备。虽然有重复但还是相对独立的。具有特定设备的办公司与医生培训过的相关设备没有任何直接关系。可以创建具有 6 个表的数据模型,如图 1-11 所示。

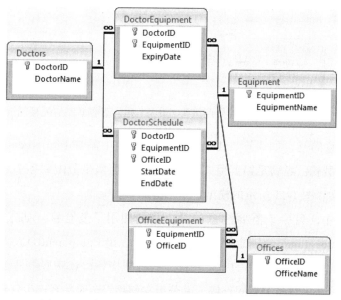

图 1-11　分配医生 / 设备 / 办公室数据库的模型图

　　注意,有 3 个基础表 Doctors、Equipment 和 Offices,然后每一对关系之间会有一个连接表:Doctors 和 Equipment 表之间是 DoctorEquipment 表,Offices 和 Equipment 表之间是 OfficeEquipment 表,Doctors 和 Offices 之间是 DoctorSchedule 表。所以,如果增加新的办公室或者为现有的办公室增加新的设备,或改变医生的培训,这些变化都是独立的,不会对它们之间的关系产生任何异常数据。但是,DoctorSchedule 表可能会产生异常的数据,可能创建了缺少相应设备的培训的医生或者缺少相应设备的办公室的医生和办公室数据组。但这也存在问题,违反了第五范式。为了修正这一点,我们需要按照图 1-12 所示修改数据模型。

　　注意,DoctorSchedule 表有两个外键使用的是同一个列 EquipmentID。这两个 FOREIGN KEY 共同约束只有拥有相同设备的医生和办公室才能组合在一起,这样就不用额外的编程来解决,而且还防止了异常的数据。值得注意的是,我们并没有修改表的结构,只是改变了它们之间的关系。

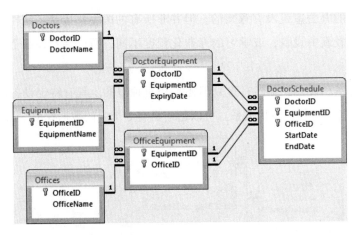

图 1-12 改进后的分配医生 / 设备 / 办公室数据库的模型图

同时值得注意的是，如果不在 DoctorSchedule 表中添加 EquipmentID 列的话，那么图 1-11 所示的模型就已经满足第五范式了。如果仅是将医生分配到办公室，而不管分配医生使用的设备的话，图 1-11 所示的模型也是可行的。

在这个例子中，另一个需要注意的是，我们使用了复合键。如果在连接表 Office-Equipment 和 DoctorTraining 中创建了代理键，则会混淆 EquipmentID，就无法实现图 1-12 中的模型。因此，如果默认使用的是代理键，则必须格外留意模型中是否隐含着某些关键信息。注意任何参与多对多关系的外键，并分析它们是否会对关系产生任何影响。

无损分解是一种用来分析是否违反较高范式的方法。当你有个很大的表，应该可以把其中的某些列分离出来作为单独的表，然后在这个单独的表上执行 SELECT DISTINCT，最后再使用 LEFT OUTER JOIN 与原来的表连接，观察是否能够获得与原表相同的数据。如果连接后分离的表没有任何数据丢失，则原表有可能违反了一些范式，需要进一步检查是否存在异常的数据。表 1-5 说明了如何分解表 1-3 中的表。

表 1-5 分解表 1-3 中的表

Salesperson	Manufacturer
Jay Ajurap	Acme
Jay Ajurap	Ace
Sheila Nyu	A-Z Inc.

Manufacturer	Product
Acme	Slicer
Acme	Dicer
Ace	Dicer
Ace	Whomper
A-Z Inc.	Slicer
A-Z Inc.	Whomper

如果回过头来看前面我们用来说明违反第四和第五范式的例子，你会发现，如果从表 1-3 中查询一行，SalespeopleManufacturers 和 ManufacturerProducts 表之间的连接就是"有损的"，因为表 1-5 中的连接结果和修改后的表 1-4 不匹配。在这种情况下，修改后的表 1-3 就不再违反第四范式了。类似地，如果 EquipmentID 不是 DoctorSchedule 表中的列，就不会有数据丢失，也就不会违反第五范式了。⊖请注意，以上分析是假设表中有足够的数据，才能正确地判断是否存在数据丢失。

总结

❑ 大多数数据模型已经满足了较高的范式。因此，只需要注意某些明显违反高级范式的情况，例如包含复合键的表或者参与了多个多对多关系的表。

❑ 第四范式只有在某些特殊情况下才会违反，例如实体上的两个不相关属性的所有可能组合依赖于这个实体。

❑ 第五范式要求候选键可推导出所有连接依赖，意味着你应该能够基于各个属性来约束候选键的有效值。这种情况只发生在复合键上。

❑ 第六范式是将表的关系减少到只存在一个非关键属性，这样会导致表的数量膨胀，但是可以避免出现空值的列。

❑ 无损分解是检测表是否违反较高范式的一个有效工具。

第 9 条：非规范化数据仓库

作为开发人员，我们逐渐意识到数据库规范化的重要性。规范化的表通常比非规范化的表更小且占用的空间更少。数据被拆分成多个小表，小到足以存在缓存中，性能通常也更好。由于相关数据集中在一个位置，更新与插入数据变得更加高效。

由于不存在重复数据，所以很少使用复杂的 GROUP BY 或 DISTINCT 查询。

但是，这些关键字也在使用，因为一般的应用程序都是写入密集型的，也就是说写入操作多于读取操作。对于数据仓库，情况则恰好相反：在读取数据时几乎没有写入操作，即使有也远少于读取操作。完全规范化的表有一个问题是：规范化后的数据意味着需要在表之间做连接。连接越多，查询优化器就越难找到最佳的查询执行计划，从而影响查询的性能。

非规范化的数据库在高负荷读取操作下表现很好，因为数据集中在少数几张表里面，几乎很少甚至不需要做表连接，所以查询会很快。包含所有数据的单表也可以使用索引来

⊖　实际上，如果图 1-12 所示的模型中的所有字段都不为空，那么它就满足了第六范式。

提高效率。如果在列上正确地创建索引，那么使用索引来过滤和排序数据会很快，而无须读取整个表。此外，因为写入不频繁，所以不必担心太多索引会导致写入性能下降。如果需要，你可以为表中的每列创建索引，以提高搜索和排序的性能。

为了高效地反规范化，你必须充分了解数据并知道它是如何被查询的。

复制表中的标识字段以避免表连接是最简单的非规范化方法。例如，一个规范化的数据库，可能在 Customers 表中包含用于关联客户经理的外键 EmployeeID。如果发票报表里面也需要包含客户经理，那么就需要连接三个表：Invoices、Customers 和 Employees 表。然而，在 Invoices 表中复制 EmployeeID 列也可以达到同样的效果。现在，只需要连接 Invoices 和 Employees 表就可以了。当然，如果还需要 Customers 表中的数据，这样做就没什么意义了。

可以进一步非规范化。例如，如果数据仓库中的大多数查询都是按客户的名称搜索发票信息的，那么在 Invoices 表中添加 CustomerID 的同时再加上客户名称字段并对其创建索引可能会是个好办法。这样的确违反了规范化原则，因为一个表里面包含了多个主题（发票和客户），并且客户名称会在多条数据中重复出现。但数据仓库的主要目的是简单快捷地查询信息。避免连接查询获取客户名称可以节省大量宝贵的资源。

另一种常见的方式是在其他表中添加说明字段。这不仅能提高查询的性能，还可以保留历史记录。完全规范化的模型只会保留当前最新的状态。例如 Customers 表保存当前客户的地址。如果这个客户搬家，这个地址就会更新，那么就没办法重新打印客户之前的发票，除非预先保留了客户地址的历史记录。然而，如果在开具发票时将客户的地址在 Invoices 表也保存一份的话，事情就变得简单多了。

还有一种常见的非规范化做法是存储计算或推导的结果。在 Invoices 表中创建一个总金额的列，而不是对 InvoiceDetails 表中的相关数据分别进行汇总。这样不仅可以减少表查询的数量，而且还可以避免多余的重复计算。存储计算结果的另外一个好处是，当计算结果有多种方式时，如果计算结果已经存储在表里面，那么之后所有的查询都会得到相同的结果。

另外一种方法可能要使用重复数据组。常见的需求例如比较每月的销售额，一条记录里面存储所有 12 个月的数据大大减少了查询的数据量。

请记住，对数据仓库中的数据进行切片或切块有很多不同的方法。数据仓库专家 Ralph Kimball 提出了三个主要的方法：向下钻取、交叉探查和时间处理⊖。他将"事实表"形容

⊖ www.kimballgroup.com/2003/03/the-soul-of-the-data-warehouse-part-one-drilling-down/

为"企业的度量基础"和"大多数数据仓库查询的最终目标",但同时他也指出:"如果没有优先级较高的业务需求,没有经过严格的质量保证和多维度的数据约束及分组,事实表也没有多大的用处。"[⊖]

他描述了如下三种类型的事实表。

1)事务事实表:对应单个时间点上的事实。

2)周期快照事实表:记录固定时间间隔或到某个固定结束时间的活动,例如周期财务报表。

3)累积快照事实表:记录任意开始和结束时间的业务过程,例如订单流程、索赔流程、服务调用流程或大学招生流程。

Kimball 提出了另外一个重要的概念,叫作缓慢变化维。正如他所说的,存储在事实表中的大多数基础度量包括与日期维度相关的时间戳和外键,但是比基于活动的时间戳更多的是时间效应。关联到事实表的所有其他维度,包括客户、产品、服务、条款、位置和员工等基础实体也会受到时间变化的影响。有时修改后的描述只是纠正了数据中的错误,但是它也可以表示特定维度成员的描述在某个时间点的真实变化,例如客户或产品。因为这些变化比事实表度量的频率低得多,所以它们被称为缓慢变化维(SCD)[⊜]。了解这些概念对于设计高效的数据仓库至关重要。

如果你决定对数据进行非规范化操作,请完整地记录你的非规范化过程。详细描述非规范化背后的逻辑和步骤。将来,如果你的团队需要对这些数据进行规范化,那么这份完整准确的记录将能够帮到他们。

总结

❑ 想清楚要复制的数据及原因。

❑ 计划如何保持数据同步。

❑ 使用非规范化字段重构查询。

⊖　www.kimballgroup.com/2008/11/fact-tables/

⊜　www.kimballgroup.com/2008/08/slowly-changing-dimensions/

可编程性与索引设计

仅靠良好的逻辑数据库模型设计是写不出高效的 SQL 语句的。你还必须保证设计被正确地实施，否则你会发现使用 SQL 从数据库中查询数据的能力会大打折扣。

给表添加索引是提高 SQL 查询性能重要的方法之一。本章的内容将帮助你了解在实施数据模型设计时容易被忽略的一些问题。尽管通常是由数据库管理员（DBA）来创建表和索引，但事实证明创建索引最好的人却是开发人员。DBA 更熟悉存储系统的设置和硬件的配置，但创建索引需要知道的是哪些数据被查询。通常 DBA 或外部顾问是不知道这些内容的，但是对于应用程序的开发人员来说，这应该是信手拈来的事。本章的内容将帮助你理解索引的重要性，以及如何正确地使用索引。

与第 1 章一样，如果你能左右数据库的设计，则可以使用本章的内容重新检查你的数据库模型，并解决你发现的任何问题。如果你无法改变数据库的设计，则可以向你的 DBA 介绍本章的内容，让他更有效地帮你构建数据库。

第 10 条：创建索引时空值的影响

null 是关系数据库中的特殊值，表示列未知或数据缺失。null 永远不能等于或不等于另一个值，甚至是另一个 null 也不行。要检测是否存在 null 值（空值），必须使用 IS NULL 条件。

通常，你会为条件中频繁使用的列或列组合创建索引，以提高查询的性能。创建索引时，你需要思考列是否包含空值，并且了解数据库是如何处理带空值的索引的。

创建了索引的列如果在数据库中有多条记录都包含空值，则该索引可能没有多大用处，除非你始终搜索除 NULL 之外的内容。该索引可能会占用更多的存储空间，除非数据库提供了从索引中排出空值的方法。一些数据库会将空字符串当成空值（系统将任何具有空字符串的列改成 NULL 值），这样判断是否该在列上创建索引就更难了。

每个数据库系统处理索引中包含空值的方法都不同。所有主流数据库共有的功能是，不允许在主键的任何列中使用空值。这是 ISO SQL 标准的要求，这是件好事。以下的部分将探讨与每个数据库系统相关的问题，以及它们是如何处理索引中包含的空值和空字符串的。

IBM DB2

除主键之外的所有索引，DB2 都会索引空值。在创建索引时，你可以在创建索引时使用 EXCLUDE NULL KEYS 选项明确地排除 UNIQUE 索引中的空值。如代码清单 2-1 所示。

代码清单2-1　排除DB2中UNIQUE索引中的空值

```
CREATE UNIQUE INDEX ProductUPC_IDX
  ON Products (ProductUPC ASC)
  EXCLUDE NULL KEYS;
```

为了进行索引，在 DB2 中所有空值都相等。因此，如果在 UNIQUE 索引未指定 WHERE NOT NULL 的情况下，尝试在索引列中插入多条具有空值的记录，就会收到重复数据错误。具有空值的第二条记录会被当成现有记录的重复，因为 UNIQUE 索引不允许重复。

对于 DB2 中的非唯一索引，可以通过设置 EXCLUDE NULL KEYS 选项的方式不对空值进行索引。当你知道大多数值可能是 NULL 时，这个选项就可能特别有用，因为任何测试 IS NULL 的条件都可能进行全表扫描，而不是依赖于索引。排除空值能减少索引占用的空间。代码清单 2-2 展示了如何做。

代码清单2-2　排除DB2中标准索引中的空值

```
CREATE INDEX CustPhone_IDX
  ON Customers(CustPhoneNumber)
  EXCLUDE NULL KEYS;
```

DB2 不会将 VARCHAR 和 CHAR 列中的空字符串视为空值。但是，如果在安装 DB2（Linux、UNIX 和 Windows，或 LUW）时启用 Oracle 兼容模式，那么在 VARCHAR 类型的列中存储空字符串则会被当成空值。更详细的信息请阅读后面的 Oracle 一节。

Microsoft Access

Microsoft Access 会索引空值。由于主键不能包含空值，所以不能在主键列中存储 NULL。通过设置索引的属性 Ignore Nulls，可以让 Access 不在索引中存储空值。图 2-1 展示了如何使用用户界面（UI）定义不含空值的索引。该图还展示了设置 Unique 索引和 Primary 主键的选项。

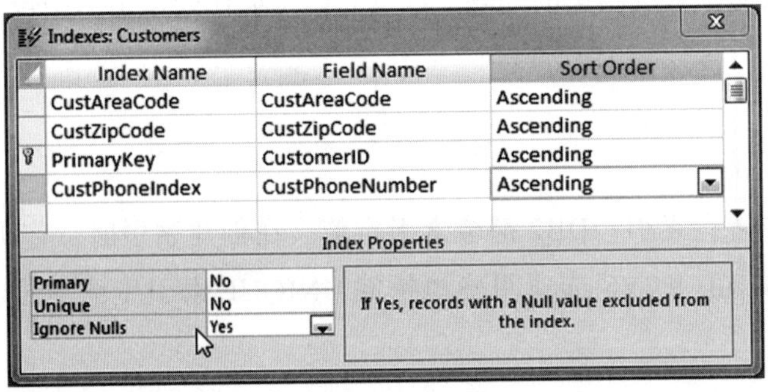

图 2-1　Access 中设置索引 Primary、Unique 和 Ignore Nulls 选项的用户界面

你还可以在执行 CREATE INDEX 语句的时候使用 WITH IGNORE NULL 设置 Ignore Nulls 属性。代码清单 2-3 展示了此操作的语法。

代码清单2-3　使用SQL创建索引时，在Access中设置IGNORE NULL

```
CREATE INDEX CustPhoneIndex
  ON Customers (CustPhoneNumber)
  WITH IGNORE NULL;
```

你还可以使用 WITH DISALLOW NULL（只有将列的 Required 属性设置为 Yes 时，该选项在用户界面上才能看到）的方式在索引中排除空值。

Access 将所有空值视为不相等，因此可以在包含 UNIQUE 索引的列中存储多条具有 NULL 的记录。Access 中有个奇怪的处理方式，它会丢弃数据类型为 Text（或 VARCHAR）的列中所有末尾的空格。如果你试图通过图形界面存储空字符串，Access 会将其转换为 NULL 值。如果你试图在主键的列中存储空字符串，则会出现错误。

同样，如果你试图在属性 Required 设置为 Yes 的列中存储空字符串，也会出现错误。你也可以通过将列的属性 Allow Zero Length 设置为 Yes 消除这个错误。执行此操作后，Access 不再将空白或空字符串转换为 NULL，但必须将 SQL 或用户界面中输入的的字符串加上双引号。在空字符串插入到允许零长度的列时，这个值的长度就是 0。

Microsoft SQL Server

与 DB2 类似，SQL Server 也会索引空值，视所有空值都相等。不能在主键中的任何列中存储 NULL，并且只能在 UNIQUE 索引的列中存储一条包含空值的记录。

要从 SQL Server 的索引中排除空值，必须创建过滤索引。如代码清单 2-4 所示的例子。

代码清单2-4　SQL Server中使用过滤索引排除空值

```
CREATE INDEX CustPhone_IDX
  ON Customers(CustPhoneNumber)
  WHERE CustPhoneNumber IS NOT NULL;
```

请注意，如果查询中的 CustPhoneNumber 列上使用了 IS NULL 条件，SQL Server 将不会使用过滤索引执行搜索。SQL Server 不会将空的 VARCHAR 字符串转换成 NULL。在代码清单 2-3 所示的过滤索引例子中，包含空字符串列将显示在索引中。

MySQL

MySQL 中主键不允许包含空值。但是，在创建索引时，会将空值视为不相等，因此可以在具有 UNIQUE 索引的列上存储多条包含空值的记录。

MySQL 会索引空值，没有任何方法排除它们。MySQL 为 IS NULL 和 IS NOT NULL 条件使用一个可用的索引。

MySQL 不会将空字符串转换为 NULL。NULL 的长度也为 NULL。空字符串的长度为 0。

Oracle

Oracle 不会索引空值，并且主键中的任何列也不允许存储空值。只要复合建（具有多列的键）有一个列不为 NULL，就可以被索引。

你可以强制 Oracle 索引空值，方法是强制其创建一个包含字符常量的复合键或者使用能够处理 NULL 的函数索引。代码清单 2-5 展示了包含字符常量的复合主键强制 Oracle 索引空值的例子。

代码清单2-5　包含字符常量的复合主键强制Oracle索引空值

```
CREATE INDEX CustPhone_IDX
  ON Customers (CustPhoneNumber ASC, 1);
```

同样可以使用 NVL() 函数将空值转换为其他值来索引空值。如代码清单 2-6 所示。

代码清单2-6　通过转换空值来索引空值

```
CREATE INDEX CustPhone_IDX
  ON Customers (NVL(CustPhoneNumber, 'unknown'));
```

使用 NVL() 构建索引的缺点是，如果要测试空值，必须使用该函数，例如 WHERE NVL(CustPhoneNumber, 'unknown') ='unknown'.

与 Microsoft Access 类似，Oracle 也会将零长度的 VARCHAR 字符串当成 NULL。如果在 CHAR 类型列中存储空字符串，将会处理成空格而不是空值。Oracle 中没有设置（就像 Access 中的那样）可以允许在 VARCHA 类型的列中存储空字符串。如 Microsoft Access 一样，Oracle 视所有空值都不相等，将零长度的 VARCHAR 字符串视为 NULL。

PostgreSQL

PostgreSQL 不允许在主键中存储空值。与 MySQL 和 Microsoft Access 一样，将所有空值视为不相等。因此，你可以在创建了 UNIQUE 索引的列中存储多个空值。

PostgreSQL 在索引中可以包含空值，但是可以通过在 WHERE 子句中排除它们，如代码清单 2-7 所示。

代码清单2-7　在PostgreSQL索引中排除空值

```
CREATE INDEX CustPhone_IDX
  ON Customers(CustPhoneNumber)
  WHERE CustPhoneNumber IS NOT NULL;
```

与 SQL Server 类似，PostgreSQL 不会将零长度的字符串转换为 NULL，反之亦然，并且两者是完全不同的。

总结

- ❑ 创建索引时考虑列是否包含空值。
- ❑ 如果要搜索空值，但列中的大多数值都可能为 NULL，那么最好不要对列进行索引。这也可能表明表需要重新设计。
- ❑ 如果希望更快地对列进行搜索，但列中大多数值都为 NULL，具有数据库支持的话，可以创建排除空值的索引。
- ❑ 每种数据库处理索引中空值的方法都不同。在为可能包含空值的列上创建索引时，确保了解数据库系统的选项。

第 11 条：创建索引时谨慎考虑以最小化索引和数据扫描

尽管加大硬件的投资可以提高性能，但是优化查询通常可以以更低成本的方式获得更好的效果。导致性能问题常见的原因是缺少索引或者设置了错误的索引，这会导致数据库引擎必须处理更多的数据来查找符合条件的记录。这些问题通常被称为索引扫描和表扫描。

当数据库引擎需要通过扫描索引或者数据块才能找到相应的记录时，就需要索引扫描或表扫描。与搜索不同，索引是用来精确定位记录以满足所需的查询。数据越多，扫描索引需要的时间就越长。

以代码清单 2-8 中的表为例。

代码列表2-8　创建表的SQL语句

```
CREATE TABLE Customers (
  CustomerID int PRIMARY KEY NOT NULL,
  CustFirstName varchar(25) NULL,
  CustLastName varchar(25) NULL,
  CustStreetAddress varchar(50) NULL,
  CustCity varchar(30) NULL,
  CustState varchar(2) NULL,
  CustZipCode varchar(10) NULL,

  CustAreaCode smallint NULL,
  CustPhoneNumber varchar(8) NULL
);
```

请注意，我们在表上创建了两个索引。因为 CustomerID 被定义为 PRIMARY KEY，所以在该列上也创建了索引，此外，CREATE INDEX 语句也在 CustPhoneNumber 列上创建了一个索引。

现在，如果执行查询 SELECT * FROM Customers WHERE CustomerID = 1，则会在主键上先执行唯一索引搜索，然后从索引进入表，从 Customers 表中返回任何满足 CustomerID = 1 条件的所有记录。

如果查询只是 SELECT CustomerID FROM Customers WHERE CustomerID = 25，因为索引已经包含了查询需要的数据，所以不需要第二个阶段，查询只需要执行唯一索引搜索，而不需要访问表中的数据。

接下来，看看查询 SELECT * FROM Customers WHERE CustState = 'TX'。在代码清单 2-8 中，虽然我们在 CustState 列上创建了索引，但它并不是唯一的。这意味着必须扫描整个索引来查找与 WHERE 条件匹配的所有值——索引扫描。因为查询选择的列不在这个索引中，所以还是需要回到表中查询数据。

最后，如果查询是 SELECT CustomerID FROM Customers WHERE CustAreaCode = '905'，并且 CustAreaCode 列上没有索引，则需要进行表扫描来查询该值，因为数据库引擎必须扫描每行数据才能找出匹配 CUSTAreaCode = '905' 条件的数据。

在许多情况下，表扫描和索引扫描可能看起来区别不大，因为都需要扫描对象的所有记录来查找特定的值。但是，索引通常要小得多，而且按需设置需要被扫描的列，因此，如果只需要表的一小部分数据，通常使用索引会更快。如果需要很多数据，例如表中 33% 的数据，索引可能就用处不大。请注意，这个数字不是固定的，某些数据库引擎可能是更低或更高的阈值会扫描更快。

实际上，有时候表扫描可能会提供更好的查询性能。这取决于返回的数据的百分比。但是，在大多数情况下，会在表上创建相应的索引。更详细的内容请阅读第 46 条。

如果使用索引来应对所有数据检索的问题，这样可能会有风险。大量的索引不会提高查询的速度，反而会降低更新的速度。造成的问题是，每当更新带有索引的列时，都必须更新一个或多个索引表，这意味着更多的硬盘读写。因为索引是严密组织的，所以索引更新通常会比表更新更慢。

操作型的表通常涉及很多更新操作，因此必须权衡操作表中的每个索引必要性。报表数据库（数据仓库）通常不会有很多的更新操作，所以不必害怕创建了太多的索引（这样的数据库通常适合非规范化，如在第 9 章所提到的）。因此，一味地使用索引并不是什么灵丹妙药。

各种 DBMS 使用的最多的索引结构是 B 树结构。虽然某些 DBMS 可能使用了其他类型的结构，比如哈希、空间或其他特有的结构，但是 B 树结构是最通用最常见的。对 B 树结构的全面讲解超出本书的范畴，简单来讲，B 树结构是从一个根节点开始，该根节点指向多个中间节点，然后中间节点指向一些叶节点，最后指向实际的数据。

B 树对查询性能的贡献很大程度上取决于索引列的类型。有两种不同的索引：聚簇和非聚簇。聚簇索引按照创建索引时指定的列的顺序来物理地排列表的内容。因为不可能以多种方式对表中的行进行排序，所以每张表最多只能有一个聚簇索引。在 SQL Server 中，通常至少一个聚簇索引会具有直接包含数据的叶节点。非聚簇索引与聚簇索引具有相同的索引结构，但有两个重要区别：

❑ 非聚簇索引可能与表的物理顺序不同。

❑ 非聚簇索引的叶级别由索引键和指向数据块的标记组成，而不是直接包含数据。

注意　在 Oracle 中，表中的数据不会根据索引中指定的列进行排序。优化器维护索引镜像表排序的元数据（其聚集因素），它会影响执行计划的选择。

非聚簇索引查询是否比表扫描性能更好取决于表的大小、记录的存储模式、记录的长度、还有查询返回的记录的百分比。当查询的记录大于 10% 时，表扫描通常会比非聚簇索引访问性能更好。即使返回的记录占的百分比较高，聚簇索引通常会比表扫描性能更好。

另外一个需要考虑的重要因素是，数据通常是如何被访问的。如果列不出现在 WHERE 子句中，那么在这些列上创建索引就没有任何用处。如之前所说的，如果列具有较低的基数（索引的值大部分都是相同的值），那么给此列创建索引就没有任何好处。如果索引不能让数据库引擎读取更少的数据，数据库引擎则不会使用索引。

此外，只有当表足够大时，索引才会意义。大多数数据库引擎会把小的表加载到内存中。一旦表加载到内存中，无论你使用还是不使用索引，搜索都会很快。这里说的小取决于记录的数量、每条记录的大小、如何被存储到数据块以及数据库服务器可用的内存大小。

列的组合也同样很重要。如果某些列频繁出现在大多数查询中，则有必要为这些列创建索引。事实上，每个列单独创建索引并不意味着就会创建高效的执行计划。当为多个列创建索引时，索引中指定的列的顺序很重要。如果某些查询是查找 CustLastName 列的某些值，而其他查询是查找 CustFirstName 和 CustLastName 列的另外一些值，则索引应该把 CustLastName 列放在前面，然后才是 CustFirstName 列（见代码清单 2-9），而不是反过来（见代码清单 2-10）。

代码清单2-9　创建正确索引的SQL语句

```
CREATE INDEX CustName
  ON Customers(CustLastName, CustFirstName);
```

代码清单2-10　创建不正确索引的SQL语句

```
CREATE INDEX CustName
  ON Customers(CustFirstName, CustLastName);
```

总结

- ❑ 分析数据，创建正确的索引以提高性能。
- ❑ 确保创建的索引都被使用。

第 12 条：索引不只是过滤

数据库索引在数据库中拥有独特的数据结构。由于索引会复制已索引表的数据，所以每个索引都有属于自己的磁盘空间，所以索引是纯冗余的。但这种冗余是可以接受的，因为索引不需要在每次查询中搜索表中的每一行，可以快速定位数据提高数据检索操作的速度。但是，请注意，索引还有很多其他用途。

WHERE 子句定义了 SQL 语句的搜索条件。正因如此，它能使用索引的核心功能，即快速查找数据。一个写得很差的 WHERE 子句是缓慢查询的罪魁祸首。

列是否被索引可能会影响表连接查询的效率。实质上，JOIN 操作允许将规范化数据模型的数据转换成用于特定处理目的的非规范化形式。由于 JOIN 操作将分散在多个表中的数据组合在一起，因此需要从不同数据页面读取更多数据，因此对磁盘查找延迟特别敏感，正确的索引可能对响应时间有很大的正面影响。

查询（嵌套循环、哈希连接和排序合并连接）有三种常见的连接算法，但它们一次都只处理两张表。涉及更多表的 SQL 查询需要多个步骤。首先，通过连接两张表创建中间结果集，然后再将结果集与下一个表相连等。

嵌套循环连接是最基本的连接算法。将其视为两个嵌套查询：外部（驱动）查询从一张表中获取结果，第二个查询从另一张表中为驱动查询的每一条记录获取对应的数据。因此嵌套循环连接，最好在连接列上使用索引。如果驱动查询返回一个小的结果集，嵌套循环连接将获得较好的性能。否则，优化器可能会选择不同的连接算法。

哈希连接将连接一侧的候选记录加载到哈希表中，可以非常快速地使用此表过滤连接另一侧的每一条记录。优化哈希连接需要与嵌套循环连接完全不同的索引方法。因为使用哈希表完成连接，所以不需要对连接的列进行索引。能够提高哈希连接性能的索引只有 WHERE 字句或连接 ON 关键字中的列上的索引；事实上，这也是哈希连接使用索引的唯一时机。实际上，哈希连接的性能是通过水平 (较少的行) 或垂直 (较少的列) 减小哈希表的大小来实现的。

排序合并连接要求连接的两侧按照连接的条件进行排序。然后它将两个排序列表组合起来就像拉链一样。在许多方面，排序合并连接类似于哈希连接。只索引连接条件是没有用的，但是应该为用于一次读取所有候选记录的独立条件创建索引。排序合并连接独特的地方是：连接顺序没有任何区别，甚至不会影响性能。对于其他算法，外连接的方向（左或右）意味着连接顺序。但是，排序合并连接不是这样。排序合并连接可以同时执行左右外连接（所谓的完全外连接）。虽然如果输入预先排序，排序连接的表现会更好，但是很少这样做，因为两边排序是非常耗资源的。然而如果存在与排序顺序相对应的索引，则可以完全避免排序操作，并且在这种情况下排序合并连接会表现得非常高效。否则，因为哈希连接只需要预处理连接的一方，所以在许多情况下它是最好的。

在某种程度上，前面对连接算法的讨论有些理论化。尽管有可能（至少在 SQL Server 和 Oracle 中使用查询提示）强制使用特定的连接类型，但是更好的是让查询优化器选择最合适的算法，并确保索引的正确性。

 注意　需要注意的是，MySQL 不支持哈希连接或排序合并连接。

数据聚簇是使用索引的另外一种方式。聚簇数据意味着将连续访问的数据紧密地存储在一起，以降低 I/O 操作的次数。以代码清单 2-11 所示的查询为例。

代码清单2-11　在WHERE子句中使用LIKE的查询

```
SELECT EmployeeID, EmpFirstName, EmpLastName
FROM Employees
WHERE EmpState = 'WA'
  AND EmpCity LIKE '%ELLE%';
```

为 EmpCity 使用前导通配符的 LIKE 表达式意味着必须执行表扫描，因为无法使用索引。然而，EmpState 中的条件非常适合索引。如果访问的记录存储在单个表块中，表访问不是一个很大的问题，因为数据库可以通过单个读取操作获取所有的记录。但是，如果相同的记录分布在许多不同的块中，则表访问可能会造成严重的问题，因为数据库必须获取许多块才能检索所有记录。换句话说，性能取决于所访问记录的物理分布。

可以通过重新排序表中的记录，使其与索引顺序相对应来提高查询性能。但是，很少这样做，因为你只能将表记录按一种序列方式存储，这意味着你仅能为一个索引来优化表。

如代码清单 2-12 所示的索引，其中第一列对应 WHERE 子句的第一个列，将证明排序是有用的。

代码清单2-12　创建索引的SQL语句

```
CREATE INDEX EmpStateName
  ON Employees (EmpState, EmpCity);
```

如果你可以避免进入表查询数据的需求，可以使查询更加高效。以代码清单 2-13 所示的表为例。

代码清单2-13　创建表的SQL语句

```
CREATE TABLE Orders (
  OrderNumber int IDENTITY (1, 1) NOT NULL,
  OrderDate date NULL,
  ShipDate date NULL,
  CustomerID int NULL,

  EmployeeID int NULL,
  OrderTotal decimal NULL
);
```

如果需要为每个客户生成订单总数，如代码清单 2-14 所示，代码清单 2-15 所示的索引包含所有需要的列，因此甚至不需要访问表。

代码清单2-14 总计查询的查询SQL语句

```sql
SELECT CustomerID, Sum(OrderTotal) AS SumOrderTotal
FROM Orders
GROUP BY CustomerID;
```

代码清单2-15 创建索引的SQL语句

```sql
CREATE INDEX CustOrder
  ON Orders (CustomerID, OrderTotal);
```

> **注意** 在某些 DBMS 上，如果只有少量数据，表扫描可能仍然优于代码清单 2-15 中创建的索引。

需要注意的一点是，虽然你可能预期代码清单 2-16 中的查询运行速度要快于代码清单 2-14 中的查询，因为它涉及较少的记录，但是由于 OrderDate 不在索引中，这意味着数据库系统会更倾向选择表扫描。

代码清单2-16 使用WHERE子句的查询SQL语句

```sql
SELECT CustomerID, Sum(OrderTotal) AS SumOrderTotal
FROM Orders
WHERE OrderDate > '2015-12-01'
GROUP BY CustomerID;
```

索引也对 ORDER BY 子句的效率产生影响。排序是资源密集型。虽然它通常是 CPU 密集型的，但主要的问题是数据库必须临时缓冲结果：在产生第一个输出之前，必须读取所有的输入。索引提供索引数据的有序表示。事实上，索引以预排序的方式存储数据。这允许我们使用索引来避免排序操作以满足 ORDER BY 子句。

与连接可以使用流水线（中间结果的每一条记录可以立即传递到下一个 JOIN 操作，不需要存储中间结果集）以减少内存使用不同，完整的排序操作必须在产生第一个输出前完成。

因为索引（特别是 B 树索引）提供了索引数据的有序表示，所以我们可以将索引看作以预排序方式存储数据。这意味着可以使用索引来避免为了满足 ORDER BY 子句所需的排序操作。实际上，有序索引不仅可以节省排序操作，而且还可以在不处理所有输入数据的情况下返回第一个结果，从而提供流水线的效果。请注意，为了实现这一点，WHERE 子句使用的索引也必须涵盖 ORDER BY 子句。

请注意，数据库可以从两个方向读取索引。这意味着即使扫描的索引范围与 ORDER BY 子句指定的顺序完全相反，流水线 ORDER BY 也是可行的。这并不影响索引对 WHERE 子句的可用性。但是，在索引包含多个列时，排序方向可能很重要。

 注意　MySQL 忽略索引声明中的 ASC 和 DESC 修饰符。

总结

❑ WHERE 子句中的列是否包含在索引中会对查询的性能产生影响。
❑ SELECT 子句中的列是否被索引也会影响查询的效率。
❑ 连接查询的列是否被索引可能会影响查询的效率。
❑ 索引也可能对 ORDER BY 子句的效率产生影响。
❑ 多个索引的存在可能会对写入操作产生影响。

第 13 条：不要过度使用触发器

大多数 RDBMS 具有在对表执行 DELETE、INSERT 或 UPDATE 时自动运行触发器（存储过程）的功能。虽然许多开发人员使用触发器来防止孤立记录，但是使用第 6 条提到的外键来确保引用完整性更为简单，并且执行速度更快，更高效。触发器也可以用于更新计算值，但是（第 5 条提及）通常有更好的替代方法。

你可以通过使用约束来实现引用完整性（DRI）。定义约束可以让数据库引擎自动实施数据库完整性。约束定义了列中允许的值的规则，并且是强制执行完整性的标准机制。使用约束优于 DML（数据操作语言）触发器、规则和默认值。查询优化器还使用约束定义来构建高性能的查询执行计划。

当你为 INSERT 声明引用完整性（DRI）时，RDBMS 会在插入新记录时检查子表，输入的键值是否存在于父表中。如果没有，则不能插入。还可以在 UPDATE 和 DELETE 上指定引用完整性（DRI）操作，例如 CASCADE（将父表中的更改 / 删除传递给子表）、NO ACTION（如果特定记录被引用，更改键是不允许的）或 SET NULL/SET DEFAULT（父表中键的更改 / 删除导致将子表中的值设置为 NULL 或默认值）。

代码清单 2-17 中的代码说明了，如果父表中的相应记录被删除，如何使用引用完整性（DRI）来防止子表中出现孤立记录（在这种情况下，当从 Orders 表中删除记录时，Order_Details 表中的相关记录也将被删除）。

代码清单2-17　使用引用完整性（DRI）来防止子表中出现孤立记录

```
ALTER TABLE Order_Details
  ADD CONSTRAINT fkOrder FOREIGN KEY (OrderNumber)
    REFERENCES Orders (OrderNumber) ON DELETE CASCADE;
```

代码清单 2-18 中的代码显示了如何通过创建触发器来执行相同的操作。

代码清单2-18　创建触发器来防止子表中出现孤立记录

```
CREATE TRIGGER DelCascadeTrig
  ON Orders
  FOR DELETE
AS
  DELETE Order_Details
  FROM Order_Details, deleted
  WHERE Order_Details.OrderNumber = deleted.OrderNumber;
```

如前所述，引用完整性（DRI）方法会比触发器方法执行得更快更有效。

如第 5 条所示，触发器也可以用于计算值。例如，代码清单 2-19（针对 SQL Server）显示了如何在 Order_Details 表更改时运行触发器来更新 Orders 表中的 OrderTotals 列。

 注意　代码清单 2-19 是针对 SQL Server 的。请参阅 https://github.com/TexanInParis/EffectiveSQL 在其他 DBMS 上执行相同的操作。

代码清单2-19　使用触发器维护计算值的SQL语句

```
CREATE TRIGGER updateOrdersOrderTotals
  ON Orders
  AFTER INSERT, DELETE, UPDATE
AS
BEGIN UPDATE Orders
  SET OrderTotal = (
      SELECT SUM(QuantityOrdered * QuotedPrice)
      FROM Order_Details OD
      WHERE OD.OrderNumber = Orders.OrderNumber
  )
  WHERE Orders.OrderNumber IN(
    SELECT OrderNumber FROM deleted
    UNION
    SELECT OrderNumber FROM inserted
  );
END;
```

将编写该 SQL 语句的复杂性与为 Orders 表定义计算列（如第 5 条所示）的简单性进行比较，并将其事实两相对照，你会发现第 5 条提及的解决方案运行更有效率。

与数据库设计中的许多事情一样，有很多方法可以达到同样的效果。虽然触发器是维护数据的一种方法，但可能不是最好的。当然，有时触发器也是适用的，包括以下几种场景：

- 维护重复或派生数据：非规范化数据库通常会引入冗余数据。可以通过触发器保持数据同步。
- 复杂列约束：如果列的约束依赖于同一张表中的其他行或其他表中的行，则触发器是创建该列约束的最佳方法。
- 复杂的默认值：可以使用触发器根据其他列、记录或表中的数据生成默认值。
- 数据库间引用完整性：当相关表在两个不同的数据库中时，可以使用触发器来确保跨数据库的引用完整性。

注意　在使用触发器的情况下，最好不要在表上，而是在视图上创建触发器。这可以使事情变得更容易，因为你可能不希望在批量导入或导出操作期间触发触发器，而是在需要的时候在应用程序中触发。

注意　DBMS 对于约束或默认值可能有不同的限制。例如，一些 DBMS 不允许你使用子查询创建 CHECK 约束，因此需要使用触发器替代。查看你的 DBMS 文档，确定是否能够在没有触发器的情况下完成所需操作。

从 Microsoft Access 升级

在从 Microsoft Access 升级时，一个常见的问题是如何判定是否使用引用完整性（DRI）或触发器来强制执行表关系。转换为 Microsoft SQL Server 时，升迁向导的导出表属性界面允许你在两个选项之间进行选择，以便强制引用完整性。使用哪一个取决于你在 Access 中创建的表关系。

引用完整性（DRI）使 SQL Server 可以使用 Access 的关系和引用创建自己的表。不幸的是，SQL Server 的 DRI 不支持级联更新或级联删除。因此如果选择 DRI，将丢失 Access 中的任何级联更新或删除的功能。

在 Access 中，打开关系窗口（工具→关系），单击连接两个表的线，右击打开快捷菜单，然后选择编辑关系以打开编辑关系对话框。如图 2-2 所示，此框顶部的网格显示了关系中的两张表和每张表中的相关字段。网格下方有三个复选框：

- 强制引用完整性
- 级联更新相关字段
- 级联删除相关记录

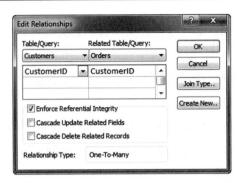

图 2-2　Microsoft Access 编辑关系对话框

　　如果仅启用了强制引用完整性，则可以在向导中使用 DRI 选项。如果为任何关系选择了（或两者）级联更新相关字段或级联删除相关记录，则必须选择向导的触发选项。

　　不过有一个问题，Access 允许在自引用上进行级联更新和级联删除（同一个表可以在关系的两端），但是 SQL Server 不能。这意味着虽然代码清单 2-20 所示的代码对 Access 有效，但会在 SQL Server 中抛出错误。

代码清单2-20　用于创建自引用关系DRI的SQL语句

```
CREATE TABLE OrgChart (
  employeeID INTEGER NOT NULL PRIMARY KEY,
  manager_employeeID INTEGER
CONSTRAINT SelfReference FOREIGN KEY (manager_employeeID)
REFERENCES OrgChart (employeeID)
ON DELETE SET NULL
ON UPDATE CASCADE
);
```

　　请注意，自从 Access 2010 以来，已经可以使用数据宏，这相当于 SQL Server 中的触发器。如果你的 Access 数据库使用数据宏，则转换为 SQL Server 触发器可能是最佳选择。

总结

❑ 创建表时，因为使用约束提供的 DRI 以及内置功能创建的计算列，性能通常会更好，所以我们建议将约束或创建计算列的内置功能作为默认解决方案。

❑ 触发器通常不可移植：一个数据库系统的触发器，在不做修改的情况下，很难在另一个数据库系统中运行。

❑ 仅在绝对必要时才使用触发器。如果可能，确保触发器是幂等的。

第 14 条：使用过滤索引包含或排除数据子集

一般很少会在查询中返回所有的记录，通常会添加一个 WHERE 子句。尽管这样可以确保返回较少的记录，但并不一定会减少获取结果所需的 I/O 量。

过滤的索引（SQL Server）或部分索引（PostgreSQL）是一个非聚簇索引，仅包含表记录的一个子集。它们通常比传统的非聚簇索引小得多，传统的非聚簇索引的行数与表包含的行数相同。因此，过滤索引可以提供性能和存储优势，因为索引中的行数较少且需要的 I/O 也较少。如果 DBMS 支持，把表分区也能提供同过滤索引类似的功能。

注意　Access（2016 以上的版本）和 MySQL（5.6 以上的版本）不支持过滤索引。

注意　尽管 Oracle 和 DB2 都不直接支持过滤索引，但仍有一些方法可以模拟⊖。

过滤索引是通过在创建索引时添加一个 WHERE 子句创建的。如果在 WHERE 子句中经常使用的值仅占该表总值的一小部分，过滤索引提升性能的能力将远远高于传统索引。

过滤索引是通过添加一个 WHERE 子句创建的。你可以将它们定义为仅限于非 NULL 值或仅 NULL 值（关于在索引中使用空值的更多细节，请阅读第 10 条）。只能在 WHERE 子句中使用确定性函数，不能使用 OR 运算符。SQL Server 还有一些其他限制：过滤器条件不能引用计算列、用户定义类型（UDT）列、空间数据类型列或 hierarchyID 数据类型列，你也不能使用 BETWEEN、NOT IN 或 CASE 语句。

请注意，被过滤的列不需要包含在索引中。以一个带有 QuantityOnHand 列的 Products 表为例。为了能够查询哪些库存不足的产品，你可以创建一个过滤索引，如代码清单 2-21 所示。

代码清单2-21　在QuantityOnHand上创建过滤索引的SQL语句

```
CREATE NONCLUSTERED INDEX LowProducts
  ON Products (ProductNumber)
  WHERE QuantityOnHand < 10;
```

另一种可能的场景是文档管理系统。通常，你会有一个包含 Status 列的 Document-Status 表，Status 列包含 Draft、Reviewed、Pending publication、Published、Pending expiration 和 Expired 等值。你可能需要对待出版或待过期的文档进行跟踪。代码清单 2-22 展示了为此

⊖　http://use-the-index-luke.com/sql/where-clause/null/partial-index。

创建的索引。

代码清单2-22　创建过滤索引的SQL语句

```
CREATE NONCLUSTERED INDEX PendingDocuments
  ON DocumentStatus (DocumentNumber, Status)
  WHERE Status IN ('Pending publication', 'Pending expiration');
```

请注意，可以在同一列上创建多个过滤索引，如代码清单 2-23 所示。

代码清单2-23　在同一列上创建多个过滤索引的SQL语句

```
CREATE NONCLUSTERED INDEX PendPubDocuments
  ON DocumentStatus (DocumentNumber, Status)
  WHERE Status = 'Pending publication';
CREATE NONCLUSTERED INDEX PendExpDocuments
  ON DocumentStatus (DocumentNumber, Status)
  WHERE Status = 'Pending expiration';
```

在第 12 条中，我们讨论过可以使用索引来避免 ORDER BY 子句所需的排序操作。使用过滤索引可以达到同样的效果。以代码清单 2-24 所示的查询为例。代码清单 2-25 中的索引可用于避免排序操作。

代码清单2-24　需要排序操作的查询

```
SELECT ProductNumber, ProductName
FROM Products
WHERE CategoryID IN (1, 5, 9)
ORDER BY ProductName;
```

代码清单2-25　创建过滤索引避免排序的SQL语句

```
CREATE INDEX SelectProducts
  ON Products(ProductName, ProductNumber)
  WHERE CategoryID IN (1, 5, 9);
```

当然，过滤索引或部分索引也有某些局限。例如，不可能使用诸如 GETDATE() 之类的日期函数，不能创建变动的日期范围；WHERE 子句中的值必须是不变的。

总结

❑ 过滤索引仅对少部分行有用，可节省空间。

❑ 过滤索引可用于对行子集执行唯一约束（例如，针对 WHERE active ='Y' 这种类型）。

❑ 过滤索引可避免排序操作。

❑ 考虑是否需要分区表来提供类似过滤索引的功能，从而避免维护一个索引的成本。

第 15 条：使用声明式约束替代编码校验

强制执行数据完整性在数据库中的重要性不必我们多言。有必要权衡每个字段的价值，并考虑如何执行这些字段的数据完整性，以便构建一个正常运转的数据库。幸运的是，SQL 提供了许多不同的约束，可以在这方面提供帮助。

SQL 约束提供了一种方法来指定表中数据的规则。对于任何数据操作（INSERT、DELETE 和 UPDATE），都会检查所有约束。如果有任何违反这些约束的行为，该操作将被中止。

有以下 6 个限制：

1）NOT NULL：默认情况下，表中的列可以包含空值。NOT NULL 约束确保一个字段必须始终包含一个值，不允许存储空值。

2）UNIQUE：UNIQUE 约束确保不在指定的字段中输入重复的值。你可以使用 UNIQUE 约束来确保在特定列中不会出现重复值，这不包括主键。与 PRIMARY KEY 约束不同，UNIQUE 约束允许空值。

3）PRIMARY KEY：与 UNIQUE 约束类似，PRIMARY KEY 约束唯一地标识数据库表中的每个记录。除了值唯一之外，PRIMARY KEY 不能包含空值。可以在表上定义多个 UNIQUE 约束，但只能定义一个 PRIMARY KEY 约束。（参见第 1 条）

4）FOREIGN KEY：一个表中的外键指向另一个表中的主键。（参见第 6 条）

5）CHECK：可以在单个字段或表上定义 CHECK 约束。当在单个字段上定义 CHECK 约束时，只能在该字段中存储指定的值。当在表上定义时，可以对某些字段中的值基于同一行中其他字段中的值进行限制。

6）DEFAULT：DEFAULT 子句用于定义字段的默认值。如果在添加新记录时未设置其他值，则数据库系统将使用默认值。

> 注意　严格来讲，DEFAULT 子句并不是 SQL 标准中定义的约束。但是，它可以作为一种手段来执行业务规则，通常与 NOT NULL 约束结合。

> 注意　SQL Server 在 UNIQUE 索引约束中每列仅允许包含一个空值。DB2 在 UNIQUE 索引约束中每列允许包含一个空值，除非包含 WHERE NOT NULL 过滤器。

创建表（作为 CREATE TABLE 语句的一部分）或更改表（作为 ALTER TABLE 语句的一部分）时，可以指定约束。

另外，强制引用完整性除了 DRI 之外，还有其他使用约束的方法。它可以通过程序引用完整性来强制，使用程序代码检查规则。有几种实现程序引用完整性的机制：

- ❑ 在客户端应用程序中的代码
- ❑ 存储程序
- ❑ 触发器

当开发计算机系统来处理数据时，肯定有可能包括程序代码，以确保与数据库相关联的所有规则都得到执行。但是，这并不是一个好主意。实施和维护数据中的业务规则和关系是数据模型的一部分，责任属于数据库，而不是应用程序。数据规则应与应用程序分开，以确保每个人都使用相同的数据，并以相同方式更新。这样就不需要一遍又一遍地编写和维护数千行相同的代码。当然这可能颠覆数据的完整性，但是当它被定义为数据库本身的一部分时，你就必须努力尝试！

包含存储过程实现的完整性至少要将规则保留在数据库中，但它可能是一个更加困难的方法，特别是对于更新操作。另外，虽然存储过程可以执行规则，但是有必要确保用户仅通过存储过程来修改数据。这可以通过授予用户执行存储过程的权限而不允许它们直接更新底层表来完成，但这需要额外的工作量。

触发器可用于强制引用完整性和级联操作，它是一个相对独立的解决方案，可以使用相同的 INSERT、UPDATE 和 DELETE 语句来修改基本表。但是，在第 13 条，我们已经讨论过触发器应该履行的职责。

总结

- ❑ 考虑使用约束来强制数据完整性。
- ❑ 查询优化器可以使用约束定义来构建高性能查询执行计划。

第 16 条：了解数据库使用的 SQL 方言并编写相应的代码

SQL 通常被认为是访问数据库的标准语言。但即使 SQL 在 1986 年成为美国国家标准学会（ANSI）的标准，也是 1987 年国际标准化组织（ISO）的标准，具体的 SQL 实现并不一定完全符合标准，并且在供应商之间通常也是不兼容的。日期和时间语法、字符串连接、空值处理以及区分大小写等细节因供应商而异。你必须了解 DBMS 具体使用了什么方言才能编写高效的 SQL 语句。

我们将尝试在这里列出不同 SQL 实现的例子。有关更多信息，请参考 Troels Arvin（丹麦数据库管理员）对比不同 SQL 实现的页面（http://troels.arvin.dk/db/rdbms/），它很好地展示了它们之间的区别。

排序结果集

与非空值相比，SQL 标准实际上并没有指定如何排序空值，除了：

❑ 任何两个空值都被认为在排序中是相同的。

❑ 空值应该排在所有非空值之上或之下。

DBMS 之间各不相同，这已经不足为奇。

❑ IBM DB2：空值被认为高于任何非空值。

❑ Microsoft Access：空值被认为低于任何非空值。

❑ Microsoft SQL Server：空值被认为低于任何非空值。

❑ MySQL：空值被认为低于任何非空值，尽管 Troels Arvin 表示 MySQL 中存在一个
例外，即如果列名称之前添加了 –（减号）字符和 ASC 被更改为 DESC 或 DESC 被
更改为 ASC 的情况。

❑ Oracle：默认情况下，空值被认为高于任何非空值；但是，可以通过向 ORDER BY
表达式添加 NULLS FIRST 或 NULLS LAST 来更改此排序行为。

❑ PostgreSQL：默认情况下，空值被认为高于任何非空值；然而（从版本 8.3 起），可
以通过向 ORDER BY 表达式添加 NULLS FIRST 或 NULLS LAST 来更改此排序
行为。

限制结果集

SQL 标准提供了三种限制返回行数的方法：

❑ 使用 FETCH FIRST

❑ 使用窗口函数，其中之一是 ROW_NUMBER() OVER

❑ 使用光标

> **注意** 这里提到的是简单的限制，在结果集中只获取 n 条记录。与 top-n 查询不同。

以下是各种 DBMS 实现的方式：

❑ IBM DB2：支持所有基于标准的方法。

❑ Microsoft Access：不支持任何基于标准的方法。

❑ Microsoft SQL Server：支持 ROW_NUMBER() 和基于光标的标准方法。

❑ MySQL：提供 LIMIT 运算符的替代解决方案和基于光标的标准方法。

❑ Oracle：支持 ROW_NUMBER() 和基于光标标准的方法以及 ROWNUM 伪列。

❑ PostgreSQL：支持所有基于标准的方法。

BOOLEAN 数据类型

SQL 标准将 BOOLEAN 数据类型视为可选，指定 BOOLEAN 的字面值可能是以下之一：

❑ TRUE

❑ FALSE

❑ UNKNOWN 或 NULL（除非被 NOT NULL 约束禁止）

DBMS 可能将 NULL 解释为等同于 UNKNOWN（从规格说明书无法得知 DBMS 是否必须支持 UNKNOWN 、NULL 或两者都是布尔字面值）。只定义了 TRUE > FALSE（TRUE 定义为大于 FALSE）。

以下是各种 DBMS 中的实现方式：

❑ IBM DB2：不支持 BOOLEAN 类型。

❑ Microsoft Access：提供不可为空的 Yes/No 类型。

❑ Microsoft SQL Server ：不支持 BOOLEAN 类型。BIT 类型（可能有 0、1 或 NULL 作为值）是一种可能的替代方案。

❑ MySQL：提供不规范的 BOOLEAN 类型（它是 TINYINT(1) 类型的许多别名之一）。

❑ Oracle：不支持 BOOLEAN 类型。

❑ PostgreSQL ：遵循标准。接受 NULL 作为布尔字面值；但不接受 UNKNOWN 作为布尔字面值。

SQL 函数

这是差异最大的地方之一。本书篇幅有限不允许过多讨论 SQL 标准规定的功能和实际被实现的功能。（请注意，除了是否实现指定的功能之外，许多 DBMS 还实现了不属于标准的功能！）Troels Arvin 的网站讨论了一些标准功能及其实现，但是你最好阅读文档中与你使用的函数相关的内容。请注意，我们会在附录中阐述与日期和时间数据类型相关的功能。

UNIQUE 约束

SQL 标准规定，受 UNIQUE 约束的列（或一组列），除非 DBMS 实现了可选的允许空值的功能，也必须受 NOT NULL 约束。可选功能为 UNIQUE 约束添加了一些特性：

❑ 不强制 UNIQUE 约束的列执行 NOT NULL 约束。

❑ 如果 UNIQUE 约束的列也不受 NOT NULL 约束，则列可能包含任意数量的空值
（必然导致的结果是 NULL<>NULL）。

以下是各种 DBMS 中的实现方式：

❑ IBM DB2：遵循 UNIQUE 约束的非可选部分。它没有执行可选的允许空值的功能。

❑ Microsoft Access：遵循标准。

❑ Microsoft SQL Server：提供允许空值的功能，但只允许最多一个空值的实例（即不
遵守标准的第二个特征）。

❑ MySQL：遵循标准，包括可选的允许空值的功能。

❑ Oracle：供允许空值的功能。如果 UNIQUE 约束被施加在单个列上，则列可以包
含任何数量的空值（如标准的第二个特征所预期的）。但是，如果为多个列指定
UNIQUE 约束，则列中的任何两行至少包含一个 NULL，并且其他列中包含相同的
非空值，Oracle 将把这种情况视为违反了约束。

❑ PostgreSQL：遵循标准，包括可选的允许空值的功能。

总结

❑ 即使一条语句可能符合 SQL 标准，也可能无法在你的 DBMS 中使用。

❑ 由于不同的 DBMS 以不同方式执行，相同的 SQL 语句在性能上的表现也会不同。

❑ 请务必阅读 DBMS 的文档。

❑ 查看 http://troels.arvin.dk/db/rdbms/ 检查可能存在的其他差异。

第 17 条：了解何时在索引中使用计算结果

在第 11 条，我们讨论了关于使用函数而不是存储计算列的话题。事实证明，可以索引
基于函数的计算列，因此没有你想象的那么糟糕。

DB2 在 zOS 的版本 9 之后，已经支持基于函数的索引，但 LUW 版本在 10.5 之后才支
持。但是，用户定义的函数不能在索引中使用。一个可行的解决方案是在表中创建一个真
实列，以保存函数或表达式的结果（必须通过触发器或应用程序层维护），并对该列进行索
引。新列可以被索引，且 WHERE 子句可以使用新列（不带表达式）。

MySQL 自 5.7 版以来已经能够在生成的列上创建索引。旧版本必须使用在前面 DB2 中
提到的同一方法。

Oracle 自版本 8i 以来已经支持基于函数的索引，并且在版本 11g 中添加了虚拟列。

PostgreSQL 自版本 7.4 起完全支持表达式的索引，并且自版本 7.2 起部分支持。

SQL Server 自 2000 版以来允许索引计算列。只要符合以下条件，就可以对计算列进行索引：

- 所有权要求：计算列中的所有函数引用必须与表具有相同的所有者。
- 确定性要求：计算列必须是确定性的（见第 1 章中的"确定性与非确定性"）。
- 精度要求：该函数不能是浮点数或实数数据类型的表达式，也不能在其定义中使用浮点数或实数数据类型。
- 数据类型要求：该函数无法解析为 text、ntext 或 image。
- SET 选项要求：当执行定义计算列的 CREATE TABLE 或 ALTER TABLE 语句时，ANSI_NULLS 连接级别选项必须设置为 ON。

使用基于函数的索引的一个常见原因是，允许不区分大小写的查询。默认情况下，SQL Server、MySQL 和 Microsoft Access 是不区分大小写的（MySQL 默认情况下也是不区分重音的）。以代码清单 2-26 所示的查询为例。

代码清单2-26　不区分大小写的RDBMS的SQL语句

```
SELECT EmployeeID, EmpFirstName, EmpLastName
FROM Employees
WHERE EmpLastName = 'Viescas';
```

不管名称存储为 viescas、VIESCAS、Viescas 或 ViEsCaS，SQL Server、MySQL 和 Access 都可以找到该员工。但是，在其他 DBMS 中只有在名称与 Viescas 完全相同时才能找到该员工。要检索其他变体，需要一个如代码清单 2-27 所示的查询。

代码清单2-27　区分大小写RDBMS的SQL语句

```
SELECT EmployeeID, EmpFirstName, EmpLastName
FROM Employees
WHERE UPPER(EmpLastName) = 'VIESCAS';
```

在 WHERE 字句中有一个函数作用在表的某列上，这意味着查询不是可参数化搜索的（请阅读第 28 条），因此将执行表扫描，因为该函数需要应用于表中的每一行。

但是，如果我们创建了如代码清单 2-28 所示的索引，则代码清单 2-27 所示的查询将使用该索引。

代码清单2-28　为区分大小写的RDBMS创建索引的SQL语句

```
CREATE INDEX EmpLastNameUpper
  ON Employees (UPPER(EmpLastName));
```

使用 DB2、Oracle、PostregSQL 和 SQL Server，基于函数的索引不仅限于内置的函数，如 UPPER()。可以在索引定义中使用诸如 Column1 + Column2 和用户定义的函数之类的表达式。

> **注意** 在 SQL Server 中，不能直接创建基于函数的索引。你必须向表中添加一个计算字段，然后对该计算字段进行索引。

然而，用户定义的函数有一个重要的限制。该函数必须是确定性的（请阅读第 1 章中的"确定性与非确定性"）。例如，不能在函数中引用当前时间（直接或间接），然后使用该函数创建一个索引。假设你想要根据年龄提取员工，可以创建一个如代码清单 2-29 所示的函数，该函数使用当前日期（SYSDATE()）根据提供的出生日期来计算年龄。

代码清单2-29   非确定性函数

```
CREATE FUNCTION CalculateAge(Date_of_Birth DATE)
  RETURNS NUMBER
AS
BEGIN
  RETURN
    TRUNC((SYSDATE() - Date_of_Birth) / 365);
END
```

> **注意** 代码清单 2-29 中的 CalculateAge() 函数对于 Oracle 是有效的。SQL Server 将使用 DATEDIFF("d", Date_Of_Birth, Date)/365。DB2 将需要类似 TRUNC ((DAYS(CURRENT_DATE)–DAYS(date_of_birth))/ 365,0)，MySQL 将需要 TRUNCATE(DATEDIFF, date_of_birth)/365)。Access 不允许使用 SQL 创建函数。你需要使用 VBA。请注意，该功能不能正确地算年龄。

代码清单 2-30 展示了如何使用 CalculateAge() 函数找到超过 50 岁的员工。

代码清单2-30   使用CalculateAge()函数的SQL语句

```
SELECT EmployeeID, EmpFirstName, EmpLastName,
  CalculateAge(EmpDOB) AS EmpAge
FROM Employees
WHERE CalculateAge(EmpDOB) > 50;
```

因为函数是在 WHERE 子句中使用，并且会造成表扫描，因此你应该创建基于函数的索引以优化查询。但是不幸的是，CalculateAge() 是非确定性的，因为函数调用的结果并不完全由其参数决定：CalculateAge() 函数的结果取决于 SYSDATE() 函数返回的值。只有确定性的函数才能被索引。

PostgreSQL 和 Oracle 要求在定义函数时使用关键字 DETERMINISTIC(Oracle) 或 IMMUTABLE(PostgreSQL)。如果你使用这些关键字，两者都会认为开发人员定义了正确的函数，所以你可以定义确定性的 CalculateAge() 函数并在索引中使用它。然而，它将无法正常工作，因为在创建索引时存储在索引中的年龄是计算的，索引一旦创建之后，不会随着日期的更改而更新。

因为基于函数的索引似乎为查询优化提供了很大的好处，所以会有一种索引所有内容的倾向。但这并不是一个好主意！每个索引都需要不断维护。表上的索引越多，表的更新越慢。基于函数的索引特别麻烦，因为它们非常容易引起索引冗余。

总结

- ❑ 不要过度使用索引。
- ❑ 分析数据库预期的使用情况，以确保过滤索引仅在真正有意义的地方使用。

第 3 章 Chapter 3

当你不能改变设计时

针对业务场景，你花了大量的时间来设计逻辑数据模型。然后，你还要费尽心血地确保它被正确地转化为物理模型。可惜，最后你发现某些数据不得不来自控制之外的数据源。

这并不意味着你注定会有些执行性能不佳的 SQL 查询。本章将为你提供一些解决方案，帮助你处理外部数据源中设计不当的数据。我们将考虑以下两种情况：通过创建对象来存储转换数据，以及必须在查询中执行数据转换。

由于你无法控制外部数据，因此就无法改变其设计。但是，你可以与 DBA 一起，使用本章中提到的方法实现高效的 SQL 语句。

第 18 条：使用视图来简化不能更改的内容

视图只是以预定义 SQL 查询形式存在的表的组合，它通常由一个表、多个表或其他视图构成。虽然它们很简单，但用处很多。

> 📷 注意　Microsoft Access 实际上并不存在称为视图的对象，但在 Access 中保存的查询可以被认为是视图。

你可以使用视图来改善一些非规范化问题。在第 2 条中，你已经看到非规范化的 CustomerSales 表，以及如何将其建模为 4 个独立的表（Customers、AutomobileModels、SalesTransactions 和 Employees）。在第 3 条中，你还看到具有重复组的 Assignments 表，该表应该被建模为 2 个独立的表（Drawings 和 Predecessors）。在解决这些问题的时候，你可以使用视图来改变数据展示的方式。

你可以基于 CustomerSales 表创建不同视图，如代码清单 3-1 所示。

代码清单3-1　用视图规范化非规范化的表

```
CREATE VIEW vCustomers AS
SELECT DISTINCT cs.CustFirstName, cs.CustLastName, cs.Address,
  cs.City, cs.Phone
FROM CustomerSales AS cs;

CREATE VIEW vAutomobileModels AS
SELECT DISTINCT cs.ModelYear, cs.Model
FROM CustomerSales AS cs;

CREATE VIEW vEmployees AS
SELECT DISTINCT cs.SalesPerson
FROM CustomerSales AS cs;
```

如图 3-1 所示，vCustomers 仍将包含两条 Tom Frank 的记录，因为原始表中列出了 2
个不同的地址。但是，现在这组数据与原始数据相比小很多。通过排序 CustFirstName 和
CustLastName 列上的数据，你应该可以看到重复的记录，从而更正 CustomerSales 表中的
数据。

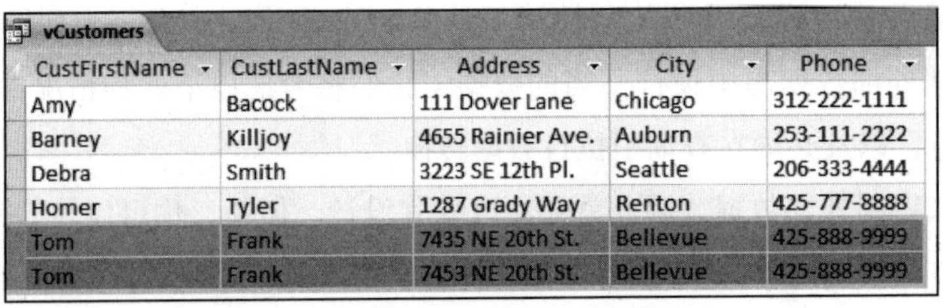

CustFirstName	CustLastName	Address	City	Phone
Amy	Bacock	111 Dover Lane	Chicago	312-222-1111
Barney	Killjoy	4655 Rainier Ave.	Auburn	253-111-2222
Debra	Smith	3223 SE 12th Pl.	Seattle	206-333-4444
Homer	Tyler	1287 Grady Way	Renton	425-777-8888
Tom	Frank	7435 NE 20th St.	Bellevue	425-888-9999
Tom	Frank	7453 NE 20th St.	Bellevue	425-888-9999

图 3-1　视图 vCustomers 的数据

第 3 条展示了如何使用 UNION 查询"规范化"包含重复组的表。你也可以使用视图完
成同样的事情，如代码清单 3-2 所示。

代码清单3-2　使用视图规范化包含重复组的表

```
CREATE VIEW vDrawings AS
SELECT a.ID AS DrawingID, a.DrawingNumber
FROM Assignments AS a;

CREATE VIEW vPredecessors AS
SELECT 1 AS PredecessorID, a.ID AS DrawingID,
  a.Predecessor_1 AS Predecessor
FROM Assignments AS a
WHERE a.Predecessor_1 IS NOT NULL
UNION
SELECT 2, a.ID, a.Predecessor_2
FROM Assignments AS a
```

```
WHERE a.Predecessor_2 IS NOT NULL
UNION
SELECT 3, a.ID, a.Predecessor_3
FROM Assignments AS a
WHERE a.Predecessor_3 IS NOT NULL
UNION
SELECT 4, a.ID, a.Predecessor_4
FROM Assignments AS a
WHERE a.Predecessor_4 IS NOT NULL
UNION
SELECT 5, a.ID, a.Predecessor_5
FROM Assignments AS a
WHERE a.Predecessor_5 IS NOT NULL;
```

需要提醒的一点是，在前面展示的例子中，视图表现得如同正规表一样，但它们的用途仅限于数据报告。由于在代码清单 3-1 中的视图中使用了 SELECT DISTINCT，并且在代码清单 3-2 中使用了 UNION，所以这些视图是不可更新的。一些供应商允许你通过定义触发器（也称为 INSTEAD OF 触发器）来绕过此限制，这样通过视图，你自己就可以编写修改底层数据表的逻辑。

 注意 DB2、Oracle、PostgreSQL 和 SQL Server 允许在视图上创建触发器。MySQL 则不允许。

使用视图的其他一些原因还包括：

❑ **提炼特定的数据**：你可以使用视图来提炼特定的数据和特定的任务。视图可以返回单个表或多个表的所有记录，也可以使用 WHERE 子句限制返回的记录。视图还可以仅返回一个或多个表中的一部分列。

❑ **简化或清晰化列的名称**：你可以使用视图来提供列的别名，使其更有意义。

❑ **将数据从不同的表中汇总起来**：你可以使用视图将多个表中的数据组合成单个逻辑记录。

❑ **简化数据操作**：视图可以简化用户处理数据的方式。例如，假设你有一个用于报表的复杂查询。在多张表中查询数据时，与其每个用户都要定义子查询、外连接和聚合，创建视图反而更有效。视图不仅简化了对数据的访问（因为每次生成报表都不需要再编写查询语句），而且在不强制每个用户创建查询语句的情况下还保证了数据的一致性。你还可以创建内联用户定义的函数，就如同参数化的视图一样，或者在视图的 WHERE 子句搜索条件或查询的其他部分中包含参数。请注意，内联表值函数与标量函数不一样！

❑ **保护敏感数据**：当表包含敏感数据时，可以在视图中隐藏该数据。例如，如果不想透露客户信用卡信息，可以创建一个使用函数掩盖信用卡号码中部分字符的视图，因此用户不知道实际的数字。在不同的 DBMS 中，用户只能访问视图，不需要直接访问基础表。视图可用于提供列级和行级安全性。请注意，为了防止用户执行超出视图约束的更新或删除操作来保护数据的完整性，必须使用 WITH CHECK OPTION 子句。

❑ 提供向后兼容：如果需要更改一个或多个表的结构，则可以创建与旧表结构相同的视图。用于查询旧表的应用程序可以使用视图，特别是仅读取数据的情况，可以不必更改应用程序。如果该视图添加了 INSTEAD OF 触发器，将视图上的 INSERT、DELETE 和 UPDATE 操作映射到底层表，有时即使应用程序更新数据仍可以使用视图。

❑ 自定义数据：你可以创建视图，让不同的用户以不同的方式查看相同的数据，即使视图在同一时间使用相同的数据。例如，你可以创建一个视图，仅根据该用户的登录 ID 检索特定用户感兴趣的客户数据。

❑ 提供数据汇总：视图可以使用聚合函数（SUM()、AVERAGE() 等），并将计算结果作为数据的一部分。

❑ 导出和导入数据：你可以使用视图将数据导出到其他应用程序。你可以创建一个仅提供所需数据的视图，然后使用适当的数据功能程序导出数据。当源数据不包含底层表中的所有列时，也可以使用视图进行导入。

不要在视图上创建视图

创建视图时引用另一个视图是可行的。有编程背景的人可能会试图像对待存储过程那样，以一种命令式编程语言的方式来看待视图。这实际上是不对的，将导致更多的性能和维护问题，当一个视图基于另一个视图时，可能会抵消它提供的任何便利性。代码清单 3-3 展示了在其他视图上创建视图的示例。

代码清单3-3　定义3个视图

```
CREATE VIEW vActiveCustomers AS
SELECT c.CustomerID, c.CustFirstName, c.CustLastName,
  c.CustFirstName + ' ' + c.CustLastName AS CustFullName
FROM Customers AS c
WHERE EXISTS
  (SELECT NULL
   FROM Orders AS o
   WHERE o.CustomerID = c.CustomerID
     AND o.OrderDate > DATEADD(MONTH, -6, GETDATE()));

CREATE VIEW vCustomerStatistics AS
```

```
SELECT o.CustomerID, COUNT(o.OrderNumber) AS OrderCount,
  SUM(o.OrderTotal) AS GrandOrderTotal,
  MAX(o.OrderDate) AS LastOrderDate
FROM Orders AS o
GROUP BY o.CustomerID;
CREATE VIEW vActiveCustomerStatistics AS
SELECT a.CustomerID, a.CustFirstName, a.CustLastName,
  s.LastOrderDate, s.GrandOrderTotal
FROM vActiveCustomers AS a
  INNER JOIN vCustomerStatistics AS s
    ON a.CustomerID = s.CustomerID;
```

这里有几个潜在的问题，不是所有的视图在不同供应商的产品上都表现相同。然而，一般来说，把视图作为优化器的源意味着必须首先分解视图。如果引用其他视图，那些视图也必须分解。在理想的实现中，优化器将有效地内联 3 个视图定义以达到与代码清单 3-4 等效的语句。

代码清单3-4　相同效果的视图组合

```
SELECT c.CustomerID, c.CustFirstName, c.CustLastName,
  s.LastOrderDate, s.GrandOrderTotal
FROM Customers AS c
  INNER JOIN
    (SELECT o.CustomerID,
        SUM(o.OrderTotal) AS GrandOrderTotal,
        MAX(o.OrderDate) AS LastOrderDate
     FROM Orders AS o
     GROUP BY o.CustomerID) AS s
    ON c.CustomerID = s.CustomerID
WHERE EXISTS
  (SELECT NULL
   FROM Orders AS o
   WHERE o.CustomerID = c.CustomerID
     AND o.OrderDate > DATEADD(MONTH, -6, GETDATE()));
```

请注意，代码清单 3-4 中已经省略了实际上并未使用的某些列或表达式。特别是，在主查询和子查询中不存在 OrderCount 和 CustFullName 字段。然而，实际上优化器可能被迫完全预处理视图，包括预处理所有表达式，以便创建用于连接到其他中间结果的中间结果。因为最终的视图并没有使用这些表达式，所以尽管计算这些表达式付出很多，但还是会被抛弃。

同样的问题也存在于过滤记录。例如，非活动客户被包括在 vCustomerStatistics 中，但不包含在最终视图中，因为 vActiveCustomers 排除了这些客户。这可能会导致远远超过预期的 I/O 问题。在第 46 条，你可以获得更多这方面的信息。虽然这是一个有些过于简单的示例，但是创建一个引用其他视图并导致优化器无法内联的视图是很容易的。更糟糕的是，有不止一种方式可以创建这样的视图。最后，在请求实际数据时，给出一个更简单的查询表达式，优化器通常会做得更好。

　　由于这些原因，最好避免在视图上创建视图。如果你需要不同的视图，请创建一个直接引用基础表，并应用适当的过滤器或分组的新视图。你还可以在视图中嵌入子查询，这对于视图隐藏聚合计算是很有用的。这种方法有助于防止不可直接使用的多个视图的扩散，从而使数据库解决方案更加可维护。其他技术请阅读第 42 条。

总结

❑ 视图是一种让用户创建自然或直观的结构化数据的方式。

❑ 使用视图来限制对数据的访问，限制用户仅可以看到（有时候可以修改）他们所需要的数据。记住在必要时使用 WITH CHECK OPTION。

❑ 使用视图来隐藏和重用复杂的查询。

❑ 视图可从各种表中汇总用于生成报告的数据。

❑ 使用视图实现和强制命名及编码标准，特别是在需要更新旧数据库的结构时。

第 19 条：使用 ETL 将非关系数据转换为有用的信息

　　提取、转换和加载（ETL）工具用于从外部源提取数据，将其转换为符合关系设计规则或其他要求的数据，然后将数据加载到数据库中以供进一步使用或分析。几乎所有的数据库系统都提供了各种工具来帮助完成这个过程。这些工具其实很简单，就是将原始数据转换为可用的信息。

　　要了解这些工具可以做什么，让我们来看看 Microsoft Access——第一代 Windows 时代的数据库系统中提供的内置方法，它可以加载数据并将其转换成一些有用的信息。假设你是一家早餐谷物公司的营销经理。你不仅需要分析其他制造商的销售竞争力，还要分析它的每个品牌。

　　你可以从公开的文件中收集总销售信息，但你可能还想尝试分析单个品牌的竞争力。为此，你可以与主要零售连锁店达成协议，让他们按品牌提供销售信息，以换取你的产品折扣。杂货店承诺向你发送一个电子表格，其中包含去年按照品牌细分的所有销售数据。你收到的数据可能如表 3-1 所示。

　　很明显，表中添加了一些你不需要的用于提高可读性的空白列。你还需要将数据转换为每月每个产品一条数据，并且有一张单独列有产品竞争数据的表，这张表有自己的主键，因此你需要匹配产品名称以获得其键值作为一个外键。

表 3-1　竞争销售数据示例

Product	Jan	Feb	Mar
Alpha-Bits	57775.87	40649.37	…
Golden Crisp	33985.68	17469.97	…
Good Morenings	40375.07	36010.81	…
Grape-Nuts	55859.51	38189.64	…
Great Grains	37198.23	41444.41	…
Honey Bunches of Oats	63283.28	35261.46	…
…additional rows…			

我们开始从电子表格中提取数据，把它转化为更有价值的数据。Microsoft Access 可以导入许多不同格式的数据，所以我们启动导入工具导入一个电子表格。在第一步中，你可以确定该文件，并告知 Access 要对输出进行什么操作（导入到新表中，将数据附加到现有表或链接为只读表）。

当你进入下一步时，Access 会显示包含所找到数据的示例表格，如图 3-2 所示。因为它认为第一行可能更合适当作列名，所以使用了它们，并将生成的名称分配给了空白列。

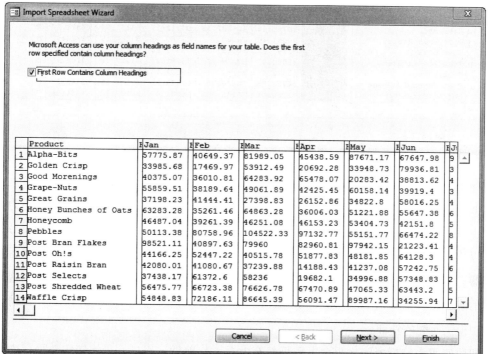

图 3-2　导入电子表格工具对数据进行初始分析

在以下步骤中，Access 会显示一个界面，一次只能选择一列，告知 Access 跳过不需要的列，并修复工具分配的数据类型。图 3-3 显示了所选数据列。该工具设置它的类型为数字，但因为其包含小数点，应该用 Double 数据类型导入这些数据。我们知道这些都是以美元计价的销售数据，所以将数据类型更改为货币会更有意义，以便更容易使用这些数据。你还可以看到用于忽略所选列的“不要导入”复选框（在下拉列表的后面）选项。

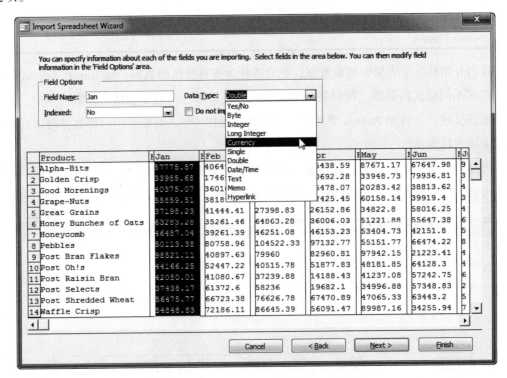

图 3-3　选择跳过的列和数据类型

下一步可以选择一列作为主键，要求该工具生成带有递增整数的 ID 列，或者不为该表分配主键。最后一步允许你给表命名（默认值为工作表的名称），在导入表之后调用另一个工具以执行进一步分析，并可能将数据重新加载到更规范化的表设计中。如果选择运行表分析器，Access 会显示一个设计表，如图 3-4 所示。在图中，我们已经将 Product 列拖放到单独的表中，并命名两个表。如你所见，该工具会自动在产品表中生成主键，并在销售数据表中提供匹配的外键。

即使使用表分析器，你也会发现仍然有大量工作要做，以进一步将销售数据标准化为每月一行。你可以使用 UNION 查询将列转换成行，如代码清单 3-5 所示（参考第 21 条）。

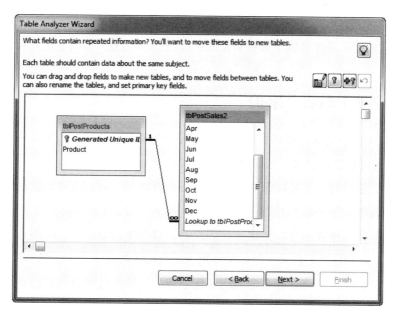

图 3-4　使用表分析器将产品分解为单独的表

代码清单3-5　使用UNION查询将重复组列转行

```
SELECT '2015-01-01' AS SalesMonth, Product, Jan AS SalesAmt
FROM tblPostSales
UNION ALL
SELECT '2015-02-01' AS SalesMonth, Product, Feb AS SalesAmt
FROM tblPostSales
UNION ALL
   ... etc. for all 12 months.
```

Microsoft Access 中的工具非常简单（例如，不能处理总计行），但是可以帮助你了解 ETL 带来的便利和执行流程的大致框架。如前所述，大多数数据库系统提供了类似的功能，在某些情况下可以使用更强大的工具。包括 Microsoft SQL Server 集成服务（SSIS）、Oracle Data Integrator（ODI）和 IBM InfoSphere DataStage。某些供应商也提供了一些商业工具，例如 Informatica、SAP 和 SAS，你还可以在网上找到一些可用的开源工具。

这里的关键点在于你应该使用这些工具，将数据转化为符合业务需求的数据模型。一个常见的错误是构建适合传入数据的表，然后直接在应用程序中使用。对数据进行转换再导入可以让数据库易于理解和维护。

总结

❑ ETL 工具让你能更容易将非关系数据导入到数据库中。

❑ ETL 工具可帮助你重新格式化并重新排列导入的数据，以便将其转换为有用的信息。

❑ 大多数数据库系统提供了某些类似的 ETL 工具，也有一些商业工具可用。

第 20 条：创建汇总表并维护

我们在第 18 条中提到，视图可以用来简化复杂的查询，还可以用来提供汇总信息。有时视图可能更适合创建汇总表，这取决于数据量的大小。

若有一个汇总表时，你可以保证所需要的内容都放在一起，从而更容易理解数据结构并更快地返回信息。

创建汇总表的一种方法是，创建一张表汇总详情表中的数据，同时创建一个触发器在详情表的数据变动时修改汇总表。但如果详情表的数据频繁变动，可能会消耗大量资源。

另一种方法是使用存储过程来定期刷新汇总表：删除所有现有数据记录并重新插入汇总信息。

DB2 内置了汇总表的功能。DB2 汇总表可以维护一个或多个表中的数据汇总。你可以选择在每次基础表中的数据更新时刷新汇总信息，或手动刷新。DB2 汇总表不仅允许用户更快地获得结果，而且当你创建汇总表并指定了 ENABLE QUERY OPTIMIZATION 选项时，如果汇总表已经包含用户查询的数据，优化程序可以使用汇总表。虽然所有这些过程可能仍然存在着成本，但至少你不必编写触发器或存储过程来维护数据。

代码清单 3-6 展示了如何创建一个名为 SalesSummary 的汇总表，汇总来自 DB2 中 6 个不同表的数据。请注意，它的 SQL 与创建视图没有太大的不同。实际上，汇总表是特殊类型的物化查询表，通过在 CREATE SQL 中包含 GROUP BY 子句来标识。由于在物化查询表中限制使用 INNER JOIN，我们必须使用带有过滤器的笛卡儿连接，并在 SELECT 列表中额外提供 COUNT(*) 来启用 REFRESH IMMEDIATE 子句。这些是优化器使用它的必要条件。

代码清单3-6　基于6个表（DB2）创建汇总表

```
CREATE SUMMARY TABLE SalesSummary AS (
SELECT
  t5.RegionName AS RegionName,
  t5.CountryCode AS CountryCode,
  t6.ProductTypeCode AS ProductTypeCode,
  t4.CurrentYear AS CurrentYear,
  t4.CurrentQuarter AS CurrentQuarter,
  t4.CurrentMonth AS CurrentMonth,
  COUNT(*) AS RowCount,
  SUM(t1.Sales) AS Sales,
```

```
  SUM(t1.Cost * t1.Quantity) AS Cost,
  SUM(t1.Quantity) AS Quantity,
  SUM(t1.GrossProfit) AS GrossProfit
FROM Sales AS t1, Retailer AS t2, Product AS t3,
  datTime AS t4, Region AS t5, ProductType AS t6
WHERE t1.RetailerId = t2.RetailerId
  AND t1.ProductId = t3.ProductId
  AND t1.OrderDay = t4.DayKey
  AND t2.RetailerCountryCode = t5.CountryCode
  AND t3.ProductTypeId = t6.ProductTypeId
GROUP BY t5.RegionName, t5.CountryCode, t6.ProductTypeCode,
  t4.CurrentYear, t4.CurrentQuarter, t4.CurrentMonth
)
DATA INITIALLY DEFERRED
REFRESH IMMEDIATE
ENABLE QUERY OPTIMIZATION
MAINTAINED BY SYSTEM
NOT LOGGED INITIALLY;
```

下面的代码清单 3-7 展示了如何通过使用物化视图在 Oracle 中提供类似的功能。

代码清单3-7　基于6个表（Oracle）创建一个物化视图

```
CREATE MATERIALIZED VIEW SalesSummary
  TABLESPACE TABLESPACE1
  BUILD IMMEDIATE
  REFRESH FAST ON DEMAND
AS
SELECT SUM(t1.Sales) AS Sales,
  SUM(t1.Cost * t1.Quantity) AS Cost,
  SUM(t1.Quantity) AS Quantity,
  SUM(t1.GrossProfit) AS GrossProfit,
  t5.RegionName AS RegionName,
  t5.CountryCode AS CountryCode,
  t6.ProductTypeCode AS ProductTypeCode,
  t4.CurrentYear AS CurrentYear,
  t4.CurrentQuarter AS CurrentQuarter,
  t4.CurrentMonth AS CurrentMonth
FROM Sales AS t1
  INNER JOIN Retailer AS t2
    ON t1.RetailerId = t2.RetailerId
  INNER JOIN Product AS t3
    ON t1.ProductId = t3.ProductId
  INNER JOIN datTime AS t4
    ON t1.OrderDay = t4.DayKey
  INNER JOIN Region AS t5
    ON t2.RetailerCountryCode = t5.CountryCode
  INNER JOIN ProductType AS t6
    ON t3.ProductTypeId = t6.ProductTypeId
GROUP BY t5.RegionName, t5.CountryCode, t6.ProductTypeCode,
  t4.CurrentYear, t4.CurrentQuarter, t4.CurrentMonth;
```

虽然 SQL Server 不直接支持物化视图，但实际上你可以在视图上创建索引以达到相似的效果，因此可以以类似的方式使用索引视图。

> **注意** 不同供应商有其他额外的限制。我们建议务必先查询相关文档，以确定数据库系统实际支持汇总表、物化视图和索引视图。

请注意，汇总表也可能存在一些负面的影响，如下所示：

❑ 汇总表都占用存储空间。

❑ 可能在原始表和任何汇总表上都需要管理（触发器、约束和存储过程）。

❑ 你需要提前了解用户想要查询的内容，以便预先计算所需的聚合，并将其包含在汇总表中。

❑ 如果需要应用不同的分组或过滤器，则可能需要多个汇总表。

❑ 你可能需要制定一个定期任务来管理汇总表的刷新。

❑ 你可能需要通过 SQL 来管理汇总表的周期性。例如，如果汇总表应该显示过去 12 个月的数据，则需要一种从表中删除一年前数据的方法。

有一个建议是，为了避免冗余的触发器、约束和存储过程带来的管理成本，可以使用 Ken Henderson 在《The Guru's Guide to Transact-SQL》（Addison-Wesley，2000）一书中提到的内联汇总。这涉及在现有表中添加聚合列。你将使用 INSERT INTO SQL 语句来汇总数据，并将这些聚合存储在同一个表中。不属于聚合数据的列将被设置为某个已知值（例如 NULL 或某个固定日期）。进行内联汇总的优点是可以轻松地将汇总数据和详细数据一起查询或分开查询。汇总记录可以通过某些列中的已知值轻松识别。但除此之外，无法区分详细表中的记录。但是，这种方法必须保证写入包含在详情表和汇总表上的所有查询的正确性。

总结

❑ 存储汇总数据可以帮助最小化聚合流程。

❑ 使用表存储汇总数据后，可以索引包含聚合数据的字段，以便更有效地查询汇总数据。

❑ 汇总对于几乎静态的表效果最好。如果源表变化太频繁，则汇总的开销可能太大。

❑ 触发器可用于执行汇总，但重建汇总表的存储过程通常更好。

第 21 条：使用 UNION 语句将非规范化数据列转行

在第 3 条中提到，UNION 查询可用于处理重复的数据组。在本节中会更多地探讨 UNION 查询。在第 22 条中，Union 操作是 Edgar F. Codd 博士定义的可在关系模型中执行的 8 个关系代数操作之一。它用于合并 2 个（或更多）SELECT 语句创建的数据集。

假设你需要分析的数据如同图 3-5 的 Excel 表格中的数据，很显然这些数据是非规范化的。

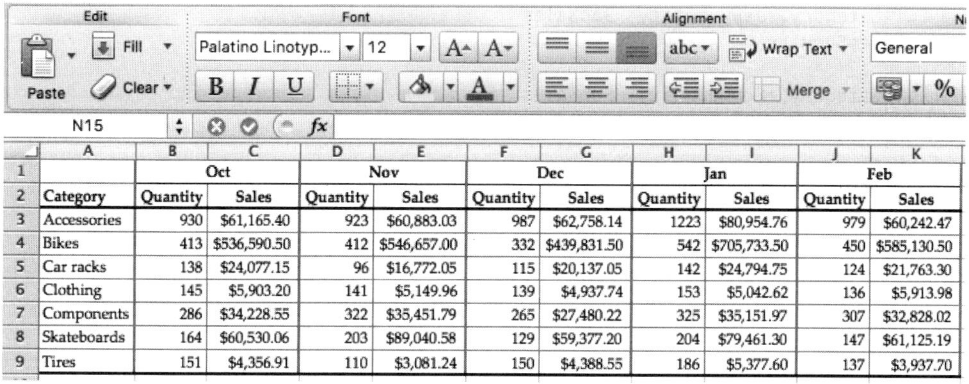

| Category | Oct | | Nov | | Dec | | Jan | | Feb | |
	Quantity	Sales	Quantity	Sales	Quantity	Sales	Quantity	Sales	Quantity	Sales
Accessories	930	$61,165.40	923	$60,883.03	987	$62,758.14	1223	$80,954.76	979	$60,242.47
Bikes	413	$536,590.50	412	$546,657.00	332	$439,831.50	542	$705,733.50	450	$585,130.50
Car racks	138	$24,077.15	96	$16,772.05	115	$20,137.05	142	$24,794.75	124	$21,763.30
Clothing	145	$5,903.20	141	$5,149.96	139	$4,937.74	153	$5,042.62	136	$5,913.98
Components	286	$34,228.55	322	$35,451.79	265	$27,480.22	325	$35,151.97	307	$32,828.02
Skateboards	164	$60,530.06	203	$89,040.58	129	$59,377.20	204	$79,461.30	147	$61,125.19
Tires	151	$4,356.91	110	$3,081.24	150	$4,388.55	186	$5,377.60	137	$3,937.70

图 3-5　Excel 中的非规范化数据

假设你可以将该数据导入到 DBMS 中，在最好的情况下，最多会有 5 对重复组的表（SalesSummary），重复组有 OctQuantity、OctSales、NovQuantity、NovSales 等，一直到 FebQuantity 和 FebSales。

代码清单 3-8 展示了一个查询，可查看 10 月份的数据。

代码清单3-8　提取10月份数据的SQL语句

```
SELECT Category, OctQuantity, OctSales
FROM SalesSummary;
```

当然，要查看不同月份的数据，你需要不同的查询语句。不过不要忘了，非规范化数据可能更难分析。这正是 UNION 查询可以发挥作用的地方。

使用 UNION 查询时，有三条基本规则：

1）构成 UNION 查询的每个查询中必须有相同数量的列。

2）构成 UNION 查询的每个查询中列的顺序必须相同。

3）每个查询中的列的数据类型必须兼容。

请注意，这些规则中没有任何与构成 UNION 的查询的列名相关的内容。

代码清单 3-9 展示了如何将所有数据合并到规范化的视图中。

代码清单3-9　使用UNION对数据进行规范化

```
SELECT Category, OctQuantity, OctSales
FROM SalesSummary
UNION
```

```
SELECT Category, NovQuantity, NovSales
FROM SalesSummary
UNION
SELECT Category, DecQuantity, DecSales
FROM SalesSummary
UNION
SELECT Category, JanQuantity, JanSales
FROM SalesSummary
UNION
SELECT Category, FebQuantity, FebSales
FROM SalesSummary;
```

表 3-2 显示了部分返回的数据。

表 3-2　显示部分代码清单 3-9 中 UNION 查询返回的数据

Category	OctQuantity	OctSales
Accessories	923	60883.03
Accessories	930	61165.40
...	...	...
Bikes	450	585130.50
Bikes	542	705733.50
Car racks	96	16772.05
Car racks	115	20137.05
Car racks	124	21763.30
...	...	...
Skateboards	203	89040.58
Skateboards	204	79461.30
Tires	110	3081.24
Tires	137	3937.70
Tires	150	4388.55
Tires	151	4356.91
Tires	186	5377.60

　　着重强调两点。首先，无法以月份区分数据。例如，前两行代表 10 月和 11 月份配件的数量和销售量，但无法从数据中推断出这个结果。同样，尽管数据实际表示的是 5 个月的销售额，但列名称为 OctQuantity 和 OctSales。这是因为 UNION 查询是以第一个 SELECT 语句中列的名称作为列名。

　　代码清单 3-10 显示了解决这两个问题的查询语句。

代码清单3-10　整理用于规范化数据的UNION查询

```
SELECT Category, 'Oct' AS SalesMonth, OctQuantity AS Quantity,
   OctSales AS SalesAmt
FROM SalesSummary
UNION
SELECT Category, 'Nov', NovQuantity, NovSales
FROM SalesSummary
UNION
SELECT Category, 'Dec', DecQuantity, DecSales
FROM SalesSummary
UNION
SELECT Category, 'Jan', JanQuantity, JanSales
FROM SalesSummary
UNION
SELECT Category, 'Feb', FebQuantity, FebSales
FROM SalesSummary;
```

表 3-3 显示了代码清单 3-10 查询返回的部分数据。

表 3-3　代码清单 3-10 的 UNION 查询返回的部分数据

Category	SalesMonth	Quantity	SalesAmount
Accessories	Dec	987	62758.14
Accessories	Feb	979	60242.47
...	...	...	...
Bikes	Nov	412	546657.00
Bikes	Oct	413	536590.50
Car racks	Dec	115	20137.05
Car racks	Feb	124	21763.30
Car racks	Jan	142	24794.75
...	...	...	...
Skateboards	Nov	203	89040.58
Skateboards	Oct	164	60530.06
Tires	Dec	150	4388.55
Tires	Feb	137	3937.70
Tires	Jan	186	5377.60
Tires	Nov	110	3081.24
Tires	Oct	151	4356.91

如果你希望以不同的顺序呈现数据，则 ORDER BY 子句必须出现在 UNION 的最后一个 SELECT 之后，如代码清单 3-11 所示。

代码清单3-11　指定UNION查询的排序顺序

```
SELECT Category, 'Oct' AS SalesMonth, OctQuantity AS Quantity,
  OctSales AS SalesAmt
FROM SalesSummary
UNION
SELECT Category, 'Nov', NovQuantity, NovSales
FROM SalesSummary
UNION
SELECT Category, 'Dec', DecQuantity, DecSales
FROM SalesSummary
UNION
SELECT Category, 'Jan', JanQuantity, JanSales
FROM SalesSummary
UNION
SELECT Category, 'Feb', FebQuantity, FebSales
FROM SalesSummary
ORDER BY SalesMonth, Category;
```

表 3-4 显示部分代码清单 3-11 中查询返回的数据。

表 3-4　代码清单 3-11 中 UNION 查询返回的部分数据

Category	SalesMonth	Quantity	SalesAmount
Accessories	Dec	987	62758.14
Bikes	Dec	332	439831.50
Car racks	Dec	115	20137.05
Clothing	Dec	139	4937.74
Components	Dec	265	27480.22
Skateboards	Dec	129	59377.20
Tires	Dec	150	4388.55
Accessories	Feb	979	60242.47
Bikes	Feb	450	585130.50
Car racks	Feb	124	21763.30
...	...	...	...

> **注意** 某些 DBMS（如 Microsoft Access）允许你将 ORDER BY 子句放在结尾处，但实际上并不会更改顺序。
>
> 当指定 ORDER BY 子句中的列时，通常可以通过名称（请记住列名在第一个 SELECT 中指定）或位置号来引用它们。换句话说，代码清单3-11 也可以使用 ORDER BY 2, 1 替代 ORDER BY SalesMonth, Category。然而，Oracle 建议使用列名引用。

另一点值得关注的是，UNION 查询会消除任何重复的行。如果这不是你想要的，可以用 UNION ALL 替代 UNION，不消除重复数据。另一方面，UNION ALL 可以跳过移除重复内容的步骤，从而改善性能，如果你知道数据中不存在重复，指定 UNION ALL 可能更有利。

总结

❑ UNION 查询中的每个 SELECT 语句必须具有相同数量的列。

❑ 尽管 SELECT 语句的列名并不重要，但每列的数据类型必须兼容。

❑ 要控制数据出现的顺序，可以在最后一个 SELECT 语句之后使用 ORDER BY 子句。

❑ 如果你不希望消除重复行或能够承受移除重复行带来的性能损失，请使用 UNION ALL 替代 UNION。

第 4 章

过滤与查找数据

在试图将数据转换为一张或多张表中有用的信息后，查找感兴趣或过滤掉不感兴趣数据的任务可能是你在 SQL 中能做的最重要的任务。有时，过滤会把整条数据与其他数据做匹配。在其他时候，过滤会拿一个或多个字段的值比较。本章的内容将探讨从数据库中查找所需数据的各种技术。

第 22 条：了解关系代数及其如何在 SQL 中实现

Edgar F. Codd 博士被广泛认为是数据库管理关系模型之父。他提出了关系（表或视图）、元组（一行）和属性（一列）等术语。他还描述了可以在模型中执行的一组操作关系代数。这些操作包括：

1）选择（也称为限制）

2）投影

3）连接

4）交集

5）笛卡儿积

6）并集

7）除

8）差集

使用现代 SQL，你可以执行任何这些操作，但关键字的名称往往不同。对于除来说（请阅读第 26 条），你需要一些 SQL 操作的组合才能实现。

选择（限制）

选择或限制通过选定和过滤行来获取其子集。在 SQL 中，你可以在 FROM 子句中定义所需的数据集源头，然后使用 WHERE 或 HAVING 子句过滤返回的记录。将一组数据绘制为列和行的组合，选择（限制）操作将返回图 4-1 所示的阴影部分的行。

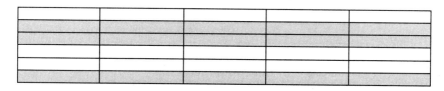

图 4-1　执行选择操作

投影

投影是能按照你的需求从数据库系统返回选定列或表达式。在 SQL 中，你使用 SELECT 子句（包括聚合函数）和 GROUP BY 子句来定义数据库系统返回哪些列。将被选定的数据想象成列和行，投影操作返回图 4-2 所示的阴影部分的列。

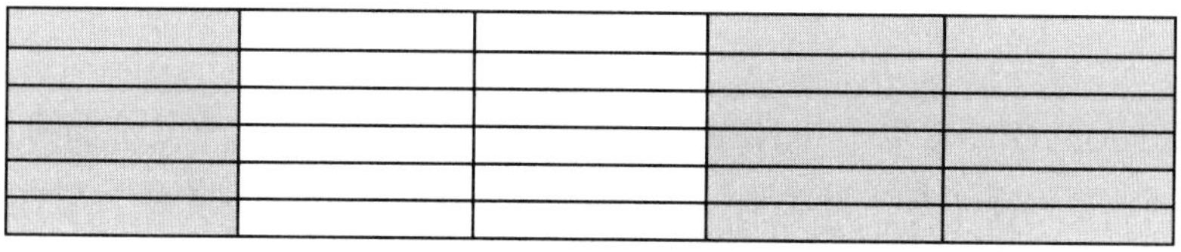

图 4-2　执行投影操作

请注意，完全可以在选择（限制）操作中返回投影操作未指定的列。

连接

连接是通过键值连接相关的表或数据集。关系模型的所有关系（表）必须具有唯一标识符（主键），并且任何关联表必须包含它所连接表中唯一标识符（外键）的副本。你可能会怀疑，你可以在 FROM 子句中使用 JOIN 关键字来执行连接。SQL 通过允许你指定 INNER JOIN、NATURAL JOIN 或 OUTER JOIN 来扩展此功能。图 4-3 显示了两个表以及使用表 1 的 PKey 和表 2 的 FKey 执行 INNER JOIN 和 OUTER JOIN 的结果。

Table One

PKey	ColA	ColB
1	A	q
2	B	r
3	C	s
4	D	t
5	E	u
6	F	v

Table Two

PKey	FKey	ColX	ColY
90	1	55	ABC
91	6	62	GHI
92	3	77	PQR
93	5	50	KLM
94	2	32	STU
95	3	84	DEF
96	6	48	XYZ

Table One INNER JOIN Table Two

PKey	ColA	ColB	PKey	ColX	ColY
1	A	q	90	55	ABC
2	B	r	94	32	STU
3	C	s	92	77	PQR
3	C	s	95	84	DEF
5	E	u	93	50	KLM
6	F	v	91	62	GHI
6	F	v	96	48	XYZ

Table One LEFT OUTER JOIN Table Two

PKey	ColA	ColB	PKey	ColX	ColY
1	A	q	90	55	ABC
2	B	r	94	32	STU
3	C	s	92	77	PQR
3	C	s	95	84	DEF
4	D	t	Null	Null	Null
5	E	u	93	50	KLM
6	F	x	91	62	GHI
6	F	x	96	48	XYZ

图 4-3　在两个相关表上执行 INNER JOIN 和 OUTER JOIN 的结果

请注意，INNER JOIN 的结果仅包含两个表中匹配的记录。OUTER JOIN 包括表 1 的所有记录和表 2 中的任何匹配记录。如果表 1 在表 2 中没有匹配值的行，表 2 中的列将返回空值。

注意　NATURAL JOIN 类似于 INNER JOIN，但是它匹配两个表中具有相同列名的记录。你不用指定 ON 子句。只有 MySQL、PostgreSQL 和 Oracle 支持 NATURAL JOIN。

交集

必须在具有相同列的两个集合上执行相交操作。相交的结果是两组中所有值在相应的列上相互匹配的行。一些主要的数据库系统直接支持相交操作：DB2、Microsoft SQL Server、Oracle 和 PostgreSQL。当数据库直接支持相交时，你将使用选择（限制）和投影创建一个集合，然后将第一个集合与第二个集合进行 INTERSECT。

如果你的数据库不支持相交操作（如 Microsoft Access 和 MySQL），你可以通过对两个集合的所有列执行内部加入来实现相同的结果。代码清单 4-1 显示了如何使用 INTERSECT 查找购买了自行车和滑板的客户。

> **注意** 销售订单示例数据库中的实际产品名称不是简单滑板和自行车,因此代码清单4-1、代码清单 4-2 和代码清单 4-3 中的示例查询实际上不返回任何行。要解决这些问题,你需要使用 LIKE'%Bike%' 和 LIKE'%Skateboard%' 来查询结果。但为了让示例清晰易懂,我们没有使用这种形式,同时需要注意的是,这些也不是最有效的搜索方法。

代码清单4-1　使用相交操作解决问题

```
SELECT c.CustFirstName, c.CustLastName
FROM Customers AS c
WHERE c.CustomerID IN
  (SELECT o.CustomerID
   FROM Orders AS o
     INNER JOIN Order_Details AS od
       ON o.OrderNumber = od.OrderNumber
     INNER JOIN Products AS p
       ON p.ProductNumber = od.ProductNumber
   WHERE p.ProductName = 'Bike')
INTERSECT
SELECT c2.CustFirstName, c2.CustLastName
FROM Customers AS c2
WHERE c2.CustomerID IN
  (SELECT o.CustomerID
   FROM Orders AS o
     INNER JOIN Order_Details AS od
       ON o.OrderNumber = od.OrderNumber
     INNER JOIN Products AS p
       ON p.ProductNumber = od.ProductNumber
   WHERE p.ProductName = 'Skateboard');
```

代码清单 4-2 显示了如何使用 INNER JOIN 解决相同的问题。

代码清单4-2　使用INNER JOIN模拟相交操作

```
SELECT c.CustFirstName, c.CustLastName
FROM
  (SELECT DISTINCT c.CustomerFirstName,
     c.CustomerLastName
   FROM Customers AS c
     INNER JOIN Orders AS o
       ON c.CustomerID = o.CustomerID
     INNER JOIN Order_Details AS od
       ON o.OrderNumber = od.OrderNumber
     INNER JOIN Products AS p
       ON p.ProductNumber = od.ProductNumber
   WHERE p.ProductName = 'Bike') AS c
INNER JOIN
  (SELECT DISTINCT c.CustomerFirstName,
     c.CustomerLastName
   FROM Customers AS c
     INNER JOIN Orders AS o
       ON c.CustomerID = o.CustomerID
     INNER JOIN Order_Details AS od
       ON o.OrderNumber = od.OrderNumber
```

```
      INNER JOIN Products AS p
        ON p.ProductNumber = od.ProductNumber
    WHERE p.ProductName = 'Skateboard'
    ) AS c2
      ON c.CustFirstName = c2.CustFirstName
        AND c.CustLastName = c2.CustLastName;
```

当你使用 INTERSECT 时，数据库系统会消除操作生成的任何重复行。一些数据库系统（如 DB2 和 PostgreSQL）支持 INTERSECT ALL，它将返回所有行，包括重复项。

笛卡儿积

笛卡儿积是将一个集合中的所有行与第二个集合中的所有行组合的结果。它被称为乘积，因为结果的行数是第一个集合中的行数乘以第二个集合中的行数。例如，如果第一个集合包含 8 行，而第二个集合包含 3 行，则生成的集合包含 24 行（8×3＝24）。

要生成笛卡儿积，只需在没有 JOIN 子句的 FROM 子句中列出需要的表或集合。所有主要数据库系统都支持此语法，但在保存编写的 SQL 后，有些数据库会插入 CROSS JOIN 关键字。请阅读第 8 章和第 9 章笛卡儿积的例子。

并集

并集操作合并两个具有相同列的集合。所有实现 SQL 的主要数据库都支持 UNION 关键字。与交集类似，你的 SQL 应选择并投影某个集合，添加 UNION 关键字，然后选择并投影第二个集合。

在 SQL 中实现的 UNION 有一个区别是你可以指定 UNION ALL。执行此操作时，你的数据库系统不会删除两个集合中发现的任何重复记录，因此如果两个集合存在相同的记录，则可能会重复出现一些记录。

并集操作有时很便利，例如，通过从两个不相关的表中提取名称、地址、城市和状态，组合邮件列表发送给客户和供应商。UNION 还可以规范化设计糟糕的包含重复组的表的数据。

除

在关系代数中的除并不像将一个数字除以另一个数字来得到一个商和一个余数。当你将数据集除另一个数据集时，你要求数据库系统返回被除集合在除集合中存在的所有记录。这是很有用的，例如，找到符合特定工作所有要求（使用一套资格）的所有申请人（使用另一套资格）。通过资格集合除以申请人集合得到一组满足所有要求的申请人。

SQL 的商业实现系统不支持除操作。但是，你可以使用标准 SQL 获得相当于除的结果。请阅读第 26 条的例子。

差集

差集操作基本上是减去另一个数据集。类似于并集和交集，你应该使用包含相同列的两个集合。DB2、PostgreSQL 和 Microsoft SQL Server 都支持差集，其关键字为 EXCEPT(DB2 还支持 EXCEPT ALL，它不会消除重复行)。Oracle 使用 MINUS 关键字支持此操作。MySQL 和 Microsoft Access 不直接支持差集，但你可以使用 OUTER JOIN 模拟，并对你要减去的集合中的数据进行空值测试。

假设你想要找到订购滑板但没有订购头盔的所有客户。代码清单 4-3 展示了如何使用 EXCEPT 和 OUTER JOIN。

代码清单4-3　使用差集操作解决此问题

```
SELECT c.CustFirstName, c.CustLastName
FROM Customers AS c
WHERE c.CustomerID IN
  (SELECT o.CustomerID
   FROM Orders AS o
     INNER JOIN Order_Details AS od
       ON o.OrderNumber = od.OrderNumber
     INNER JOIN Products AS p
       ON p.ProductNumber = od.ProductNumber
   WHERE p.ProductName = 'Skateboard')
EXCEPT
SELECT c2.CustFirstName, c2.CustLastName
FROM Customers AS c2
WHERE c2.CustomerID IN
  (SELECT o.CustomerID
   FROM Orders AS o
     INNER JOIN Order_Details AS od
       ON o.OrderNumber = od.OrderNumber
     INNER JOIN Products AS p
       ON p.ProductNumber = od.ProductNumber
   WHERE p.ProductName = 'Helmet');
```

关于如何使用 OUTER JOIN 或 IS NULL 解决差集的问题，请阅读第 29 条。

尽管 SQL 与关系代数操作并不完全一一对应，但所有主流的数据库引擎都使用关系代数作为优化 SQL 查询的一部分，因此熟悉关系代数有助于了解数据库引擎如何将 SQL 查询转换为执行计划。本章剩余内容将会讨论在 SQL 中没有直接运算的关系运算。还有，这一节的内容对阅读第 46 条有帮助，它会讨论引擎的内部运作与关系代数。

总结

❑ 关系模型定义了你可以在集合上执行的 8 个操作。

❑ 所有主流的 SQL 实现都支持选择、投影、连接、笛卡儿积和并集。

❑ 一些 SQL 的实现使用 INTERSECT 和 EXCEPT 或 MINUS 关键字支持交集和差集。

❑ 实现 SQL 的主流数据库系统都不支持除操作，但可以通过 SQL 的其他操作得到相同的结果。

第 23 条：查找不匹配或缺失的记录

虽然通常使用 SQL 语句来检索数据库中发生了什么，但有时你需要检索未发生的内容的详细信息。

想象一下，你负责贵公司的库存。你知道你的公司销售各种产品，你知道如何从销售订单数据库中检索详细信息，以查询特定产品的销售情况。那么未卖出的呢？你如何识别它们？

也许最易理解的方法是列出已销售的产品，并查看哪些产品不在该列表中，如代码清单 4-4 所示。你可以用子查询来查询 Order_Details 表以确定已销售的产品，同时使用 NOT IN 运算符找出结果中不包含在 Products 中的商品。

代码清单4-4　使用NOT IN

```
SELECT p.ProductNumber, p.ProductName
FROM Products AS p
WHERE p.ProductNumber
  NOT IN (SELECT ProductNumber FROM Order_Details);
```

运行代码清单 4-4 中的查询返回表 4-1 所示的结果。

表 4-1　尚未销售的产品

ProductNumber	ProductName
4	Victoria Pro All Weather Tires
23	Ultra-Pro Rain Jacket

虽然这个查询可能很容易理解，但事实证明运行起来非常昂贵。子查询必须遍历整个 Order_Details 表以构建已销售产品的列表，筛选重复值，然后将 Products 表中的每个 ProductNumber 与该列表进行比较。

必须有更有效的方式来实现这些结果。一种方法是使用 EXISTS 运算符，它检查子查询是否返回至少一行，如代码清单 4-5 所示。你可以看到针对 Order_Details 的子查询现在仅限于检查特定产品。理论上说，使用 EXISTS 应该比使用 NOT IN 要快，特别是当子查询返回一个较大的结果集时，因为一旦查询引擎找到了第一条记录，就可以停止处理子查询。

代码清单4-5 使用EXISTS检查

```
SELECT p.ProductNumber, p.ProductName
FROM Products AS p
WHERE NOT EXISTS
  (SELECT *
   FROM Order_Details AS od
   WHERE od.ProductNumber = p.ProductNumber);
```

注
意 关于关联子查询的正确用法，请阅读第 41 条。

另一种方法是使用 LEFT JOIN 运算符，结合 WHERE 子句查找空值，如代码清单 4-6 所示。这有时被称为无效连接：LEFT JOIN 通常会返回左表的所有记录，但 WHERE 子句将结果限制为那些在右表没有匹配记录的行。

代码清单4-6 使用无效连接

```
SELECT p.ProductNumber, p.ProductName
FROM Products AS p LEFT JOIN Order_Details AS od
  ON p.ProductNumber = od.ProductNumber
WHERE od.ProductNumber IS NULL;
```

不幸的是，对于哪种方法更好，并没有明确的答案。每个 DBMS 引擎倾向不同的方式：一些（如 Microsoft Access 和旧版本的 MySQL）更偏爱无效链接。但其他（如 Microsoft SQL Server）似乎更喜欢 EXISTS 检查。即使每个 DBMS 引擎似乎都有自己的偏好，也会根据数据的具体情况，偏好也会不同。

还有一个要考虑的因素是，有时 DBMS 的优化器足够聪明，可将代码清单 4-4 中所述的查询转换为代码清单 4-5 或代码清单 4-6 所示的查询。然而，对于更复杂的查询，自动转换有可能是不行的，因此，关注什么样的默认值对你的 DBMS 更好，测试 DBMS 哪里才是性能的瓶颈，这些可能更有益。

总结

❑ 虽然易于理解，但使用 NOT IN 运算符通常不是最有效的方法。

❑ 使用 NOT EXISTS 操作符通常比使用 NOT IN 运算符更快。

❑ 使用无效连接通常是非常有效的，但这取决于 DBMS 如何处理空值。

❑ 使用 DBMS 查询分析器来确定哪种方式最适合你的具体情况。

第 24 条：了解何时使用 CASE 解决问题

CASE 是在你需要根据某个值或者表达式来决定输出时使用。它是包含 IF...THEN...

ELSE 的 SQL 语句。在任何需要将表达式作为 SELECT 子句的返回列，或作为 WHERE 和 HAVING 子句的搜索条件时，就可以使用 CASE。

假设你的客户在下订单时可以根据客户的评级来获得对应的折扣。A 级客户可享受 9 折，B 级客户可享受 9.5 折，C 级客户不享受任何折扣。你可能会使用一个包含三个评级及对应折扣的查询表，然后将每个折扣关联到每个客户，但是你也可以直接使用 CASE 语句根据评级分配对应的折扣。使用查询表可以获得更多的灵活性，因为可以很轻松地修改表中的百分比，但总需要在查询中多加一个 JOIN 语句。

也许你的几个表使用了代码值（例如使用 M 或 F 表示性别），但是你想要在报表中输出完整的文字。也许你的国际客户希望以当地的货币结算，所以你需要在显示货币值时提供适当的货币符号。在包含国际天气数据的数据库中，使用 C 或 F 符号表示摄氏度或华氏度的温度，但你想要在报告中同时显示这两个值，你就可以通过测试代码值来选择适当的转换公式。

术语定义

❑ **值表达式**：字面值、列引用、函数调用、CASE 表达式或返回标量值的子查询。值表达式取决于数据类型可以与运算符 +、−、*、/ 或 || 结合。

❑ **搜索条件**：一个或多个可能包含 NOT 前缀并使用 AND 或 OR 组合的谓词。

❑ **条件**：返回 true 或 false 的表达式。条件可以是一个比较、一个范围、某个集合成员、模式匹配、空值、量化或存在性。比较是使用 =、<>、<、>、<= 或 >= 进行比较的两个值表达式。范围是以可选的 NOT 前缀的值表达式介于两值表达式之间。集合成员是以可选的 NOT 前缀的值表达式，在子查询返回的列表或值表达式列表。模式匹配是以可选的 NOT 前缀的值表达式，如模式字符串。空值是以可选的 NOT 前缀的值表达式，其关键字是 NULL。量化是一个值表达式，后跟一个比较运算符，关键字 ALL、SOME 或 ANY，以及一个子查询。存在性的关键字是 EXISTS，后跟一个子查询，通常用于过滤外部查询返回的值。

CASE 语句有两种形式：简单的和带搜索的。一个简单的 CASE 语句测试一个值表达式与另一个值表达式是否相等。如果它们匹配，则返回一个值表达式；如果没有匹配，则返回另一个值表达式。代码清单 4-7 展示了一些简单的 CASE 表达式的例子。

注意 ISO 标准规定，你可以指定 WHEN IS NULL，但大多数实现 SQL 标准的数据库系统都不支持该语法。如果需要测试 NULL，请在基于搜索的 CASE 的 WHEN 子句中使用 NULLIF 或 <表达式>IS NULL。

代码清单4-7　使用简单CASE表达式的例子

```
-- (Replace a code with a word - two examples.)
CASE Students.Gender
  WHEN 'M'
    THEN 'Male'
    ELSE 'Female' END

CASE Students.Gender
  WHEN 'M' THEN 'Male'
  WHEN 'F' THEN 'Female'
  ELSE 'Unknown' END
-- (Convert a Centigrade reading to Fahrenheit.)
CASE Readings.Measure
  WHEN 'C'
    THEN (Temperature * 9 / 5) + 32
    ELSE Temperature
END

-- (Return the discount amount based on customer rating.)
CASE (SELECT Customers.Rating FROM Customers
    WHERE Customers.CustomerID = Orders.CustomerID)
  WHEN 'A' THEN 0.10
  WHEN 'B' THEN 0.05
  ELSE 0.00 END
```

当你需要执行除相等测试以外的其他操作，或者需要测试多个值表达式的值时，请使用基于搜索的 CASE。你可以在搜索条件中编写一个或多个 WHEN 子句，从而替代在 CASE 关键字之后直接使用值表达式。搜索条件可以像两个值表达式之间的比较运算一样简单，但也可以像范围、集合成员、模式匹配、空值、量化测试或存在性测试一样复杂。代码清单 4-8 展示了基于搜索的 CASE 表达式的一些例子。请注意，在遇到满足条件的结果时，数据库系统会停止评估表达式的其余部分。

代码清单4-8　使用基于搜索的CASE表达式的例子

```
-- (Generate a salutation based on gender and marital status.
CASE WHEN Students.Gender = 'M' THEN 'Mr.'
  WHEN Students.MaritalStatus = 'S' THEN 'Ms.'
  ELSE 'Mrs.' END

-- (Rate sales based by Product on quantity sold.)
SELECT Products.ProductNumber, Products.ProductName,
CASE WHEN
  (SELECT SUM(QuantityOrdered)
   FROM Order_Details
   WHERE Order_Details.ProductNumber =
     Products.ProductNumber) <= 200
  THEN 'Poor'
  WHEN
  (SELECT SUM(QuantityOrdered)
   FROM Order_Details
   WHERE Order_Details.ProductNumber =
     Products.ProductNumber) <= 500
```

```
     THEN 'Average'
     WHEN
      (SELECT SUM(QuantityOrdered)
       FROM Order_Details
       WHERE Order_Details.ProductNumber =
         Products.ProductNumber) <= 1000
     THEN 'Good'
     ELSE 'Excellent' END
FROM Products;

-- (Calculate raises based on position.)
CASE Staff.Title
   WHEN 'Instructor'
   THEN ROUND(Salary * 1.05, 0)
   WHEN 'Associate Professor'
   THEN ROUND(Salary * 1.04, 0)
   WHEN 'Professor' THEN ROUND(Salary * 1.035, 0)
   ELSE Salary END
```

你可能会想，这些可能性是无止境的，特别是当你使用基于搜索的 CASE 时。为了帮助巩固对 CASE 的理解，让我们在一个完整的 SQL 语句上下文中参考几个例子。第一个例子，如代码清单 4-9 所示，根据出生日期计算一个人的年龄。

代码清单4-9　使用CASE计算一个人的年龄

```
SELECT S.StudentID, S.LastName, S.FirstName,
   YEAR(SYSDATE) - YEAR(S.BirthDate) -
    CASE WHEN MONTH(S.BirthDate) < MONTH(SYSDATE)
      THEN 0
    WHEN MONTH(S.BirthDate) > MONTH(SYSDATE)
      THEN 1
    WHEN DAY(S.BirthDate) > DAY(SYSDATE())
      THEN 1
      ELSE 0 END AS Age
   FROM Students AS S;
```

> **注意** 在 DB2 中，使用 CURRENT DATE 专用寄存器优于 SYSDATE()。在 Oracle 中，EXTRACT 优于 YEAR。在 SQL Server 中，使用 SYSDATETIME() 或 GETDATE()。Microsoft Access 不支持 CASE，但你可以使用其 IIf() 和 Date() 函数获得类似的结果。

你当然可以在 WHERE 或 HAVING 子句中使用 CASE，但它可能不如某些替代方法那么有效。涉及多个"如果不是这个就是那个"标准的问题往往很难解决。类似的问题例如显示所有购买滑板但未购买头盔的客户。代码清单 4-10 展示了一种在 WHERE 子句中使用 CASE 解决该问题的方法。

> **注意** 在销售订单示例数据库中，实际产品的名称可能不是简单的 Skateboard 或 Helmet，因此代码清单 4-10 的示例查询实际将查不到任何记录。试图在这个示例数据库中解

决这个问题，你需要使用 LIKE '%Skateboard%' 或 LIKE '%Helmet%' 来查询结果。在这个示例中，为了让查询更容易理解，我们使用的都是简单的值。

代码清单4-10　查找购买滑板但未购买头盔的客户

```
SELECT CustomerID, CustFirstName, CustLastName
FROM Customers
WHERE (1 =
  (CASE WHEN CustomerID NOT IN
    (SELECT Orders.CustomerID
     FROM Orders
       INNER JOIN Order_Details
         ON Orders.OrderNumber = Order_Details.OrderNumber
       INNER JOIN Products
         ON Order_Details.ProductNumber
           = Products.ProductNumber
     WHERE Products.ProductName = 'Skateboard')
    THEN 0
  WHEN CustomerID IN
    (SELECT Orders.CustomerID
     FROM Orders
       INNER JOIN Order_Details
         ON Orders.OrderNumber = Order_Details.OrderNumber
       INNER JOIN Products
         ON Order_Details.ProductNumber
             = Products.ProductNumber
     WHERE Products.ProductName = 'Helmet')
    THEN 0
    ELSE 1 END));
```

请注意，我们首先排除了没有购买滑板的客户，然后排除了购买了头盔的客户。更详细的信息请阅读第 15 条，在后面我们将向你展示如何使用 IN 和 NOT IN 来解决该问题。

总结

❑ 当你需要解决 IF...THEN...ELSE 这类问题时，CASE 是一个强大的工具。

❑ 你可以使用简单的 CASE 来执行相等判断和基于搜索的 CASE 以使用复杂的条件。

❑ 可以使用值表达式的地方都可以使用 CASE，包括作为 SELECT 子句中的列定义或作为 WHERE 或 HAVING 子句中条件的一部分。

第 25 条：了解解决多条件查询的技术

在单个表上使用约束来解决问题——甚至是复合约束——是相对容易直截了当的。当你需要根据关联表的条件从某个表返回数据时，可能会有点麻烦，特别是当你需要使用复合条件时。例如查找购买滑板、头盔或护膝的所有订单。要解决这个问题，你需要从

Orders 表中返回记录，但必须在 Order_Details 表中应用条件。

如果再上一个级别，它会变得更加复杂：列出所有购买了滑板，并且还购买了头盔、护膝和手套的客户。解决这个问题需要从 Customers 表中提取行，同时在相关的 Orders 和 Order_Details 表中应用相关条件。

一些可以用来解决这类问题的技巧包括：

❑ INNER JOIN 或 OUTER JOIN 与 IS NULL 条件结合

❑ IN 或 NOT IN 跟子查询

❑ EXISTS 或 NOT EXISTS 跟子查询

让我们找到所有真正专业的客户。我们希望显示所有不仅订购滑板，还有头盔、护膝和手套的客户。假设我们有一个典型的销售订单数据库，其中包含图 4-4 所示的表。

注意　为了简单起见，我们假设在产品名称上使用等值匹配就行了。在真实项目中，你可能还需要关联产品类别表来匹配类别名称，因为现实中的销售数据库很可能提供多于一个品牌或型号的滑板、手套、护膝和头盔。在销售订单示例数据库中，产品实际的名称并不会是 Skateboard、Helmet、Knee Pads 和 Gloves，因此代码列表中的示例查询将返回空数据。因此代码清单的示例实际将查不到任何记录。试图在这个示例数据库中解决这个问题，你需要使用 LIKE '%Skateboard%' 或 LIKE '%Helmet%' 来查询结果。

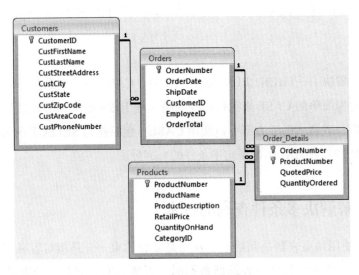

图 4-4　典型销售订单数据库的设计

你可能会尝试通过编写一个如代码清单 4-11 所示的查询来解决所有问题。

代码清单4-11 解决复合条件的错误方式

```
SELECT c.CustomerID, c.CustFirstName, c.CustLastName
FROM Customers AS c
WHERE c.CustomerID IN
  (SELECT o.CustomerID
   FROM Orders AS o
     INNER JOIN Order_Details AS od
       ON o.OrderNumber = od.OrderNumber
     INNER JOIN Products AS p
       ON p.ProductNumber = od.ProductNumber
   WHERE p.ProductName
     IN ('Skateboard', 'Helmet', 'Knee Pads', 'Gloves'));
```

这不会让你得到你想要的结果，因为它会列出所有曾经订购滑板、头盔、护膝或手套
的客户。正确的方法是使用复杂得多的 SQL。首先，我们将使用 INNER JOIN 解决，如代
码清单 4-12 所示。

代码清单4-12 解决复合条件的正确方式

```
SELECT c.CustomerID, c.CustFirstName, c.CustLastName
FROM Customers AS c
  INNER JOIN
    (SELECT DISTINCT Orders.CustomerID
     FROM Orders AS o
       INNER JOIN Order_Details AS od
         ON o.OrderNumber = oc.OrderNumber
       INNER JOIN Products AS p
         ON p.ProductNumber = od.ProductNumber
     WHERE p.ProductName = 'Skateboard') AS OSk
    ON c.CustomerID = OSk.CustomerID
  INNER JOIN
    (SELECT DISTINCT Orders.CustomerID
     FROM Orders AS o
       INNER JOIN Order_Details AS od
         ON o.OrderNumber = od.OrderNumber
       INNER JOIN Products AS p
         ON p.ProductNumber = od.ProductNumber
     WHERE p.ProductName = 'Helmet') AS OHel
    ON c.CustomerID = OHel.CustomerID
  INNER JOIN
    (SELECT DISTINCT Orders.CustomerID
     FROM Orders AS o
       INNER JOIN Order_Details AS od
         ON o.OrderNumber = od.OrderNumber
       INNER JOIN Products AS p
         ON p.ProductNumber = od.ProductNumber
     WHERE p.ProductName = 'Knee Pads') AS OKn
    ON c.CustomerID = OKn.CustomerID
  INNER JOIN
    (SELECT DISTINCT Orders.CustomerID
```

```
    FROM Orders AS o
      INNER JOIN Order_Details AS od
        ON o.OrderNumber = od.OrderNumber
      INNER JOIN Products AS p
        ON p.ProductNumber = od.ProductNumber
    WHERE p.ProductName = 'Gloves') AS OG1
  ON c.CustomerID = OG1.CustomerID;
```

虽然复杂得多，但它将返回正确的结果，因为它只会返回满足内嵌在 FROM 子句中的所有 4 个子查询的客户。请注意，我们在子查询中使用了 DISTINCT，以确保结果中不包含重复的客户。你还可以在 Customers 表上使用 4 个子查询和 WHERE 子句中的 IN 条件来解决此类问题，如代码清单 4-13 所示。为了使最终的 SQL 更易读，首先创建一个函数来处理子查询。

代码清单4-13　使用函数正确地解决复合条件

```
CREATE FUNCTION CustProd(@ProdName varchar(50)) RETURNS Table
AS
RETURN
  (SELECT Orders.CustomerID AS CustID
   FROM Orders
     INNER JOIN Order_Details
       ON Orders.OrderNumber
          = Order_Details.OrderNumber
   INNER JOIN Products
     ON Products.ProductNumber
        = Order_Details.ProductNumber
   WHERE ProductName = @ProdName);

SELECT C.CustomerID, C.CustFirstName, C.CustLastName
FROM Customers AS C
WHERE C.CustomerID IN
  (SELECT CustID FROM CustProd('Skateboard'))
AND C.CustomerID IN
  (SELECT CustID FROM CustProd('Helmet'))
AND C.CustomerID IN
  (SELECT CustID FROM CustProd('Knee Pads'))
AND C.CustomerID IN
  (SELECT CustID FROM CustProd('Gloves'));
```

最后，你可以使用类似 IN 的方式使用 EXISTS 和关联子查询来解决此问题。（更多细节请阅读第 41 条。）代码清单 4-14 给出了如何使用 EXISTS 构建 WHERE 子句的例子。

代码清单4-14　使用EXISTS解决复合条件

```
SELECT c.CustomerID, c.CustFirstName, c.CustLastName
FROM Customers AS c
WHERE EXISTS
  (SELECT o.CustomerID
   FROM Orders AS o
     INNER JOIN Order_Details AS od
```

```
          ON o.OrderNumber = od.OrderNumber
        INNER JOIN Products AS p
          ON p.ProductNumber = od.ProductNumber
      WHERE p.ProductName = 'Skateboard'
        AND o.CustomerID = C.CustomerID)
      AND EXISTS ...
```

当你需要在关联表上使用多个正和负条件查找记录时，你将遇到相同的挑战。有趣的是，到目前为止，我们查找的所有客户都是购买了滑板和防护装备的客户，但从营销立场，店主可能会更喜欢那些仅买了滑板的客户，以便他们可以发送邮件——提醒这些人，他们也应该采购防护装备。

所以，我们来搜索所有仅购买滑板的客户。你可能会编写如代码清单 4-15 所示的代码来尝试解决这个问题。

代码清单4-15　查找没有购买防护装备的客户

```
SELECT c.CustomerID, c.CustFirstName, c.CustLastName
FROM Customers AS c
WHERE c.CustomerID IN
  (SELECT o.CustomerID
   FROM Orders AS o
     INNER JOIN Order_Details AS od
       ON o.OrderNumber = od.OrderNumber
     INNER JOIN Products AS p
       ON p.ProductNumber = od.ProductNumber
   WHERE p.ProductName = 'Skateboard')
  AND c.CustomerID NOT IN
  (SELECT o.CustomerID
   FROM Orders AS o
     INNER JOIN Order_Details AS od
       ON o.OrderNumber = od.OrderNumber
     INNER JOIN Products AS p
       ON p.ProductNumber = od.ProductNumber
   WHERE p.ProductName
     IN ('Helmet', 'Gloves', 'Knee Pads'));
```

你明白为什么这不行吗？只要客户购买了头盔、手套或护膝，它们就不会出现在结果中。我们用之前创建的函数来修改这个查询。正确的解决方案在代码清单 4-16 中。

代码清单4-16　查找没有购买所有防护装备的客户

```
SELECT c.CustomerID, c.CustFirstName, c.CustLastName
FROM Customers AS c
WHERE c.CustomerID IN
    (SELECT CustID FROM CustProd('Skateboard'))
  AND (c.CustomerID NOT IN
    (SELECT CustID FROM CustProd('Helmet'))
  OR c.CustomerID NOT IN
    (SELECT CustID FROM CustProd('Gloves'))
  OR c.CustomerID NOT IN
    (SELECT CustID FROM CustProd('Knee Pads')));
```

请注意，WHERE 子句中的第一个条件找到购买滑板的客户，剩下的条件匹配没有购买头盔、手套或护膝的客户。正如你所看到的，当你需要追加条件时，使用 AND，当你需要可选性时，使用 OR。

总结

❑ 需要通过关联表或多个表判断多个条件才能解决问题，通常都比较复杂。

❑ 当父表查询需要在其一个或多个子表的相应记录满足多个条件时才能返回记录，必须在表子查询中使用 INNER JOIN 或 OUTER JOIN 并结合空值判断，或者在表子查询中使用 IN 和 AND 或 NOT IN 和 OR 才能得到正确的结果。

第 26 条：如需完美匹配，先对数据进行除操作

除操作是 E. F. Codd 博士的经典著作《 The Relational Model for Database Management 》中定义的 8 个操作之一（其他的是选择、投影、连接、交集、笛卡儿积、并集和差集）。该操作是使用一个大数据集（被除数）除以一个小数据集（除数）来获取商——被除数据集与除数据集完全匹配的数据。

你可以使用除解决的常见问题包括：

❑ 查找符合给定工作所有要求的所有求职者。

❑ 列出可以提供构造组件零件的所有供应商。

❑ 显示订购某一套产品的所有客户。

为了帮助你更直观地理解除操作，请参考图 4-5。

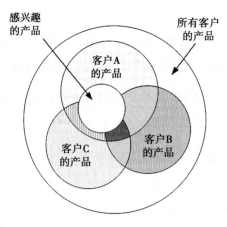

图 4-5　用一组感兴趣的产品除所有客户的产品

在图 4-5 中，外圈代表客户购买的所有产品。3 个阴影圆圈代表特定客户购买的产品，你可以看到客户都购买了的某些产品。小白圈代表了某些产品的子集，用来确定哪些客户购买了它们。

在这个简单的例子中，三个客户都购买了感兴趣的产品中的一些项目，但只有客户 A 购买了所有这些产品。如果你将所有客户产品的集合除以感兴趣的产品集合，则结果应为客户 A——唯一购买所有这些产品的客户。

不幸的是，SQL 中没有单独的操作可以支持除运算，因此你必须组合多个已支持的操作来获得这个结果。实际上我们在第 25 条已经展示了一种使用除的方式，为除数据集合的每条数据使用 IN 和子查询。当除数集合只包含几条记录时，这种方式是可行的，但是如果除数集合量很大，此方法就行不通了。

我们首先定义两组数据的视图：被除数和除数。代码清单 4-17 创建了被除数据集——所有客户及其购买产品的集合。

代码清单4-17　为所有客户及其购买产品创建视图

```
CREATE VIEW CustomerProducts AS
SELECT DISTINCT c.CustomerID, c.CustFirstName,
  c.CustLastName, p.ProductName
FROM Customers AS c
  INNER JOIN Orders AS o
    ON c.CustomerID = o.CustomerID
  INNER JOIN Order_Details AS od
    ON o.OrderNumber = od.OrderNumber
  INNER JOIN Products AS p
    ON p.ProductNumber = od.ProductNumber;
```

请注意，我们使用 DISTINCT 为每个客户和产品只生成一条记录，以防止重复数据。

现在，我们创建一个关于除数集的视图——包含所有感兴趣产品的集合。如在第 25 条所做的那样，查询购买过滑板、头盔、护膝和手套的所有客户。代码清单 4-18 显示了创建视图的代码。

代码清单4-18　创建一个列出感兴趣产品的视图

```
CREATE VIEW ProdsOfInterest AS
SELECT Products.ProductName
FROM Products
WHERE ProductName IN
  ('Skateboard', 'Helmet', 'Knee Pads', 'Gloves');
```

📷 注意　在销售订单示例数据库中，实际上没有以 Skateboard、Helmet、Knee Pads 和 Gloves 命名的产品，因此代码清单 4-17～代码清单 4-20 都不能用。为了帮助你理解这个过程，后面我们提供一个更简单的版本。在示例文件中，你不仅可以找到这里展示的例子，还可以找到相对复杂的例子，例子中使用 LIKE 将产品名称转换为类别名称，从而达到除的效果。

现在让我们来看看使用除获取结果的一种方法。代码清单 4-19 展示了一个解决方案。

代码清单4-19　使用子查询用感兴趣的产品除以客户产品

```
SELECT DISTINCT CP1.CustomerID, CP1.CustFirstName,
  CP1.CustLastName
FROM CustomerProducts AS CP1
WHERE NOT EXISTS
  (SELECT ProductName
   FROM ProdsOfInterest AS PofI
  WHERE NOT EXISTS
    (SELECT CustomerID
     FROM CustomerProducts AS CP2
    WHERE CP2.CustomerID = CP1.CustomerID
      AND CP2.ProductName = PofI.ProductName));
```

简单地说，我们想要所有客户产品表中没有产品的客户中不匹配任何产品和客户 ID 的数据。双重否定有点难以理解，但是逻辑是很清楚的。该技术的一个副作用是，当除数集（感兴趣的产品）为空时，查询将返回所有客户购买的产品数据。

现在我们来看看另一种使用 GROUP BY 和 HAVING 的技术——这种技术的流行归功于 Joe Celko 的一本书。对于这种技术，至关重要的是，在第一个视图中使用 DISTINCT 来创建不重复的客户产品记录，因为我们要通过计数来解决问题，我们不希望重复的购买记录弄乱计数。例如，如果客户购买滑板、头盔和两双手套（不同的订单），则记录数为 4，与感兴趣的产品数量相匹配。没有 DISTINCT，即使他没有购买护膝，客户将被错误选择。在第二个视图中，通过产品名称从 Products 表中选择的记录是唯一的，因此我们不需要 DISTINCT。代码清单 4-20 展示了如何做。

代码清单4-20　使用GROUP BY和HAVING对两个集合进行除操作

```
SELECT CP.CustomerID, CP.CustFirstName, CP.CustLastName
FROM CustomerProducts AS CP
  CROSS JOIN ProdsOfInterest AS PofI
WHERE CP.ProductName = PofI.ProductName
GROUP BY CP.CustomerID, CP.CustFIrstName, CP.CustLastName
HAVING COUNT(CP.ProductName) =
  (SELECT COUNT(ProductName) FROM ProdsOfInterest);
```

基本上，我们查找客户的产品记录是与感兴趣的产品中的任何一条记录相匹配的记录，但是通过比较计数，我们只保留与感兴趣的产品中所有匹配的记录。请注意，当除数集为空时，此查询返回空记录，这是与第一种技术不同的地方。

总结

- ❑ 除是 8 个公认的关系集操作之一，但 SQL 标准和主流数据库系统都不支持 DIVIDE 关键字。
- ❑ 你可以使用除来查找一组数据中匹配另一组数据所有记录的记录。
- ❑ 你可以通过测试除数集中的每一行（第 25 条提到的在子查询中使用 IN）、NOT EXISTS 和 GROUP BY 或 HAVING 来执行除操作。

第 27 条：如何按时间范围正确地过滤日期和时间的列

现在你应该能很自然地使用 WHERE 子句来限制查询返回的结果。但是，我们发现许多开发人员不能有效地过滤日期范围。

如附录所示，有很多种不同的数据类型可以用来存储日期和时间。在表 4-2 中，我们专门列出几种数据类型。

表 4-2　日期和时间数据类型

DBMS	Data Type
IBM DB2	TIMESTAMP
Microsoft Access	Date/Time
Microsoft SQL Server	smalldatetime, datetime, datetime2, datetimeoffset
MySQL	datetime, timestamp
Oracle	TIMESTAMP
PostgreSQL	TIMESTAMP

查看代码清单 4-21 创建的表。

代码清单4-21　创建日志表的数据定义语言（DDL）

```
CREATE TABLE ProgramLogs (
  LogID int PRIMARY KEY,
  LogUserID varchar(20) NOT NULL,
  LogDate timestamp NOT NULL,
  Logger varchar(50) NOT NULL,
  LogLevel varchar(10) NOT NULL,
  LogMessage varchar(1000)  NOT NULL
);
```

如果你想查看特定日期的日志消息，你可能会尝试使用如代码清单 4-22 所示的语句。

代码清单4-22　首次尝试列出特定日期的日志消息

```
SELECT L.LogUserID, L.Logger, L.LogLevel, L.LogMessage
FROM ProgramLogs AS L
WHERE L.LogDate = CAST('7/4/2016' AS timestamp);
```

不过，这里有一个微妙的问题。虽然你写了这个查询，并且知道你打算获得 7 月 4 日的数据，但如果系统区域设置为英国，或语言设置为法语，会发生什么？那个日期很可能被解释为 4 月 7 日！使用明确的日期格式会更好，例如 yyyy-mm-dd、yyyymmdd 或 yyyy-mm-dd hh:mm:ss[.nnn]。

> **注意**　虽然 ISO 8601 格式 yyyy-mm-ddThh:mm:ss[.nnn] 通常是一个合理的选择，但它实际上并不是 SQL 标准的一部分。ANSI SQL 标准的日期和时间是 yyyy-mm-dd hh:mm:ss，实际上并不符合需要 T 分隔符的 ISO 8601 标准。并非所有 DBMS 都支持 ISO 8601 规范。

然而，即使这样可能还不够。例如，Microsoft 执行非标准的 nnnn-nn-nn 日期格式。如果一般日期格式为 dmy，SQL Server 会解释为 ydm，其中年份在前面。因为日期的默认格式取决于不同用户的设置，可以想象，根据用户的语言设置，可以将 2016-07-04 解释为 2016 年 4 月 7 日。为避免这样的问题，你应该使用明确的日期转换函数，替代对隐式日期转换的依赖。例如，代码清单 4-22 应该按照代码清单 4-23 那样重写。

代码清单4-23　第二次尝试列出特定日期的日志消息

```
SELECT L.LogUserID, L.Logger, L.LogLevel, L.LogMessage
FROM ProgramLogs AS L
WHERE L.LogDate = CONVERT(datetime, '2016-07-04', 120);
```

> **注意**　这里的 SQL 只能用于 SQL Server。如果你的数据库不支持 CONVERT() 函数，请参阅数据库文档寻找替代方案。尽管 SQL Server 支持 CAST()，它是 SQL 标准的一部分，但它不允许显示的指定日期样式；120 格式为 yyy-mm-dd hh:nn:ss。

运行这个查询，可能不会返回任何数据。请记住，LogDate 列被定义为时间戳，这意味着它包含日期和时间。因为提供的日期文字不包含时间，所以数据库系统会将值转换为 2016-07-04 00:00:00，除非在该时间内记录了数据，否则系统将不返回任何数据。

你可以尝试使用 CAST（L.LogDate AS date）从列中删除这个时间组件，但这将导致在查询时系统不会使用任何索引。

代码清单 4-24 展示了一个可以使用索引的查询。

代码清单4-24　第三次尝试列出特定日期的日志消息

```
SELECT L.LogUserID, L.Logger, L.LogLevel, L.LogMessage
FROM ProgramLogs AS L
WHERE L.LogDate BETWEEN CONVERT(datetime, '2016-07-04', 120)
  AND CONVERT(datetime, '2016-07-05', 120);
```

一个潜在的问题是 BETWEEN 是双闭区间：如果表格中有任何记录为 2016-07-05 00:00:00，它们也将被包括在内。为避免这种情况，你可以尝试制定更精确的最终日期和时间，如代码清单 4-25 所示。

代码清单4-25　第四次尝试列出特定日期的日志消息

```
SELECT L.LogUserID, L.Logger, L.LogLevel, L.LogMessage
FROM ProgramLogs AS L
WHERE L.LogDate BETWEEN CONVERT(datetime, '2016-07-04', 120)
  AND CONVERT(datetime, '2016-07-04 23:59:59.999', 120);
```

但是，问题是（至少在 SQL Server 中）日期和时间类型的分辨率是 3.33 毫秒。这意味着 SQL Server 实际上会将 2016-07-04 23:59:59.999 整合到 2016-07-05 00:00:00.000，所以它不会返回任何数据。虽然你可以将精度更改为 2016-07-04 23:59:59.997 以避免四舍五入的问题，但并不是所有的日期和时间字段都具有相同的精度，并且事实证明，对于 smalldatetime 字段来说，它仍然会被舍入。还有在新版本中精度可能发生变化，或者 DBMS 与 DBMS 之间有所不同。一个更稳妥的解决方案是避免 BETWEEN 语句的包容性，如代码清单 4-26 所示。

代码清单4-26　按特定日期列出日志消息的推荐做法

```
SELECT L.LogUserID, L.Logger, L.LogLevel, L.LogMessage
FROM ProgramLogs AS L
WHERE L.LogDate >= CONVERT(datetime, '2016-07-04', 120)
  AND L.LogDate < CONVERT(datetime, '2016-07-05', 120);
```

还有一个需要考虑的因素。如果查询依赖用户的输入（例如，日期参数作为存储过程的一部分），用户可能经常输入类似以 2016-07-04 开始，以 2016-07-05 结束的数据。但是它们真正的意思是 >= '2016-07-04' 和 < '2016-07-06'。因此，编写使用 DATEADD 函数来改进日期的查询是一个好习惯，如代码清单 4-27 所示。

代码清单4-27　改进用户输入的结束日期

```
WHERE L.LogDate >=
    CONVERT(datetime, @startDate, 120)
  AND L.LogDate <
    CONVERT(datetime, DATEADD(DAY, 1, @endDate) 120);
```

关键是你应该在 DBMS 中使用 DATEADD 或等效的功能，以保证日期是以明确的方式增加，而不是依赖 DBMS 的实现来区别用户和软件系统如何解读结束时间。

总结

- ❑ 不要依赖隐式日期转换；使用显式转换函数来处理日期字符。
- ❑ 不要将函数应用于日期和时间列，否则查询将不能使用索引。
- ❑ 请记住，舍入误差可能导致日期和时间值不正确；使用 >= 和 < 替代 BETWEEN。

第 28 条：书写可参数化搜索的查询以确保引擎使用索引

在第 11 条，我们讨论过了索引对优化查询效率的重要性，但为了使 DBMS 引擎充分利用索引，查询的条件（即 WHERE、ORDER BY、GROUP BY 或 HAVING 子句）需要是可参数化搜索的，sargable（该术语是 Search ARGument ABLE 的缩写）。因此，了解什么会导致查询是非参数化搜索的，这一点很重要。

> 注意 DB2 过去使用的是可参数化搜索或非参数化搜索的 v1 和 v2 版本的谓词，但是目前没有使用这些版本了。而现在，DB2 使用一阶和二阶谓词，一阶谓词优于二阶谓词。在某些 DB2 的版本里面，某些特定的谓词会逐渐从二阶迁移到一阶。

根据正在检查的值，以下运算符通常可以被认为是可参数化搜索的：

- ❑ =
- ❑ >
- ❑ <
- ❑ >=
- ❑ <=
- ❑ BETWEEN
- ❑ LIKE（不包括前导通配符）
- ❑ IS [NOT] NULL

虽然以下操作符可能是可参数化搜索的，但是它们对性能提升可能没有帮助：

- ❑ <>
- ❑ IN
- ❑ OR

❏ NOT IN

❏ NOT EXISTS

❏ NOT LIKE

以下所有都会导致非参数化搜索的查询：⊖

❏ 在 WHERE 子句条件中对一个或多个字段使用函数。（因为函数必须检查每一条记录，所以查询优化器不会使用索引，除非索引本身包含相同的函数。）

❏ 对 WHERE 子句中的字段执行算术计算。

❏ 使用如 LIKE '%something%' 通配符搜索查询。

查看代码清单 4-28 所示的 Employees 表。请注意，这个 SQL 中为表中的每个字段创建了索引。

代码清单4-28　创建表和索引的SQL

```
CREATE TABLE Employees (
  EmployeeID int IDENTITY (1, 1) PRIMARY KEY,
  EmpFirstName varchar(25) NULL,
  EmpLastName varchar(25) NULL,
  EmpDOB date NULL,
  EmpSalary decimal(15,2) NULL
);
CREATE INDEX [EmpFirstName]
  ON [Employees]([EmpFirstName] ASC);
CREATE INDEX [EmpLastName]
  ON [Employees]([EmpLastName] ASC);
CREATE INDEX [EmpDOB]
  ON [Employees]([EmpDOB] ASC);
CREATE INDEX [EmpSalary]
  ON [Employees]([EmpSalary] ASC);
```

代码清单 4-29 展示了一种使用非参数化搜索的方法，按照在特定年份出生的条件来限制员工数据。因为有必要对表中的每一条记录执行 Year 函数，以确定哪些记录匹配，这意味着不会使用 EmpDOB 列上的索引。

代码清单4-29　将数据限制到特定年份的非参数化查询

```
SELECT EmployeeID, EmpFirstName, EmpLastName
FROM Employees
WHERE YEAR(EmpDOB) = 1950;
```

 注意 Oracle 不包含 Year() 函数。你需要使用 EXTRACT(提取 EmpDOB 字段的年份)。

⊖ SELECT 字句可以包含非参数化搜索的表达式，不一定会影响性能。

代码清单 4-30 展示了如何以可参数化搜索的方式检索相同的数据。

代码清单4-30　将数据限制到特定年份的可参数化搜索的查询

```sql
SELECT EmployeeID, EmpFirstName, EmpLastName
FROM Employees
WHERE EmpDOB >= CAST('1950-01-01' AS Date)
  AND EmpDOB < CAST('1951-01-01' AS Date);
```

代码清单 4-31 展示了一个非参数化搜索的查询，尝试按姓氏以特定字母开头查找所有雇员。

代码清单4-31　将数据限制为特定初始值的非参数化搜索的查询

```sql
SELECT EmployeeID, EmpFirstName, EmpLastName
FROM Employees
WHERE LEFT(EmpLastName, 1) = 'S';
```

> 注意　Oracle 不支持 Left() 函数。你需要使用 SUBSTR(EmpLastName, 1, 1)。

代码清单 4-32 展示了如何以参数化搜索的方式执行相同的操作。请注意，使用 LIKE 运算符不会使查询变成非参数化搜索，因为通配符仅在字符串的末尾。请注意，这本身不能保证使用索引。

代码清单4-32　将数据限制到特定初始化值的可参数化搜索的查询

```sql
SELECT EmployeeID, EmpFirstName, EmpLastName
FROM Employees
WHERE EmpLastName LIKE 'S%';
```

代码清单 4-33 展示了使用 IsNull() 函数的另一个非参数化搜索的查询。

代码清单4-33　在可为空的字段中查找特定名称的非参数化搜索的查询

```sql
SELECT EmployeeID, EmpFirstName, EmpLastName
FROM Employees
WHERE IsNull(EmpLastName, 'Viescas') = 'Viescas';
```

> 注意　IsNull() 是一个 SQL Server 函数。Oracle 使用 NVL()，DB2 和 MySQL 使用 IFNULL()。另一种方式是使用 COALESCE() 函数。

代码清单 4-34 展示了如何以参数化搜索的方式执行相同的查询。

代码清单4-34　在可为空的字段中查找特定名称的参数化搜索的查询

```sql
SELECT EmployeeID, EmpFirstName, EmpLastName
FROM Employees
WHERE EmpLastName = 'Viescas'
  OR EmpLastName IS NULL;
```

事实上，使用 OR 可能会导致不能使用 EmpLastName 上的索引，因此代码清单 4-35 中的查询可能会更安全。当对值和空值有单独的过滤索引时，尤其如此。

代码清单4-35　改进后的可在空字段上查找包含特定名称的参数化搜索

```
SELECT EmployeeID, EmpFirstName, EmpLastName
FROM Employees
WHERE EmpLastName = 'Viescas'
UNION ALL
SELECT EmployeeID, EmpFirstName, EmpLastName
FROM Employees
WHERE EmpLastName IS NULL;
```

代码清单 4-36 中的查询是非参数化搜索的，因为在字段上进行了计算操作。EmpSalary 上的索引不会被使用，并且将对表中的每一条记录进行计算。

代码清单4-36　查找计算值的非参数化搜索的查询

```
SELECT EmployeeID, EmpFirstName, EmpLastName
FROM Employees
WHERE EmpSalary*1.10 > 100000;
```

但是，如果计算不涉及该字段，如代码清单 4-37 所示，查询将变成可参数化搜索的。

代码清单4-37　查找计算值的可参数化搜索的查询

```
SELECT EmployeeID, EmpFirstName, EmpLastName
FROM Employees
WHERE EmpSalary > 100000/1.10;
```

不幸的是，没有办法将 LIKE '%something%' 变成可参数化搜索的。

总结

- ❑ 避免使用不可参数化搜索的操作符。
- ❑ 不要在 WHERE 子句中的一个或多个字段上使用函数。
- ❑ 不要对 WHERE 子句中的字段进行算术运算。
- ❑ 使用 LIKE 操作符时，只能在字符串末尾使用通配符（不是 '%something' 或 'some%thing'）。

第 29 条：正确地定义 "左" 连接的 "右" 侧

假设要求你查找从未下订单的所有客户。要做到这一点，你需要在 SQL 中执行差集关系操作（换句话说，返回集合 1 中存在而在集合 2 中不存在的数据），并且使用 OUTER JOIN 和 IS NULL 判断。例如，要查找从未下订单的所有客户，请使用 Customers LEFT

OUTER JOIN Orders，并在 Orders 表的主键中判断空值。你从所有客户中减去所有有订单
客户，找到不在已有订单客户群中的客户。

> 注
> 意 关于更多关系操作的细节，请阅读第 22 条。

当你需要在集合上使用过滤时，即从一个大的集合中抽取一个小的集合（本质上讲，就
是在左连接加入右侧的数据集或表，反之亦然），这个过程是很容易出错的。在一个执行
Customers LEFT JOIN Orders 的查询中，Customers 在连接的左侧，Orders 位于右侧。例如，
考虑以下这个问题：

  如果有的话，查找所有客户在 2015 年最后一个季度的所有订单。

  你可能会试图用如代码清单 4-38 所示的 SQL 来解决这个问题。

代码清单4-38　第一次尝试显示所有客户和订单的子集

```sql
SELECT c.CustomerID, c.CustFirstName, c.CustLastName,
  o.OrderNumber, o.OrderDate, o.OrderTotal
FROM Customers AS c
  LEFT JOIN Orders AS o
    ON c.CustomerID = o.CustomerID
WHERE o.OrderDate BETWEEN CAST('2015-10-01' AS DATE)
  AND CAST('2015-12-31' AS DATE);
```

> 注
> 意 这一节中的 SQL 使用的是 ISO 标准 SQL。如果你的数据库不支持 CAST() 函数，请
> 参阅数据库文档以获取替代方案。

当你运行查询时，你会在每一条记录中找到订单数据，而且似乎缺失了很多客户。如
果你想要显示缺失的记录，你需要判断 NULL 值，就像代码清单 4-39 所示的 SQL。

代码清单4-39　第二次尝试显示所有客户和订单的子集

```sql
SELECT c.CustomerID, c.CustFirstName, c.CustLastName,
  o.OrderNumber, o.OrderDate, o.OrderTotal
FROM Customers AS c
  LEFT JOIN Orders AS o
    ON c.CustomerID = o.CustomerID
WHERE (o.OrderDate BETWEEN CAST('2015-10-01' AS DATE)
    AND CAST('2015-12-31' AS DATE))
  OR o.OrderNumber IS NULL;
```

第二个查询的输出看起来好一点，但是你仍然可能看不到所有的客户记录。

数据库引擎首先解析 FROM 子句，然后应用 WHERE 子句，最后返回 SELECT 子句
中请求的列。在第一个查询中，Customers LEFT JOIN Orders 肯定会从 Orders 表返回所有
客户记录和任何匹配的记录。应用 WHERE 子句自动消除任何没有下订单的客户，因为在

Orders 表中这些记录的列中包含一个空值。NULL 不能与任何值进行比较，因此按一定范围的日期过滤消除了这些记录。因此，如代码清单 4-38 所示，你所获得的所有客户都是在指定日期范围内下订单的客户——和使用 INNER JOIN 相同的结果。

在代码清单 4-39 中的查询中，我们不仅要求在日期范围内的订单，还要求在 Order-Number 列中包含空值的任何记录，因此能够获得所有客户行。FROM 子句返回的数据集确实包括所有客户。当客户下订单时，Orders 表中的列将不为空。当客户根本没有下订单时，查询将从 Orders 表中返回包含空值列的唯一的客户记录。

因此，代码清单 4-39 中的查询将返回了从未下订单的所有客户，以及在 2015 年最后一个季度下订单的客户。如果有客户提前下订单，但不是在最后一个季度，该客户将不会显示，因为日期过滤器会排除该记录。

正确的解决方案是在减去集合加入被减去的集合之前对其进行过滤。你可以使用 FROM 子句中的 SELECT 语句（也称为 SQL 标准中的派生表）提供过滤的集合。代码清单 4-40 展示了怎么做。

代码清单4-40　正确获取所有客户和订单的子集

```
SELECT c.CustomerID, c.CustFirstName, c.CustLastName,
  OFil.OrderNumber, OFil.OrderDate, OFil.OrderTotal
FROM Customers AS c
  LEFT JOIN
    (SELECT o.OrderNumber, o.CustomerID,
       o.OrderDate, o.OrderTotal
     FROM Orders AS o
     WHERE o.OrderDate BETWEEN CAST('2015-10-01' AS DATE)
       AND CAST('2015-12-31' AS DATE)) AS OFil
  ON c.CustomerID = OFil.CustomerID;
```

逻辑上，代码清单 4-40 中的查询首先获取两个日期之间的订单子集，然后执行与 Customers 表的连接。此查询将返回所有客户。当客户没有在指定的时间范围内下订单时，来自 OFiltered 子查询的列为空。如果你想列出 2015 年最后一个季度没有下订单的客户，只需在 ON 连接后的 WHERE 子句中添加一个 NULL 判断。

总结

❑ 在 SQL 中使用 OUTER JOIN 执行差集操作。

❑ 当你对外部 WHERE 子句中的左连接加入右侧数据使用过滤时，你将无法获得所需的结果，反之亦然。

❑ 要正确地过滤数据子集，必须在数据库系统执行外连接之前使用过滤。

聚　合

SQL 标准从一开始就支持数据聚合，聚合在生成报表时很有用。可是，当你开始做聚合时，光说从这里或那里获取数据，只需要 x、y 或 z 的数据是不够的。要求总计这个或那个通常是不够的，我们一般希望看到这样的报表，例如"以客户为基础的总计""每天的订单数量"或"每月某个类别下的平均销售额"。往往跟在"每""按"和"以每个"之后的部分需要额外注意。在本章中，我们将讨论如何使用 GROUP BY 和 HAVING 子句来解决这些问题。你会学到提高聚合查询性能以及避免聚合查询常见问题的各种技术。直到现在，SQL 标准委员会还一直在扩充标准范围，以应对更复杂的聚合需求，解决的办法是窗口函数。过去人们会说："只需将数据从数据库中取出，并将其转储在电子表格中，然后进行数据切片和切块。"而与过去不同的是，如今，随着数据量的爆炸性增长，这种做法可能是不理想或不切实际的。由于这些原因，你需要彻底了解 SQL 中的聚合。

第 30 条：理解 GROUP BY 的工作原理

经常需要将数据分组（其中的组是具有相同分组列值的一组记录集合），以便对这些数据使用某种类型的聚合方法。可以使用 GROUP BY 子句（通常伴随 HAVING 子句）来执行此操作。虽然这听起来很简单，但创建能够正确分组的查询通常比较复杂。

SELECT 语句的常规语法如下面的代码清单 5-1 所示。

代码清单5-1　　SELECT语句的语法

```
SELECT select_list
FROM table_source
[WHERE search_condition ]
[GROUP BY group_by_expression ]
[HAVING search_condition ]
[ORDER BY order_expression [ ASC | DESC ] ]
```

> 📷 注
> 　意　尽管 ISO SQL 标准规定，无 FROM 的 SELECT 不符合标准的 SQL，但许多 DBMS
> 　　　支持 FROM 子句为可选的。

以下是查询的工作原理：

1）FROM 子句生成数据集。

2）WHERE 子句过滤由 FROM 子句生成的数据集。

3）GROUP BY 子句聚合由 WHERE 子句过滤的数据集。

4）HAVING 子句过滤由 GROUP BY 子句聚合的数据集。

5）SELECT 子句转换过滤的聚合数据集（通常通过使用聚合函数）。

6）ORDER BY 子句对变换后的数据集进行排序。

GROUP BY 子句中包含的列被称为分组列。如果分组列已包含在 SELECT 子句中，其实并不需要再在 GROUP BY 子句中包含这些列（尽管没有表明被分组的值可能会导致奇怪的结果）。你不能在 GROUP BY 子句中使用别名。

在 SELECT 子句中但不在 GROUP BY 子句中的列必须使用聚合函数（尽管可以对聚合或常量的结果进行计算）。聚合函数是对一组值执行计算并返回单个值的确定性函数（请阅读第 1 章关于确定性和非确定性的内容）。在这里，这些值是 GROUP BY 子句的结果。每个组可以有一个或多个聚合，它们作用于组中的每一行（如果不提供任何聚合，GROUP BY 的行为类似于 SELECT DISTINCT）。

ISO SQL 标准定义了大量的聚合函数。最常用的函数包括：

❑ COUNT() 计算集合或组中的总数。

❑ SUM() 计算集合或组中的和。

❑ AVG() 计算集合或组中数值的平均值。

❑ MIN() 在集合或组中查找最小的值。

❑ MAX() 在集合或组中查找最大的值。

❑ VAR_POP() 和 VAR_SAMP() 返回集合或组中指定列的总体方差或样本方差。

❑ STDDEV_POP() 和 STDDEV_SAMP() 返回总体标准差或集合与组内指定列的样本

标准差。

出现在 SELECT 子句中的列会影响到这些列是否必须出现在 GROUP BY 子句中，因为出现在 SELECT 子句中的列如果没有使用聚合函数，它们必须出现在 GROUP BY 子句中。代码清单 5-2 给出了与 SELECT 子句中的列相一致的分组示例。

代码清单5-2　有效的GROUP BY子句

```
SELECT ColumnA, ColumnB
FROM Table1 GROUP BY ColumnA, ColumnB;

SELECT ColumnA + ColumnB
FROM Table1 GROUP BY ColumnA, ColumnB;

SELECT ColumnA + ColumnB
FROM Table1 GROUP BY ColumnA + ColumnB;

SELECT ColumnA + ColumnB + constant
FROM Table1 GROUP BY ColumnA, ColumnB;

SELECT ColumnA + ColumnB + constant
FROM Table1 GROUP BY ColumnA + ColumnB;

SELECT ColumnA + constant + ColumnB
FROM Table1 GROUP BY ColumnA, ColumnB;
```

但是，如果分组与 SELECT 子句中的列不一致，则分组是无效的，如代码清单 5-3 所示。

代码清单5-3　无效的GROUP BY子句

```
SELECT ColumnA, ColumnB
FROM Table1 GROUP BY ColumnA + ColumnB;

SELECT ColumnA + constant + ColumnB
FROM Table1 GROUP BY ColumnA + ColumnB;
```

根据 ISO SQL 标准，GROUP BY 子句不会排序结果集。你必须使用 ORDER BY 子句来排序结果集。然而实际上，大多数 DBMS 在 GROUP BY 上构建一个临时工作索引，所以在没有任何其他指令的情况下，结果将按照 GROUP BY 子句中的列进行排序。如果结果的顺序很重要，请始终包含 ORDER BY 子句以确保得到想要的顺序。

应该尽可能多地过滤 WHERE 子句中的数据，因为这将减少需要聚合的数据量。只有当过滤取决于聚合的结果时，才应该使用 HAVING 子句，例如 HAVING Count(*) > 5 或 HAVING Sum(Price) < 100。

使用 ROLLUP、CUBE 和 GROUPING SETS 函数可以进行更复杂的分组操作，它们允许你按照每个指定的分组集分别对 FROM 和 WHERE 子句选择的数据进行分组，并计算每个组的聚合。你可以列出一系列用于分组的单列或多列。空的分组集意味着将所有行聚合到一个单独的组，类似于在聚合查询中不包含 GROUP BY 子句。

> **注意**　一些 SQL 产品（包括 Access 和 MySQL）不支持使用 ROLLUP 和 CUBE 进行分组。

查看表 5-1 中的数据，我们将用作示例查询的数据基础。

表 5-1　库存数据示例

Color	Dimension	Quantity
Red	L	10
Blue	M	20
Red	M	15
Blue	L	5

使用 ROLLUP，你可以为组中的每组列获得额外的聚合。使用代码清单 5-4 所示的查询获得表 5-2 中的结果。

代码清单5-4　ROLLUP查询示例

```sql
SELECT Color, Dimension, SUM(Quantity)
FROM Inventory
GROUP BY ROLLUP (Color, Dimension);
```

表 5-2　ROLLUP 聚合的库存数据

Color	Dimension	Quantity
Blue	L	5
Blue	M	20
Blue	NULL	25
Red	L	10
Red	M	15
Red	NULL	25
NULL	NULL	50

我们获得每种颜色的总数和整体的总数。但是，我们没有任何关于维度总数的数据（不考虑颜色），因为 ROLLUP 从右到左工作。为了获得额外的数据，我们可以使用 CUBE。代码清单 5-5 演示了获取表 5-3 所示结果的 SQL 语句。

代码清单5-5 CUBE查询示例

```
SELECT Color, Dimension, SUM(Quantity)
FROM Inventory
GROUP BY CUBE (Color, Dimension);
```

表 5-3 CUBE 聚合的库存数据

Color	Dimension	Quantity
Red	M	15
Red	L	10
Red	NULL	25
Blue	M	20
Blue	L	5
Blue	NULL	25
NULL	M	35
NULL	L	15
NULL	NULL	50

最后，如果你希望对聚合有更多的控制和包含额外的分组，则可以使用 GROUPING SETS。可以使用代码清单 5-6 中的 SQL 语句来生成表 5-4 所示的结果。请注意，SQL 语句包含 3 个单独的分组集：颜色、维度和空集合（用于生成总数）。

代码清单5-6 GROUPING SETS查询示例

```
SELECT Color, Dimension, SUM(Quantity)
FROM Inventory
GROUP BY GROUPING SETS ((Color), (Dimension), ());
```

表 5-4 GROUPING SETS 查询示例的查询数据结果

Color	Dimension	Quantity
Red	NULL	25
Blue	NULL	25
NULL	L	15
NULL	M	35
NULL	NULL	50

我们能够在结果中准确指定想要的聚合，不同于 ROLLUP 和 CUBE，它们可以提供所有组合，无论是否需要。实质上，GROUPING SETS 以及 ROLLUP 和 CUBE 允许你在一个查询中执行几个 UNION 查询。代码清单 5-7 显示了如何使用简单的 GROUP BY 获取与代码清单 5-5 中相同的结果。

代码清单5-7　使用简单的GROUP BY替代GROUPING SETS

```
SELECT Color, NULL AS Dimension, SUM(Quantity)
FROM Inventory
GROUP BY Color
UNION
SELECT NULL, Dimension, SUM(Quantity)
FROM Inventory
GROUP BY Size
UNION
SELECT NULL, NULL, SUM(Quantity)
FROM Inventory;
```

Microsoft Access 中不支持 ROLLUP、CUBE 或 GROUPING SETS。此外，Access 用户应该注意，只要添加条件到网格，查询构建器会默认使用 HAVING 子句。图 5-1 所示的查询会生成如代码清单 5-8 所示的 SQL。

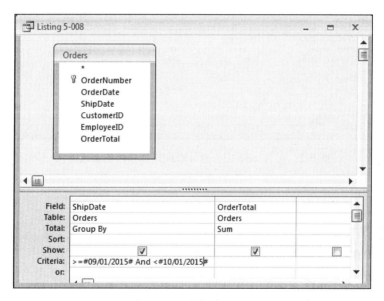

图 5-1　在 Access 中创建一个总计查询

代码清单5-8　为图5-1中的查询生成的SQL

```
SELECT O.ShipDate, Sum(O.OrderTotal) AS SumOfOrderTotal
FROM Orders AS O
GROUP BY O.ShipDate
HAVING (((O.ShipDate) >= #9/1/2015#
  AND (O.ShipDate) < #10/1/2015#));
```

你需要明确地分离这些条件，如图 5-2 所示，以便产生更理想的 SQL 语句，如代码清单 5-9 所示。

代码清单5-9　为图5-2中查询生成的SQL语句

```
SELECT o.ShipDate, Sum(o.OrderTotal) AS SumOfOrderTotal
FROM Orders AS o
WHERE o.ShipDate >= #9/1/2015#
  AND o.ShipDate < #10/1/2015#
GROUP BY o.ShipDate;
```

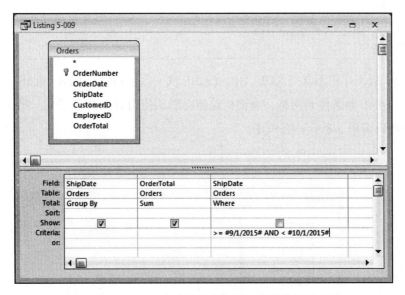

图 5-2　在 Access 中为总计查询添加条件的首选方法

总结

❑ 聚合在执行 WHERE 子句之后完成。

❑ GROUP BY 子句聚合过滤后的数据集。

❑ HAVING 子句过滤聚合后的数据集。

❑ ORDER BY 子句对变换后的数据集进行排序。

❑ 在 SELECT 子句中没有使用聚合函数或计算的任何列必须同时出现在 GROUP BY 子句中。

❑ 使用 ROLLUP、CUBE 和 GROUPING SETS 可以在单个查询中提供更多可能的组合，以代替创建多个聚合查询，然后再将其合并。

第31条：简化 GROUP BY 子句

从 SQL-92 标准开始，强制所有未使用聚合的列都必须出现在 GROUP BY 子句中，

许多供应商已经遵守了这一规定。代码清单5-10展示了一个查询，它将多个列添加到
GROUP BY 子句中。

代码清单5-10　GROUP BY子句中有多个列，符合SQL-92标准的聚合查询

```
SELECT c.CustomerID, c.CustFirstName,
  c.CustLastName, c.CustState,
  MAX(o.OrderDate) AS LastOrderDate,
  COUNT(o.OrderNumber) AS OrderCount,
  SUM(o.OrderTotal) AS TotalAmount
FROM Customers AS c
  LEFT JOIN Orders AS o
    ON c.CustomerID = o.CustomerID
GROUP BY c.CustomerID, c.CustFirstName,
  c.CustLastName. c.CustState:
```

此查询能在任何 DBMS 上运行。但是请注意，我们在 GROUP BY 中包含了 4 列。考
虑到我们是按 CustomerID 进行分组的，CustomerID 是 Customers 表的主键。因为主键的定
义必须是唯一的，所以其他 3 列的值并不重要。它们可能是相同的，但并不会改变聚合的
结果。

这被称为功能依赖。CustFirstName、CustLastName 和 CustState 列在功能上取决于
CustomerID。这从 SQL-99 标准开始得到认可。因此，代码清单 5-11 中的查询实际上足以
满足当前的 SQL 标准。

代码清单5-11　符合当前SQL标准的代码清单5-10的修改版

```
SELECT c.CustomerID, c.CustFirstName,
  c.CustLastName, c.CustState,
  MAX(o.OrderDate) AS LastOrderDate,
  COUNT(o.OrderNumber) AS OrderCount,
  SUM(o.OrderTotal) AS TotalAmount
FROM Customers AS c
  LEFT JOIN Orders AS o
    ON c.CustomerID = o.CustomerID
GROUP BY c.CustomerID;
```

但是，在撰写本书时，只有 MySQL 和 PostgreSQL 允许这个版本的代码。其他
DBMS 产品不支持，如果未使用聚合或表达式的一部分，会返回有关列应用的错误。但
是，我们可以通过使用子查询来重写相同的查询，进而最小化 GROUP BY 中的列数，如
代码清单 5-12 所示。

代码清单5-12　可移植的代码清单5-10的修改版

```
SELECT c.CustomerID, c.CustFirstName, c.CustLastName,
  c.CustState, o.LastOrderDate, o.OrderCount, o.TotalAmount
FROM Customers AS c
```

```
LEFT JOIN (
  SELECT t.CustomerID, MAX(t.OrderDate) AS LastOrderDate,
    COUNT(t.OrderNumber) AS OrderCount,
    SUM(t.OrderTotal) AS TotalAmount
  FROM Orders AS t
  GROUP BY t.CustomerID
  ) AS o
  ON c.CustomerID = o.CustomerID;
```

注意 如何将代码清单 5-12 变得更可读，请阅读第 42 条。

重写代码清单 5-12 中的查询有另外一个重要的好处：现在我们很容易理解汇总的是什么。在这些示例中，我们使用了 CustomerID 主键，但并不一定总是在主键上进行聚合分组。查看代码清单 5-13 所示的 GROUP BY 子句。

代码清单5-13　一个复杂的GROUP BY子句

```
...
GROUP BY CustCity, CustState, CustZip, YEAR(OrderDate),
  MONTH(OrderDate), EmployeeID
...
```

你能看出这个 GROUP BY 中是否有任何可以被删除的功能依赖列吗？我们是按客户区域进行汇总吗？还是按年 / 月份和接受订单的员工进行汇总的？或者是其他东西？似乎不行，你需要分析整个查询并研究结果以确定分组的基础是什么。最终的结果是查询的意图现在被许多列混淆了，仅列出了细节。这可能很难分析和理解，如果你需要对它进行优化或者需要确定在哪些底层表上使用索引，就需要重写查询。

因此，仅在 GROUP BY 子句包含真正需要的列是编写聚合查询的一种好习惯。如果你需要其他列的详细信息，请将它们放到外部查询，而不是将其添加到 GROUP BY 子句。

总结

- 某些 DBMS 要求将非聚合的列也添加到 GROUP BY，即使当前的 SQL 标准不再需要这么做。
- GROUP BY 中的列过多可能会对查询的性能产生负面影响，也会使阅读、理解和重写变得困难。
- 对于同时需要聚合和详细信息的查询，首先在子查询中执行所有聚合，然后将结果再连接到其他表以查询详细信息。

第 32 条：利用 GROUP BY 或 HAVING 解决复杂的问题

聚合函数提供了一种强大的方法来计算整个数据集或数据集中的组合之间的值。在第 30 条已经学到 GROUP BY 子句如何聚合数据集。在本节中，我们将讨论如何使用 HAVING 进一步过滤分组后的数据。

WHERE 子句是在聚合之前对数据进行过滤，HAVING 则可以过滤聚合后的结果。你可能只想要大于或小于某些字面值的聚合结果。但是，HAVING 还能够将一个组的总体结果与另一个聚合结果进行比较。你可以用它来解决以下问题：

❑ 找到平均交货时间超过所有供应商的平均交货时间的供应商（挑选低效率的供应商）。

❑ 列出在一定时间内的总销售额大于某个类别下的所有产品的平均销售额的产品（按类别查找畅销产品）。

❑ 显示在任何一天订单总额超过 1000 美元的客户（列出每天的大额消费客户）。

❑ 计算最后一个季度单个订单的销售百分比。

我们来解决前两个问题，了解如何使用 HAVING 子句。图 5-3 展示了我们需要使用的表。

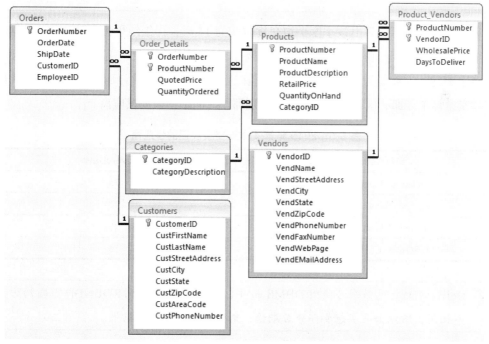

图 5-3　典型销售订单数据库中的表

首先，让我们找到低效率的供应商。我们假设有一个包含 Vendor 和 PurchaseOrders 表的数据库。在 PurchaseOrders 表中，有一个外键（VendorID）关联 Vendors 表，OrderDate 和 DeliveryDate 列用于计算供应商提供特定订单所花费的时间。代码清单 5-14 展示了解决 2015 年最后一个季度问题的 SQL 答案。

> 注意 我们使用 Microsoft SQL Server 函数执行日期和时间的计算。请阅读附录或数据库文档中有类似功能的部分。

代码清单5-14　查找交货时间大于2015年第4季度平均水平的供应商

```sql
SELECT v.VendName, AVG(DATEDIFF(DAY, p.OrderDate,
    p.DeliveryDate)) AS DeliveryDays
FROM Vendors AS v
  INNER JOIN PurchaseOrders AS p
    ON v.VendorID = p.VendorID
WHERE p.DeliveryDate IS NOT NULL
  AND p.OrderDate BETWEEN '2015-10-01' AND '2015-12-31'
GROUP BY v.VendName
HAVING AVG(DATEDIFF(DAY, p.OrderDate, p.DeliveryDate)) > (
  SELECT AVG(DATEDIFF(DAY, p2.OrderDate, p2.DeliveryDate))
  FROM PurchaseOrders AS p2
  WHERE p2.DeliveryDate IS NOT NULL
    AND p2.OrderDate BETWEEN '2015-10-01' AND '2015-12-31'
);
```

运行查询之后可以看出该季度平均交货时间为 14 天，详细结果见表 5-5 中的数据。得出这个结果并不奇怪，由于感恩节和圣诞假期，在最后一个季度，美国的交货时间会变慢是意料之中的。这就是为什么大多数零售商在这些假期之前提前订购。但是，如果我们需要应付紧急订单，那么这样的报告有助于识别那段时间最低效的供应商。

表 5-5　2015 年第 4 季度交货较慢的供应商

VendName	DeliveryDays
Armadillo Brand	15
Big Sky Mountain Bikes	17
Nikoma of America	22
ProFormance	15

> 注意 DeliveryDays 的结果可能因 DBMS 而异。不同 DBMS 实现 ROUND() 函数的方式也不相同，所以如果不想要部分日期值，则需要格式化平均结果。

请注意，在大多数实现 SQL（或 ISO SQL 标准）的数据库系统中，引用 DeliveryDays

列，并在 HAVING 子句内的 SELECT 子句中使用计算是非法的，即使表达式完全相同。你必须重写该表达式。

接下来，我们列出在给定时间段内总销售额大于同一类别中其他产品平均销售额的产品。下面的代码清单 5-15 展示了如何做。

代码清单5-15　在2015年第4季度按类别查找最畅销的产品

```
SELECT c.CategoryDescription, p.ProductName,
  SUM(od.QuotedPrice * od.QuantityOrdered) AS TotalSales
FROM Products AS p
  INNER JOIN Order_Details AS od
    ON p.ProductNumber = od.ProductNumber
  INNER JOIN Categories AS c
    ON c.CategoryID = p.CategoryID
  INNER JOIN Orders AS o
    ON o.OrderNumber = od.OrderNumber
WHERE o.OrderDate BETWEEN '2015-10-01' AND '2015-12-31'
GROUP BY p.CategoryID, c.CategoryDescription, p.ProductName
HAVING SUM(od.QuotedPrice * od.QuantityOrdered) > (
  SELECT AVG(SumCategory)
  FROM (
    SELECT p2.CategoryID,
      SUM(od2.QuotedPrice * od2.QuantityOrdered)
        AS SumCategory
    FROM Products AS p2
      INNER JOIN Order_Details AS od2
        ON p2.ProductNumber = od2.ProductNumber
      INNER JOIN Orders AS o2
        ON o2.OrderNumber = od2.OrderNumber
    WHERE p2.CategoryID = p.CategoryID
      AND o2.OrderDate BETWEEN '2015-10-01' AND '2015-12-31'
    GROUP BY p2.CategoryID, p2.ProductNumber
  ) AS s
  GROUP BY CategoryID
  )
ORDER BY c.CategoryDescription, p.ProductName;
```

这个问题比较复杂，因为在 HAVING 子句中，必须首先根据当前组类别中的产品计算销售总额，然后计算这些总和的平均值，同时在外部查询中从当前组的类别中过滤此类别。它还会变得更复杂，因为我们也希望将数据限制在某个特定的日期范围内，我们必须连接 Orders 表来获取日期。最终结果可能如表 5-6 所示。

代码表 5-6　2015 年第 4 季度销售量超过同类别平均水平的产品

CategoryDescription	ProductName	TotalSales
Accessories	Cycle-Doc Pro Repair Stand	32595.76
Accessories	Dog Ear Aero-Flow Floor Pump	15539.15
Accessories	Glide-O-Matic Cycling Helmet	23640.00

（续）

CategoryDescription	ProductName	TotalSales
Accessories	King Cobra Helmet	27847.26
Accessories	Viscount CardioSport Sport Watch	16469.79
Bikes	GT RTS-2 Mountain Bike	527703.00
Bikes	Trek 9000 Mountain Bike	954516.00
Clothing	StaDry Cycling Pants	8641.56
Components	AeroFlo ATB Wheels	37709.28
Components	Cosmic Elite Road Warrior Wheels	32064.45
Components	Eagle SA-120 Clipless Pedals	17003.85
Car racks	Ultimate Export 2G Car Rack	31014.00
Tires	Ultra-2K Competition Tire	5216.28
Skateboards	Viscount Skateboard	196964.30

如果直接阅读第 42 条，还可以使用公用表表达式（CTE）来进一步简化此查询。如代码清单 5-16 所示。

代码清单5-16　使用CTE简化了代码清单5-15

```
WITH CatProdData AS (
  SELECT c.CategoryID, c.CategoryDescription,
    p.ProductName, od.QuotedPrice, od.QuantityOrdered
  FROM Products AS p
    INNER JOIN Order_Details AS od
      ON p.ProductNumber = od.ProductNumber
    INNER JOIN Categories AS c
      ON c.CategoryID = p.CategoryID
    INNER JOIN Orders AS o
      ON o.OrderNumber = od.OrderNumber
  WHERE o.OrderDate BETWEEN '2015-10-01' AND '2015-12-31'
  )
SELECT d.CategoryDescription, d.ProductName,
  SUM(d.QuotedPrice * d.QuantityOrdered) AS TotalSales
FROM CatProdData AS d
GROUP BY d.CategoryID, d.CategoryDescription, d.ProductName
HAVING SUM(d.QuotedPrice * d.QuantityOrdered) > (
  SELECT AVG(SumCategory)
  FROM (
    SELECT d2.CategoryID,
      SUM(d2.QuotedPrice * d2.QuantityOrdered)
        AS SumCategory
    FROM CatProdData AS d2
    WHERE d2.CategoryID = d.CategoryID
    GROUP BY d2.CategoryID, d2.ProductName
    ) AS s
  GROUP BY CategoryID
  )
ORDER BY d.CategoryDescription, d.ProductName;
```

CTE 允许你只定义一次复杂的连接和日期过滤，然后在外部和子查询中重用。

总结

- ❑ 在分组之前使用 WHERE 子句过滤记录，分组后使用 HAVING 过滤记录。
- ❑ HAVING 子句可以过滤聚合表达式。
- ❑ 即使你在 SELECT 子句中已给聚合表达式命名，如果要在 HAVING 子句中使用表达式，必须重写该表达式。不能重用 SELECT 中的名称。
- ❑ 可以将简单文字的聚合值与复杂子查询聚合返回的值进行比较。

第 33 条：避免使用 GROUP BY 来查找最大值或最小值

你可以使用 GROUP BY 解决许多问题，但有时会收集太多的数据，无法获取所需的详细信息。如果你正在使用的 DBMS 不支持窗口函数（阅读第 37 条），要是有其他替代方案在不聚合这些列的情况下就可以获得所需的列，也是很有用的。本节的内容扩展了第 23 条的想法，使得在不适用 GROUP BY 的情况下查找最大值或最小值成为可能。

考虑表 5-7 中提供的数据。

表 5-7　BeerStyles 表

Category	Country	Style	MaxABV
American Beers	United States	American Barley Wine	12
American Beers	United States	American Lager	4.2
American Beers	United States	American Malt Liquor	9
American Beers	United States	American Stout	11.5
American Beers	United States	American Style Wheat	5.5
American Beers	United States	American Wild Ale	10
American Beers	United States	Double/Imperial IPA	10
American Beers	United States	Pale Lager	5
British or Irish Ales	England	English Barley Wine	12
British or Irish Ales	England	India Pale Ale	7.5
British or Irish Ales	England	Ordinary Bitter	3.9
British or Irish Ales	Ireland	Irish Red Ale	6
British or Irish	Ales Scotland	Strong Scotch Ale	10
European Ales	Belgium	Belgian Black Ale	6.2

(续)

Category	Country	Style	MaxABV
European Ales	Belgium	Belgian Pale Ale	5.6
European Ales	Belgium	Flanders Red	6.5
European Ales	France	Bière de Garde	8.5
European Ales	Germany	Berliner Weisse	3.5
European Ales	Germany	Dunkelweizen	6
European Ales	Germany	Roggenbier	6
European Lagers	Austria	Vienna Lager	5.9
European Lagers	Germany	Maibock	7.5
European Lagers	Germany	Rauchbier	6
European Lagers	Germany	Schwarzbier	3.9
European Lagers	Germany	Traditional Bock	7.2

如果你想知道每个类别的最高酒精度，可以使用代码清单 5-17 所示的 SQL 语句。

代码清单5-17　查找每个类别最高酒精度的SQL语句

```
SELECT Category, MAX(MaxABV) AS MaxAlcohol
FROM BeerStyles
GROUP BY Category;
```

你将得到如表 5-8 所示的结果。

表 5-8　每类最高酒精含量

Category	MaxAlcohol
American Beers	12
British or Irish Ales	12
European Ales	8.5
European Lagers	7.5

注意　正如第 30 条提到的那样，这取决于你的 DBMS，因为不包括 ORDER BY 子句，所以结果可能会略有不同。

　　但是，如果你不仅要知道最高的酒精度，还要知道它们来自哪些国家，那么你不能仅仅通过在查询中添加 Country 字段来扩展该查询，如代码清单 5-18 所示。

代码清单5-18　使用不正确的SQL语句查询酒精度最高的啤酒的原产地

```
SELECT Category, Country, MAX(MaxABV) AS MaxAlcohol
FROM BeerStyles
GROUP BY Category, Country;
```

代码清单 5-18 中的查询将返回表 5-9 中所示的数据，但这不是你想要的。

表 5-9　使用不正确的 SQL 语句查询酒精度最高的啤酒的原产地的结果

Category	Country	MaxAlcohol
American Beers	United States	12
British or Irish	Ales England	12
British or Irish	Ales Ireland	6
British or Irish	Ales Scotland	10
European Ales	Belgium	6.5
European Ales	France	8.5
European Ales	Germany	6
European Lagers	Austria	5.9
European Lagers	Germany	7.5

显然需要另外一种解决方法。

问题的关键是为每个类别找到 MaxABV 值最大的记录。如果你将表连接自身，就可以查看每一条记录，并将该记录的 MaxABV 值与该类别的所有其他记录的 MaxABV 值进行比较，最终找到想要的数据，如代码清单 5-19 中的查询。

代码清单5-19　连接BeerStyles表自身以比较每条记录中的MaxABV值

```
SELECT l.Category, l.MaxABV AS LeftMaxABV,
  r.MaxABV AS RightMaxABV
FROM BeerStyles AS l
  LEFT JOIN BeerStyles AS r
    ON l.Category = r.Category
      AND l.MaxABV < r.MaxABV;
```

该查询将表中的每一条记录与表中的其他记录进行比较，并仅返回具有较大 MaxABV 值的记录。因为它是一个左连接，所以即使右侧表中没有 MaxABV 值较大的记录，至少也会返回左侧表中的一条记录。表 5-10 显示了代码清单 5-19 中查询结果的一部分。

注意表 5-10 中的列 RightMaxABV 包含空值的两条记录。LeftMaxABV 列中的值是该类别的最大酒精含量。表 5-8 中英国或爱尔兰啤酒的最高酒精度为 12%，欧洲啤酒为 7.5%。

表 5-10　将每条记录中的 MaxABV 与其他记录进行比较后的部分结果

Category	LeftMaxABV	RightMaxABV
…	…	…
European Lagers	3.9	7.2
European Lagers	3.9	7.5
British or Irish Ales	12	NULL
British or Irish Ales	7.5	10
British or Irish Ales	7.5	12
European Ales	6.5	8.5
European Lagers	7.5	NULL
American Beers	5	11.5
American Beers	5	12
American Beers	5	9
…	…	…

现在我们有一种方法来查找想要的每一条记录，代码清单 5-20 中的查询可以查询其他想要的列。

代码清单5-20　返回每个类别中MaxABV最大值的详细信息

```
SELECT l.Category, l.Country, l.Style, l.MaxABV AS MaxAlcohol
FROM BeerStyles AS l
  LEFT JOIN BeerStyles AS r
    ON l.Category = r.Category
      AND l.MaxABV < r.MaxABV
WHERE r.MaxABV IS NULL
ORDER BY l.Category;
```

表 5-11 显示了代码清单 5-20 中查询的运行结果。

表 5-11　每种酒精含量最高的详细信息

Category	Country	Style	MaxAlcohol
American Beers	United States	American Barley Wine	12
British or Irish Ales	England	English Barley Wine	12
European Ales	France	Bière de Garde	8.5
European Lagers	Germany	Maibock	7.5

请注意，代码清单 5-20 中的查询没有聚合函数，因此不需要 GROUP BY 子句。因为没有 GROUP BY 子句，所以查询可以很容易地连接其他表。

观察 ON 子句中的第一个表达式 l.Category = r.Category，如代码清单 5-20 所示，在功能上等同于代码清单 5-18 中的 GROUP BY Category，也是我们在新查询中定义分组的方式。观察第二个表达式 l.MaxABV < r.MaxABV，在功能上等同于 MAX(MaxABV)，因为 WHERE r.MaxABV IS NULL 子句允许我们仅选择最大值（或最小值，如果使用大于号）。

总之，对于数据量大的情况要避免使用聚合和 GROUP BY。你也可以使用 MaxAlcohol= (SELECT MAX(MaxAlcohol) FROM BeerStyles AS b2 WHERE b2.Category=BeerStyles. Category) 来解决此问题，但这不仅涉及聚合函数，还涉及关联子查询。使用关联子查询可能消耗资源很多，因为数据库引擎必须为每一条记录执行子查询。

> 注意　如果表的数据量很大，查询结果可能不会保留，因为会做两次表扫描。请阅读第 44 条，学习如何分析当前面临的问题，以决定这一节的内容是否能够解决你的问题。

总结

- ❑ 主表连接到自身需要使用 LEFT JOIN。
- ❑ 将 GROUP BY 子句中的每一列都变成 ON 子句的一部分，并使用相等 (=) 进行比较。
- ❑ MAX()（或 MIN()）子句中的列将成为 ON 子句的一部分，并且使用小于（<）或大于（>）。
- ❑ 应该为 ON 子句中的列添加索引，以获得更好的性能，特别是针对较大的数据集时。

第 34 条：使用 OUTER JOIN 时避免获取错误的 COUNT()

有时，即使 SQL 代码中最简单的失误也可能导致整个查询出错。由于统计一个集合中的总行数很简单，我们使用一个比较简单的数据库。图 5-4 展示了这个数据库的设计，用于记录你在家或厨师在餐厅使用的菜谱。

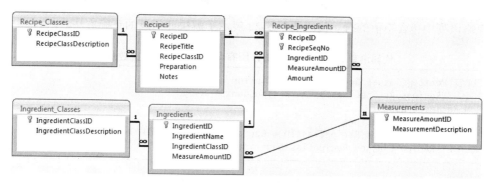

图 5-4　简单菜谱数据库的设计

一个简单的问题是列出所有菜谱的类别，并统计每个类别中菜谱的总数量。如果需要所有类别的菜谱，为了确保能够获取这些数据，使用外连接是比较合适的。代码清单 5-21 展示了解决此问题的第一种方式。

代码清单5-21　统计所有菜谱类别中的菜谱总数

```
SELECT Recipe_Classes.RecipeClassDescription,
  COUNT(*) AS RecipeCount
FROM Recipe_Classes
  LEFT OUTER JOIN Recipes
    ON Recipe_Classes.RecipeClassID = Recipes.RecipeClassID
GROUP BY Recipe_Classes.RecipeClassDescription;
```

结果看起来类似于表 5-12。

表 5-12　统计每个菜谱类别中的菜谱总数

RecipeClassDescription	RecipeCount
Dessert	2
Hors d'oeuvres	2
Main course	7
Salad	1
Soup	1
Starch	1
Vegetable	2

乍一看每个菜谱类别至少有一个菜谱。但看见的可能误导你，因为实际上答案是错误的。使用 COUNT(*) 时，你会统计每个组中返回的记录。由于我们做了一个左外连接，所以每个菜谱类别至少有一条记录，即使菜谱类别中没有任何菜谱时，也会从 Recipes 表中返回所有列为空值的记录。

有一个解决方案是统计 Recipes 表中返回的某一列。当使用列名而不是 * 时，数据库引擎会忽略该列中包含空值的行。代码清单 5-22 展示了解决此问题的正确方法。

代码清单5-22　正确地统计所有菜谱类别中的菜谱数量

```
SELECT Recipe_Classes.RecipeClassDescription,
  COUNT(Recipes.RecipeClassID) AS RecipeCount
FROM Recipe_Classes
  LEFT OUTER JOIN Recipes
    ON Recipe_Classes.RecipeClassID = Recipes.RecipeClassID
GROUP BY Recipe_Classes.RecipeClassDescription;
```

现在我们得到了正确的答案——没有汤的菜谱——如表 5-13 所示。

表 5-13　统计每个菜谱类别中菜谱总数的正确结果

RecipeClassDescription	RecipeCount
Dessert	2
Hors d'oeuvres	2
Main course	7
Salad	1
Soup	0
Starch	1
Vegetable	2

使用 LEFT OUTER JOIN 和 GROUP BY 是解决这个问题最高效的方式？也许不是！由于每个菜谱类别可能只有几百条（如果不是数千条记录），但菜谱的类别只有几个，使用子查询来获取菜谱总数可能会更高效。

与其获取菜谱表中的所有记录，并对它们进行分组，然后再对它们进行统计，还不如使用子查询的简单探针的方式更有效率。特别是针对索引的字段进行统计总数时，数据库引擎可能会统计索引的列，而不是整条记录数据。代码清单 5-23 展示了此替代方案。结果与表 5-13 中所示的结果完全相同。

代码清单5-23　使用子查询来统计每个菜谱类别中的菜谱数量

```sql
SELECT Recipe_Classes.RecipeClassDescription, (
    SELECT COUNT(Recipes.RecipeClassID)
    FROM Recipes
    WHERE Recipes.RecipeClassID = Recipe_Classes.RecipeClassID
    ) AS RecipeCount
FROM Recipe_Classes;
```

为了验证子查询可能更快（即使它是一个关联子查询）的假设，我们也可以将这两个查询都放在 SQL Server 的查询窗口中，并显示预计的执行计划。（关于查询分析器更多的信息请阅读第 44 条。关于关联与非相关联查询的区别请阅读第 41 条。）结果如图 5-5 所示。

即使使用相对较少的数据，我们也可以看到使用 GROUP BY 比使用子查询成本多两倍以上（GROUP BY 为 71%，子查询为 29%）。但是，我们只是在 SQL Server 上证明了这点，其他数据库引擎也许会得到相反的结果。如果你想要在 SQL 中找到一种更有效的方式来解决问题，就不要害怕探索其他方法。关于如何测试 SQL 的性能，请阅读第 7 章。

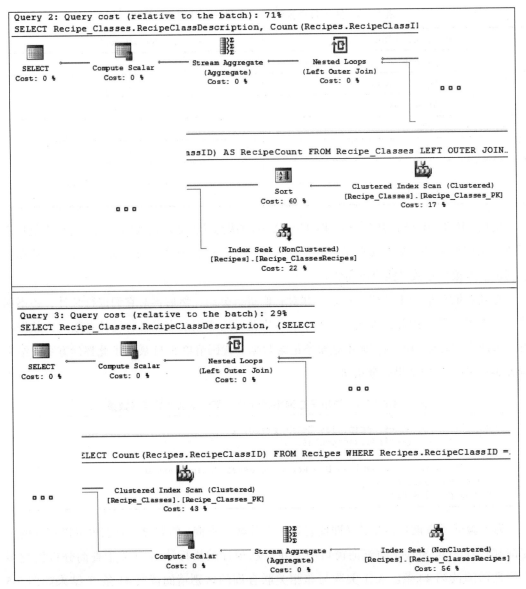

图 5-5 在 SQL Server 中分析这两个查询

总结

- ❏ 使用 COUNT(*) 来统计所有记录的总数，也包括空值的记录。
- ❏ 使用 COUNT() 仅统计列值不为 NULL 的记录的总数。
- ❏ 有时一个子查询甚至一个相关的子查询，也会比使用 GROUP BY 更有效率。

第 35 条：测试 HAVING COUNT(x) < 某数时包含零值记录

在本节中，我们将讨论使用 HAVING 条件指定总计小于某数时如何包含零值的记录。以第 34 条提到的简易菜谱数据库为例，数据库设计如图 5-6 所示。

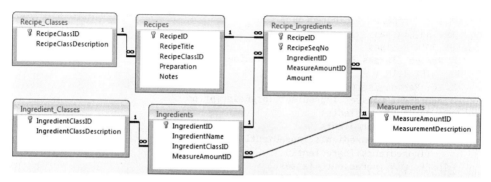

图 5-6　简易菜谱数据库的设计

假设你想找出香料少于三种的主菜。就需要过滤主菜上的菜谱类别描述和香料的成分说明。代码清单 5-24 展示了第一次尝试。

代码清单5-24　试图找出香料少于三种的主菜

```
SELECT Recipes.RecipeTitle,
  COUNT(Recipe_Ingredients.RecipeID) AS IngredCount
FROM Recipe_Classes
  INNER JOIN Recipes
    ON Recipe_Classes.RecipeClassID = Recipes.RecipeClassID
  INNER JOIN Recipe_Ingredients
    ON Recipes.RecipeID = Recipe_Ingredients.RecipeID
  INNER JOIN Ingredients
    ON Recipe_Ingredients.IngredientID =
      Ingredients.IngredientID
  INNER JOIN Ingredient_Classes
    ON Ingredients.IngredientClassID =
      Ingredient_Classes.IngredientClassID
WHERE Recipe_Classes.RecipeClassDescription = 'Main course'
  AND Ingredient_Classes.IngredientClassDescription = 'Spice'
GROUP BY Recipes.RecipeTitle
HAVING COUNT(Recipe_Ingredients.RecipeID) < 3;
```

结果如表 5-14 所示。

表 5-14　香料少于三种的主菜

RecipeTitle	IngredCount
Fettuccine Alfredo	2
Salmon Filets in Parchment Paper	2

然而这个结果是不正确的，因为我们没有使用左连接 Recipe_Ingredients 表，所以不会得到任何零计数。代码清单 5-25 展示了相同的查询，但这次使用的是 LEFT JOIN。

代码清单5-25　第二次尝试找出少于三种香料的主菜

```sql
SELECT Recipes.RecipeTitle,
  COUNT(ri.RecipeID) AS IngredCount
FROM Recipe_Classes
  INNER JOIN Recipes
    ON Recipe_Classes.RecipeClassID = Recipes.RecipeClassID
  LEFT OUTER JOIN (
    SELECT Recipe_Ingredients.RecipeID,
      Ingredient_Classes.IngredientClassDescription
    FROM Recipe_Ingredients
      INNER JOIN Ingredients
        ON Recipe_Ingredients.IngredientID =
          Ingredients.IngredientID
      INNER JOIN Ingredient_Classes
        ON Ingredients.IngredientClassID =
          Ingredient_Classes.IngredientClassID
  ) AS ri
    ON Recipes.RecipeID = ri.RecipeID
WHERE Recipe_Classes.RecipeClassDescription = 'Main course'
  AND ri.IngredientClassDescription = 'Spice'
GROUP BY Recipes.RecipeTitle
HAVING COUNT(ri.RecipeID) < 3;
```

> 注意　我们在外链接右侧使用子查询的语法以兼容大多数数据库。例如，如果在 Microsoft Access 中简单地将 INNER 替换为 LEFT OUTER，则查询将产生不明确的外连接错误。

但这也不行，因为在左连接的右侧上对表进行过滤会消除外链接的作用。第二个查询返回与第一个查询完全相同的结果（更多信息请阅读第 29 条）。代码清单 5-26 通过在连接之前将过滤器移到子查询中来获得正确的结果。

代码清单5-26　找出香料少于三种主菜的正确方式

```sql
SELECT Recipes.RecipeTitle,
  COUNT(ri.RecipeID) AS IngredCount
FROM Recipe_Classes
  INNER JOIN Recipes
    ON Recipe_Classes.RecipeClassID = Recipes.RecipeClassID
  LEFT OUTER JOIN (
    SELECT Recipe_Ingredients.RecipeID,
      Ingredient_Classes.IngredientClassDescription
    FROM Recipe_Ingredients
      INNER JOIN Ingredients
        ON Recipe_Ingredients.IngredientID =
          Ingredients.IngredientID
      INNER JOIN Ingredient_Classes
```

```
      ON Ingredients.IngredientClassID =
          Ingredient_Classes.IngredientClassID
    WHERE
      Ingredient_Classes.IngredientClassDescription = 'Spice'
    ) AS ri
    ON Recipes.RecipeID = ri.RecipeID
WHERE Recipe_Classes.RecipeClassDescription = 'Main course'
GROUP BY Recipes.RecipeTitle
HAVING COUNT(ri.RecipeID) < 3;
```

最终得到了我们想要的正确结果，如表 5-15 所示。

表 5-15　香料少于三种的主菜

RecipeTitle	IngredCount
Fettuccine Alfredo	2
Irish Stew	0
Salmon Filets in Parchment Paper	2

坦白说，很难想象一个没有盐和胡椒制成的爱尔兰炖肉，但如果不这么设置，就不会有这么有趣的例子。在这种情况下，发现我们遗漏了这些关键成分，所以可以修改配方清单。

请注意，如果使用第 34 条提到的 COUNT(*) 替代 COUNT(RI.RecipeID)，就可以看到爱尔兰炖肉，但是总数是 1。如第 34 条和本节所述，在使用 COUNT() 或 HAVING 小于某数遇到需要处理空值时要特别小心。

最后，还有一个替代方法，将代码清单 5-25 的 WHERE 子句中的条件 AND ri.Ingredient-ClassDescription = 'Spice' 移到 JOIN 子句的 ON 条件中。这也会产生与代码清单 5-26 相同的结果，因为在加入外部表引用之前，过滤了在 ON 谓词中定义的条件。WHERE 子句在连接之后使用其谓词条件，所以才会"来不及"而得到不正确的结果。

总结

❑ 使用 INNER JOIN 不能找出零计数。

❑ 过滤左连接的右侧，将获得相当于内连接的结果。将过滤器移入子查询或在 ON 条件中过滤右侧。

❑ 当想找出大于 1 的总计数时，寻找零计数可以帮助你识别数据中的问题。

第 36 条：使用 DISTINCT 获取不重复的计数

COUNT() 聚合函数的作用应该从名称就能看出来。本节我们将仔细分析此函数提供的功能的一些细微差别。

使用 COUNT() 聚合函数获取一组项目可以使用三种不同的方式：

❑ COUNT(*) 返回一组项目的总数，包括空值和重复的项。

❑ COUNT(ALL < 表达式 >)（可以简写为 COUNT(< 表达式 >)，因为 ALL 是默认值）
对一组数据中的每一条记录求表达式的值，并返回非空值的数量。

❑ COUNT(DISTINCT < 表达式 >) 对一组数据中的每一条记录求表示的值，并返回唯
一的非空值。

通常 < 表达式 > 是一个字段名称，但也可以是单个数据值的符号和运算符的任意组合。

以表 5-16 所示的数据为例。

表 5-16　数据样本

Order Number	OrderDate	ShipDate	Customer ID	Employee ID	Order Total
16	2012-09-02	2012-09-06	1001	707	2007.54
7	2012-09-01	2012-09-04	1001	NULL	467.85
2	2012-09-01	2012-09-03	1001	703	816.00
3	2012-09-01	2012-09-04	1002	707	11912.45
8	2012-09-01	2012-09-01	1003	703	1492.60
15	2012-09-02	2012-09-06	1004	701	2974.25
9	2012-09-01	2012-09-04	1007	NULL	69.00
4	2012-09-01	2012-09-03	1009	703	6601.73
24	2012-09-03	2012-09-05	1010	705	864.85
20	2012-09-02	2012-09-02	1011	706	4699.98
10	2012-09-01	2012-09-04	1012	701	2607.00
14	2012-09-02	2012-09-03	1013	704	6819.90
17	2012-09-02	2012-09-03	1014	702	4834.98
21	2012-09-03	2012-09-03	1014	702	709.97
6	2012-09-01	2012-09-05	1014	702	9820.29
18	2012-09-02	2012-09-03	1016	NULL	807.80
23	2012-09-03	2012-09-04	1017	705	16331.91
25	2012-09-03	2012-09-04	1017	NULL	10142.15
1	2012-09-01	2012-09-04	1018	707	12751.85
11	2012-09-02	2012-09-04	1020	706	11070.65
5	2012-09-01	2012-09-01	1024	NULL	5544.75
13	2012-09-02	2012-09-02	1024	704	7545.00
12	2012-09-02	2012-09-05	1024	706	72.00
22	2012-09-03	2012-09-07	1026	702	6456.16
19	2012-09-02	2012-09-06	1027	707	15278.98

可以使用COUNT(*)得到表5-16中所示的25条数据。

因为该表中所有记录的CustomerID列都有值，因此使用COUNT(CustomerID)将产生25条相同的结果。但是，使用COUNT(EmployeeID)则为20条，因为有5条记录的EmployeeID值为空值。

可以使用COUNT(DISTINCT CustomerID)来查询这25条数据中具有不同CuomsterID值的18条记录。

如前所述，COUNT()函数的参数不仅限于列。假设你想知道有多少订单超过1000美元，可以运行代码清单5-27中的查询获取这18条结果，或者可以使用COUNT(CASE WHEN OrderTotal > 1000 THEN CustomerID END)，因为CASE函数只返回OrderTotal大于1000的记录的CustomerID字段，并且对其他的情况返回空值。

代码清单5-27　查找有多少订单超过1000美元的可能查询

```
SELECT COUNT(*) AS TotalOrders
FROM Orders
WHERE OrderTotal > 1000;
```

甚至可以将DISTINCT与CASE语句结合使用。可以使用COUNT(DISTINCT CASE WHEN OrderTotal > 1000 THEN CustomerID END)在18条数据中找出15条订单总额超过1000美元的不同客户（1001, 1002, 1003, 1004, 1009, 1011, 1012, 1013, 1014, 1017, 1018, 1020, 1024, 1026和1027）。

如果执行包含多个统计计数的单个查询，如代码清单5-28所示，则表中只有一条记录。

代码清单5-28　单个查询中包含多个统计计数

```
SELECT COUNT(*) AS TotalRows,
  COUNT(CustomerID) AS TotalOrdersWithCustomers,
  COUNT(EmployeeID) AS TotalOrdersWithEmployees,
  COUNT(DISTINCT CustomerID) AS TotalUniqueCustomers,
  COUNT(CASE WHEN OrderTotal > 1000
    THEN CustomerID END) AS TotalLargeOrders,
  COUNT(DISTINCT CASE WHEN OrderTotal > 1000
    THEN CustomerID END) AS TotalUniqueCust_LargeOrders
FROM OrdersTable;
```

执行代码清单5-28所示的查询会产生如表5-17所示的结果。

表5-17　运行多个统计计数的结果

Total Rows	TotalOrders WithCustomers	TotalOrders WithEmployees	TotalUnique Customers	TotalLarge Orders	TotalUniqueCust_ LargeOrders
25	25	20	18	18	15

> **注意** COUNT() 函数返回一个 int 值，这意味着它的值最大可以达到 2 147 483 647。DB2 和 SQL Server 都有一个返回 bigint 值的 COUNT_BIG() 函数，它允许的最大值是 9 223 372 036 854 775 807。

Access 不支持把 DISTINCT 与 COUNT() 结合着使用。

总结

- 使用 COUNT() 函数适当的方式来简化计算。
- 可以考虑使用函数作为 COUNT() 函数的参数，以便不需要使用 WHERE 子句就能执行组合计算。

第 37 条：知道如何使用窗口函数

SQL:2003 之前的 SQL 标准有一个主要的弱点，它所能处理的数据取决于相邻的记录。在以前的标准中，SQL 没有相邻记录的概念。从理论上讲，记录的顺序应该与给定的过滤没有什么关系。ORDER BY 子句一直以来被认为更多的是用于作为数据展示，而不是关系操作的一部分。因此，某些类型的操作很难在 SQL 中单独执行．一个典型的例子是计算总和（表中不存在总和的列，但在返回的虚拟表中包含此列），如表 5-18 所示。

表 5-18　计算总和的例子

OrderNumber	CustomerID	OrderTotal	TotalByCustomer	TotalOverall
1	1	213.99	213.99	213.99
2	1	482.95	696.94	696.44
3	1	321.50	1018.44	1018.44
4	2	192.20	192.20	1210.64
5	2	451.00	643.20	1661.64
6	3	893.40	893.40	2555.04
7	3	500.01	1393.41	3055.05
8	4	720.99	720.99	3776.04

在 SQL:2003 标准之前，这样的查询很难写出来，写出来即便可以执行，也会是非常低效和缓慢的。SQL:2003 标准引入了一个窗口函数的概念，其中窗口是围绕某行操作的行的集合，要么处理这一行，要么保留这一行。你应该熟悉许多聚合函数，如 SUM()、COUNT()、AVG() 等，可以用作窗口函数。此外，SQL:2003 标准引入了新函数，如 ROW_

NUMBER() 和 RANK()，它们必须窗口化。某几个 DBMS 目前已经实现了部分这些函数；请阅读相关文档以确定可用的窗口函数。

代码清单 5-29 所示的查询可用于写入如表 5-18 所示的计算总和。

代码清单5-29　计算总和的查询

```
SELECT
  o.OrderNumber, o.CustomerID, o.OrderTotal,
  SUM(o.OrderTotal) OVER (
    PARTITION BY o.CustomerID
    ORDER BY o.OrderNumber, o.CustomerID
  ) AS TotalByCustomer,
  SUM(o.OrderTotal) OVER (
    ORDER BY o.OrderNumber
  ) AS TotalOverall
FROM Orders AS o
ORDER BY o.OrderNumber, o.CustomerID;
```

代码清单 5-29 中有几点需要注意，从 OVER 子句开始。这表示我们想在 SUM() 表达式上使用一个窗口。我们在 OVER 子句中使用了两个谓词：PARTITION BY 和 ORDER BY。PARTITION BY 谓词指定如何划分窗口。如果省略它，你的数据库系统将在整个结果集上应用该函数。对于 TotalByCustomer，我们指定了 o.CustomerID，这意味着应该将 SUM() 应用于与 o.CustomerID 值相同的所有记录。这在概念上类似于 GROUP BY 子句。但是，主要的区别是，PARTITION 谓词仅将分组应用于 SUM() 创建的窗口，并且是独立的，而 GROUP BY 将在整个查询中应用分组，并不允许不分组和聚合的列引用，正如第 30 条提到的一样。

请注意，TotalOverall 没有 PARTITION BY 谓词。这个查询在功能上等同于在整个记录集合上进行分组，就像从语句中省略了 GROUP BY 子句一样。

下一部分是 ORDER BY 谓词。如本节开始的部分所说，结果对返回行的顺序是敏感的。在计算总和的示例中，描述了应该把行顺序读入窗口。

请注意，在所有情况下，为每个 OVER 子句定义的谓词可以是不同的，每个 OVER 子句将仅适用于彼此独立的聚合函数。所以编写一个如代码清单 5-30 所示的语句是可行的。

代码清单5-30　对每个OVER子句使用不同谓词的查询

```
SELECT
  t.AccountID, t.Amount,
  SUM(t.Amount) OVER (
    PARTITION BY t.AccountID
    ORDER BY t.TransactionID DESC
  ) - t.Amount AS TotalUnspent,
  SUM(t.Amount) OVER (
    ORDER BY t.TransactionID
```

```
) AS TotalOverall
FROM Transactions AS t
ORDER BY t.TransactionID;
```

该查询可用于消费支出报告，以报告总体支出，以及在每项支出后实际支出用完了多少。为了表示未支出的费用，我们必须为 TotalUnspent 使用 t.TransactionID 倒序。表 5-19 说明了代码清单 5-30 中的查询如何生成数据。

表 5-19　代码清单 5-30 中查询返回的数据

AccountID	Amount	TotalUnspent	TotalOverall
1	1237.10	606.98	1237.10
1	298.19	308.79	1535.29
1	54.39	254.40	1589.68
1	123.77	130.63	1713.45
1	49.25	81.38	1762.70
1	81.38	0.00	1844.08
2	394.29	1676.49	2238.37
2	683.39	993.10	2921.76
2	993.10	0.00	3914.86

没有窗口函数，产生与表 5-19 相同的结果所需的查询可能需要几个嵌套的 SELECT 语句，以便独立地表示每个窗口。因为窗口函数允许你为每个 OVER 子句指定 PARTITION BY 和 ORDER BY，所以现在可以编写一个单独的语句，它可以在不同数据范围内提供聚合，而不必遵守语句级别的 GROUP BY 子句。

在第 38 条中，你将看到如何处理必须进行窗口化的新聚合函数，在第 39 条中，你将了解描述窗口大小更高级的选项。

总结

❑ 窗口函数"感知"周围的行，这使得创建运行或移动聚合比传统的聚合函数和语句级分组更容易。

❑ 窗口函数是需要对不同的或独立的数据应用聚合的理想选择。

❑ 窗口函数可以与现有的聚合函数（如 SUM()、COUNT() 和 AVG()）一起使用，并通过包含 OVER 子句来启用。

❑ PARTITION BY 谓词可用于指定必须将该分组应用于聚合表达式。

❑ ORDER BY 谓词通常很重要，因为它影响后续行将如何计算其聚合表达式。

第 38 条：创建行号与排名

在第 37 条中，我们了解到如何使用窗口函数帮助我们熟悉聚合函数，例如 SUM()。但是，也有新的聚合函数，如 ROW_NUMBER() 和 RANK() 这样的函数，这些函数必须使用 OVER 子句。这是合乎逻辑的，因为没有定义什么应该排名高于什么，你不可能排名。让我们来看看代码清单 5-31 中这两个函数的使用方法。

代码清单5-31　使用ROW_NUMBER()和RANK()函数进行查询

```
SELECT
  ROW_NUMBER() OVER (
    ORDER BY o.OrderDate, o.OrderNumber
    ) AS OrderSequence,
  ROW_NUMBER() OVER (
    PARTITION BY o.CustomerID
    ORDER BY o.OrderDate, o.OrderNumber
    ) AS CustomerOrderSequence,
  o.OrderNumber, o.CustomerID, o.OrderDate, o.OrderAmount,
  RANK() OVER (
    ORDER BY o.OrderTotal DESC
    ) AS OrderRanking,
  RANK() OVER (
    PARTITION BY o.CustomerID
    ORDER BY o.OrderTotal DESC
    ) AS CustomerOrderRanking
FROM Orders AS o
ORDER BY o.OrderDate;
```

表 5-20 说明了代码清单 5-31 中的查询返回的结果。

注意　Microsoft SQL Server 可能会返回与 IBM DB2、Oracle 和 PostgreSQL 不同的排名。GitHub 中各 DBMS 脚本返回的数据将与表 5-20 所示的不同。

如第 37 条所述，PARTITION BY 谓词影响排序函数的有效分组。使用 OrderSequence，该窗口被应用于整个集合，而 CustomerSequence 被 CustomerID 分组，这允许我们重设 ROW_NUMBER() 的顺序，从而在这个客户排名里确定哪个订单是客户的第一个订单、第二个等。

使用 RANK() 函数，我们没有使用相同的 ORDER BY 谓词；我们希望根据金额对订单进行排名（例如，以支付金额计算的最大订单量），这就是我们如何影响哪一行排名第一、第二等。与 ROW_NUMBER() 一样，我们可以按组分配排名，看到特定用户的最大订单是哪个。使用 CustomerOrderRanking，我们进行了分区，所以可以看到客户最大订单的顺序等。

请注意，当有关联时，RANK() 函数的行为也很重要。对于 OrderRanking，Order-Number 2 和 10 与 9 和 3 相关联。因此，在 RANK() 的编号中存在差距。我们缺少排名 7 和 9，因为每对订单分别共享排名 6 和 8。如果你不想在排名上有差距，则可以使用 DENSE_RANK()。或者，你可以编写查询的 OVER 子句，使得关联不可能。

表 5-20 代码清单 5-31 中查询返回的假数据

Order Sequence	Customer OrderSequence	Order Number	CustomerID	…
1	1	2	4	…
2	1	9	3	…
3	2	4	3	…
4	1	3	1	…
5	1	1	2	…
6	2	5	2	…
7	3	6	3	…
8	2	7	4	…
9	3	8	4	…
10	4	10	4	…

…	Order Date	Amount	Order Ranking	Customer OrderRanking
…	2/15	291.01	6	3
…	2/16	102.23	8	3
…	2/16	431.62	3	2
…	2/16	512.76	2	1
…	2/17	102.23	8	1
…	2/18	49.12	10	2
…	2/18	921.87	1	1
…	2/19	391.39	5	2
…	2/20	428.48	4	1
…	2/20	291.01	6	3

此外，ORDER BY 谓词是必需的，这是合乎逻辑的，因为如果给予不同的列进行排序，这些函数会给出不同的结果。

总结

❑ 必须始终对 ROW_NUMBER()、RANK() 和其他排序函数进行窗口化，因此必须与相应的 OVER 子句一起出现。

❑ 考虑如何使用排序函数处理关联。如果你需要连续排名，应该使用 DENSE_RANK()。

❑ ORDER BY 谓词对于这类函数是强制性的，因为它会影响结果如何排序。

第 39 条：创建可移动聚合函数

第 37 条和第 38 条中的示例使用窗口函数的默认边界行为。然而，要创建可移动的聚合表达式，窗口的默认边界行为将不起作用。通常情况下，企业需要在比整个数据集更小的范围内查看业绩。例如，当报告只包括 3 个月的平均销售额，而不是整个公司的历史销售数据时，销售报告通常更有用。或者有季节性周期的公司可能希望将销售额与上一年的同月进行比较，而不是上一个月。在这两种情况下，我们必须指定如何设置要应用函数的窗口框架的边界。在第 37 和 38 条中，因为我们没有指定任何边界，所以默认值取决于是否指定了 ORDER BY 谓词。代码清单 5-32 显示了以默认拼写出来的与代码清单 5-29 等效的代码。

代码清单5-32　窗口函数执行计算总和，显示默认值

```
SELECT o.OrderNumber, o.CustomerID, o.OrderTotal
  SUM(o.OrderTotal) OVER (
    PARTITION BY o.CustomerID
    ORDER BY o.OrderNumber, o.CustomerID
    RANGE BETWEEN UNBOUNDED PRECEDING AND CURRENT ROW
  ) AS TotalByCustomer,
  SUM(o.OrderTotal) OVER (
    PARTITION BY o.CustomerID
    --RANGE BETWEEN UNBOUNDED PRECEDING AND UNBOUNDED FOLLOWING
  ) AS TotalOverall
FROM Orders AS o
ORDER BY o.OrderID, o.CustomerID;
```

请注意，对于 TotalOverall，窗口框架定义被注释了。这是因为在没有 ORDER BY 谓词的情况下定义窗口框架是无效的。尽管如此，这说明了当你创建窗口函数表达式时假定了默认值。使用 RANGE，你有三个有效的边界选项：

❑ BETWEEN UNBOUNDED PRECEDING AND CURRENT ROW

❑ BETWEEN CURRENT ROW AND UNBOUNDED FOLLOWING

❑ BETWEEN UNBOUNDED PRECEDING AND UNBOUNDED FOLLOWING

你可以选择使用简写方法替代 BETWEEN ... AND ... 的语法，分别等同于第一和第二选项：

❑ UNBOUNDED PRECEDING

❑ UNBOUNDED FOLLOWING

当你使用 RANGE 时，将当前行与其他行进行比较，并根据 ORDER BY 谓词分组。这并不总是可取的；你可能实际上想要一个物理偏移量，而不管两行是否具有与 ORDER BY 谓词相同的结果。在这种情况下，你可以用 ROWS 替代 RANGE。除了以前列举的三个选项之外，它还提供了另外三个选项：

❑ BETWEEN *N* PRECEDING AND CURRENT ROW

❑ BETWEEN CURRENT ROW AND *N* FOLLOWING

❑ BETWEEN *N* PRECEDING AND *N* FOLLOWING

其中 *N* 是正整数。你也可以适当地使用 UNBOUNDED PRECEDING 或 UNBOUNDED FOLLOWING 替换 CURRENT ROW。如你所见，如果你想要任意调整窗口框架大小，必须使用 ROWS，并且只能通过当前行的物理偏移来调整大小。你不能使用表达式来缩放窗口框架，但你可以通过在使用窗口框架之前预处理数据来解决此限制。例如，你可以创建一个公共表表达式，执行一些分组，然后在该 CTE 上使用一个窗口函数。

了解了这些语法，让我们看看如何创建三个月的移动平均线。为了帮助说明平均值是正确的，我们在代码清单 5-33 中包括了 LAG 和 LEAD 窗口函数。请注意，GitHub 中的 CTE PurchaseStatistics 示例不包含此代码。

代码清单5-33　移动平均窗口函数的例子

```
SELECT
  s.CustomerID, s.PurchaseYear, s.PurchaseMonth,
  LAG(s.PurchaseTotal, 1) OVER (
    PARTITION BY s.CustomerID, s.PurchaseMonth
    ORDER BY s.PurchaseYear
  ) AS PreviousMonthTotal,
  s.PurchaseTotal AS CurrentMonthTotal,
  LEAD(s.PurchaseTotal, 1) OVER (
    PARTITION BY s.CustomerID, s.PurchaseMonth
    ORDER BY s.PurchaseYear
  ) AS NextMonthTotal,
  AVG(s.PurchaseTotal) OVER (
    PARTITION BY s.CustomerID, s.PurchaseMonth
    ORDER BY s.PurchaseYear
    ROWS BETWEEN 1 PRECEDING AND 1 FOLLOWING
  ) AS MonthOfYearAverage
FROM PurchaseStatistics AS s
ORDER BY s.CustomerID, s.PurchaseYear, s.PurchaseMonth;
```

请注意，我们通过 CustomerID 和 PurchaseMonth 定义分区（或分组）。这样我们可以将一年中的所有月份按照相同的方式分组，就方便将一年中的某个月与另外一年的相应月份进行比较，而不是当月的上一个月或下一个月。因此，我们指定前后物理偏移量 1 作为窗口框架的边界。查询返回的数据输出如表 5-21 所示。

表 5-21　代码清单 5-33 中的查询选定的记录

Customer ID	Purchase Year	Purchase Month	Previous MonthTotal	Current MonthTotal	Next MonthTotal	MonthOf YearAverage
1	2011	5	NULL	1641.16	9631.94	5636.55
1	2011	6	NULL	1402.53	6254.64	3828.59
1	2011	7	NULL	2517.81	10202.26	6360.04
…	…	…	…	…	…	…
1	2012	5	1641.16	9631.94	10744.23	7339.11
1	2012	6	1402.53	6254.64	8400.52	5352.56
1	2012	7	2517.81	10202.26	12517.99	8412.69
…	…	…	…	…	…	…
1	2013	5	9631.94	10744.23	4156.48	8177.55
1	2013	6	6254.64	8400.52	6384.93	7013.36
1	2013	7	10202.26	12517.99	10871.25	11197.17
…	…	…	…	…	…	…
1	2014	5	10744.23	4156.48	11007.72	8636.14
1	2014	6	8400.52	6384.93	6569.74	7118.40
1	2014	7	12517.99	10871.25	12786.33	12058.52

看看平均销售额，我们可以看到 2012 年和 2013 年是相当不错的。2012 年 6 月，2011 年总额为 1 402.53 美元，2013 年总额为 8 400.52 美元，2012 年总额平均为 6 254.64 美元，总体平均水平为 5,552.56 美元。

重要的是要注意，查询取决于物理偏移量是否一致。该查询假定每年总共会有 12 条记录。否则，PARTITION BY 和 ORDER BY 子句将无法正常工作。如果某些月份没有销售（例如该公司休市了一个月，因此没有销售），则有必要确保失踪的月份以某种方式提供。例如，创建一个日历，然后可以将其添加左连接到 Purchases 表中，以确保那些缺少的月份的总计为 0，从而正确分区。

何时使用 RANGE 或 ROWS

可能很难辨别 RANGE 和 ROWS 之间的区别。如上所述，RANGE 使用逻辑分组，因此只有当 ORDER BY 谓词返回重复值时，才会显示出差异。下面的代码清单 5-34 中的查询说明了在等效的边界框架下如何使用两者。为了简单起见，CTE PurchaseStatistics 不会显示，但在 GitHub 脚本中会定义。

代码清单5-34　演示使用RANGE和ROWS查询

```sql
SELECT
  s.CustomerID, s.PurchaseYear, s.PurchaseMonth,
  SUM(s.PurchaseCount) OVER (
    PARTITION BY s.PurchaseYear
    ORDER BY s.CustomerID
    RANGE BETWEEN UNBOUNDED PRECEDING AND CURRENT ROW
  ) AS CountByRange,
  SUM(s.PurchaseCount) OVER (
    PARTITION BY s.PurchaseYear
    ORDER BY s.CustomerID
    ROWS BETWEEN UNBOUNDED PRECEDING AND CURRENT ROW
  ) AS CountByRows
FROM PurchaseStatistics AS s
ORDER BY s.CustomerID, s.PurchaseYear, s.PurchaseMonth;
```

请注意，ORDER BY 谓词在 s.CustomerID 上定义，重复了 12 个月，因此不是唯一的。表 5-22 展示了可能的输出。

表 5-22　展示 RANGE 和 ROWS 之间的区别

Customer ID	Purchase Year	Purchase Month	CountBy Range	CountBy Rows
1	2011	1	181	66
1	2011	2	181	78
1	2011	3	181	181
1	2011	4	181	39
1	2011	5	181	97
1	2011	6	181	153
1	2011	7	181	54
1	2011	8	181	107
1	2011	9	181	171
1	2011	10	181	11
1	2011	11	181	128
1	2011	12	181	142

因为 ORDER BY 谓词不包括 PurchaseMonth，因此每个 PurchaseYear 有 12 条具

有相同的 CustomerID 值。RANGE 认为这些在逻辑上是相同的组，因此为所有 12 条提供相同的总计，而 ROWS 在行进入时累加计数。计数不是有序的，因为引擎按照接收到的行顺序，而不是 PurchaseMonth，这没有在 ORDER BY 谓词中指定。因此，最后一行不是 12 月，3 月恰好变成了最后一行，计数是 181 次。正如在第 37 条中学到的一样，ORDER BY 是重要的，可以大幅度地改变结果，因此在编写窗口函数表达式的 PARTITION BY 和 ORDER BY 谓词时，需要额外注意。

总结

❑ 无论何时需要将窗口框架的边界更改为非默认设置，即使可选，也必须指定 ORDER BY 谓词。

❑ 如果需要为窗口框架定义任意大小，则必须使用 ROWS，这样可以输入需要包含在窗口框架中的前后几行。

❑ RANGE 只能接受 UNBOUNDED PRECEDING、CURRENT ROW 或 UNBOUNDED FOLLOWING 作为有效选项。

❑ 你可以选择 RANGE 逻辑分组行或 ROWS 物理偏移行。如果 ORDER BY 谓词不返回重复值，则两者结果是等效的。

Chapter 6 | 第6章

子 查 询

子查询是嵌套在括号内的拥有完整 SELECT 语句和名称的一种表表达式。一般来说，你可以在任何可以使用表名的位置使用子查询。正如你即将在本章学到的，也可以在任何使用值集合的位置使用子查询，例如在 IN 子句中获取某列值的集合。也可以在使用某个列名或文本的位置使用返回单列、零个或一个值的子查询。子查询是一个非常有用的结构，在 SQL 中可以为你提供很多的灵活性。本章的第一部分，就将深入讨论子查询的各种使用场景。

第 40 条：了解在何处使用子查询

我们使用子查询这一术语来表示任何在括号内拥有完整的 SELECT 语句，并在括号之外使用 AS 子句定义了一个别名的句子。你可以在多种情况下使用子查询，如 SELECT、UPDATE、INSERT 或 DELETE 语句中。在某些情况下，子查询可以返回具有多行多列的数据集合，这类子查询称为表子查询。另外一些情况，子查询仅返回单列多行的数据集合，该类又被称为仅拥有一列的表子查询。最后，仅返回一个值的子查询，我们称其为标量子查询，在某些情境下该类子查询也尤为有用。子查询的使用方式如下所示：

❑ 可以在任何使用表名、视图名、返回表的存储过程或函数的地方使用表查询。

❑ 可以在任何使用表子查询或者在 IN 条件中进行比较的值集合中使用只有一列的表子查询。

❑ 可以在任何使用列名或列名表达式的位置使用标量子查询。

在本节中，我们将讨论各种类型的子查询并给出对应的示例。

表子查询

当你需要在 FROM 子句中连接多个数据集，且连接前需对其中一个或多个数据集进行过滤时，表子查询就显得尤为有用。以在经典的菜谱数据中查找所有牛肉和大蒜菜谱的问题为例。解决这个问题的一种办法是创建两个独立的表子查询：一个查找所有使用牛肉的菜谱，两外一个查找所有使用大蒜的菜谱。最后连接两个子查询，找到包含这两种的菜谱。此解决方案如代码清单 6-1 所示。

代码清单6-1   利用表子查询找到既有牛肉又有大蒜的菜谱

```
SELECT BeefRecipes.RecipeTitle
FROM (
  SELECT Recipes.RecipeID, Recipes.RecipeTitle
  FROM Recipes
    INNER JOIN Recipe_Ingredients
      ON Recipes.RecipeID = Recipe_Ingredients.RecipeID
    INNER JOIN Ingredients
      ON Ingredients.IngredientID =
        Recipe_Ingredients.IngredientID
  WHERE Ingredients.IngredientName = 'Beef'
) AS BeefRecipes
INNER JOIN (
  SELECT Recipe_Ingredients.RecipeID
  FROM Recipe_Ingredients
  INNER JOIN Ingredients
    ON Ingredients.IngredientID =
      Recipe_Ingredients.IngredientID
  WHERE Ingredients.IngredientName = 'Garlic'
) AS GarlicRecipes
ON BeefRecipes.RecipeID = GarlicRecipes.RecipeID;
```

注意，我们仅在两个子查询中的一个使用了 RecipeTitle 列，因为我们只需要使用 RecipeID 列的值进行表连接，就没有必要再第二个子查询中包含 Recipes 表。

另外一个不常用的方式是在 EXISTS 条件中使用表子查询。与菜谱的问题类似，假设你想查询一个订单中同时购买滑板和头盔的客户。你可以使用 EXISTS 条件和两个相关的表子查询来解决该问题。具体做法是，在外部查询中过滤当前的 OrderNumber 列的值，以及对相应 Products 表过滤包含"滑板"或"头盔"的数据。代码清单 6-2 展示了可行的解决方案。

 注意 了解关联子查询的更多信息，请阅读第 41 条。

代码清单6-2　在表子查询中使用EXISTS条件

```
SELECT Customers.CustomerID, Customers.CustFirstName,
  Customers.CustLastName, Orders.OrderNumber, Orders.OrderDate
FROM Customers
  INNER JOIN Orders
    ON Customers.CustomerID = Orders.CustomerID
WHERE EXISTS (
  SELECT NULL
  FROM Orders AS o2
    INNER JOIN Order_Details
      ON o2.OrderNumber = Order_Details.OrderNumber
    INNER JOIN Products
      ON Products.ProductNumber = Order_Details.ProductNumber
  WHERE Products.ProductName = 'Skateboard'
    AND o2.OrderNumber = Orders.OrderNumber
) AND EXISTS (
  SELECT NULL
  FROM Orders AS o3
    INNER JOIN Order_Details
      ON o3.OrderNumber = Order_Details.OrderNumber
    INNER JOIN Products
      ON Products.ProductNumber = Order_Details.ProductNumber
  WHERE Products.ProductName = 'Helmet'
    AND o3.OrderNumber = Orders.OrderNumber
);
```

> **注意** Sales Orders 示例数据库中的实际产品名称不仅只有滑板和头盔，因此代码清单 6-2 中的示例查询不会返回任何数据。在这个示例数据库中，要解决上述问题，你需要使用 LIKE '% Skateboard% ' and LIKE '% Helmet% ' 得到查询结果。为了便于理解，我们在示例查询中使用简单值。

注意，当使用 EXISTS 条件时，SELECT 语句的查询列表通常是没用的。为了强调这一点，我们使用 NULL 作为单独列选择。对于大多数数据库引擎而言，* 或 1 的效果是一样的，但为了使代码更具可读性，我们觉得使用 NULL 更容易理解。

但这可能并不是解决该问题的最佳方式。数据库引擎必须对数据库中的每个订单执行这两个查询，因为它们依赖于外部查询中每条记录中 OrderNumber 列的值进行过滤。以此方式可以解决该问题，但并不意味着你应该这样做。我们在本章后面的第 41 条，将会进一步讨论该方式的优缺点。

返回单列的表子查询

可以在任何能使用完整表子查询的地方使用返回一列的表子查询。因为子查询只返回一列，可用于 IN 或 NOT IN 条件的值集合。

假设你想要显示 2015 年 12 月没有被购买过的产品列表。代码清单 6-3 使用单列表子查询是其中一种可行的解决方案。

代码清单6-3　使用返回单列的表子查询，查找在2015年12月未被购买过的产品

```
SELECT Products.ProductName
FROM Products
WHERE Products.ProductNumber NOT IN (
  SELECT Order_Details.ProductNumber
  FROM Orders
    INNER JOIN Order_Details
      ON Orders.OrderNumber = Order_Details.OrderNumber
  WHERE Orders.OrderDate
    BETWEEN '2015-12-01' AND '2015-12-31'
);
```

当然，你可以在任何使用 IN 条件的位置使用单列表子查询，即使在 SELECT 子句中指定的列的 CASE 语句中也可以使用它。假设你的销售代表居住在几个州，你希望他们关注于生活在同一州的现有客户。你可能想罗列出某个州内的所有员工和客户列表，让员工知道哪些客户已经或还没有下订单。代码清单 6-4 展示了一个可行的解决方案。

代码清单6-4　在CASE语句中使用返回单列的表子查询

```
SELECT Employees.EmpFirstName, Employees.EmpLastName,
  Customers.CustFirstName, Customers.CustLastName,
  Customers.CustAreaCode, Customers.CustPhoneNumber,
  CASE WHEN Customers.CustomerID IN (
    SELECT CustomerID
    FROM Orders
    WHERE Orders.EmployeeID = Employees.EmployeeID
  ) THEN 'Ordered from you.'
  ELSE ' '
  END AS CustStatus
FROM Employees
  INNER JOIN Customers
    ON Employees.EmpState = Customers.CustState;
```

标量子查询

标量子查询在单条记录的一列中返回零个或一个值。你可以在任何表子查询或返回单列的表子查询处使用标量子查询。然而，标量子查询也可以在使用列名或表达式的地方使用。它们也可以用于其他列或操作符的表达式中。

让我们来看看使用标量子查询的几个例子。在第一个示例中，我们列出所有产品，并使用 MAX() 聚合函数得到每个产品的最新订单日期。我们知道 MAX() 返回一个值，所以可以肯定这里有一个标量子查询。代码清单 6-5 展示标量子查询的具体用法。

代码清单6-5　在SELECT语句中，将标量子查询作为一列

```
SELECT Products.ProductNumber, Products.ProductName, (
    SELECT MAX(Orders.OrderDate)
    FROM Orders
      INNER JOIN Order_Details
        ON Orders.OrderNumber = Order_Details.OrderNumber
    WHERE Order_Details.ProductNumber = Products.ProductNumber
    ) AS LastOrder
FROM Products;
```

你还可以在任何比较条件中使用返回单个值的标量子查询。如果我们想要列出所有送货时间大于平均送货时间的供应商，可以编写如代码清单 6-6 中所示的代码。

代码清单6-6　在比较条件中使用标量子查询

```
SELECT Vendors.VendName,
  AVG(Product_Vendors.DaysToDeliver) AS AvgDelivery
FROM Vendors
  INNER JOIN Product_Vendors
    ON Vendors.VendorID = Product_Vendors.VendorID
GROUP BY Vendors.VendName
HAVING AVG(Product_Vendors.DaysToDeliver) > (
  SELECT AVG(DaysToDeliver)
  FROM Product_Vendors
  );
```

如你所见，在 HAVING 子句中，我们使用标量子查询生成一个可用于比较的值。

总结

- ❏ 你可以在任何使用表、视图或能够返回表的函数或过程的位置使用表子查询。
- ❏ 你可以在任何使用表子查询和需要为 IN 或 NOT IN 条件提供一个列表的位置，使用返回单列的表子查询。
- ❏ 你可以在任何使用列名的位置使用标量子查询，如在一个 SELECT 语句中，或在一个 SELECT 语句的表达式中，或作为比较条件的一部分。

第 41 条：了解关联和非关联子查询的差异

正如第 40 条所述，在另一个查询中被括号包围的 SELECT 语句（子查询）是一种十分有用的工具。在 WHERE 或 HAVING 子句中，若子查询中的部分条件依赖于外部查询中正在处理的当前记录的值，则该类子查询被称为"关联"子查询。非关联子查询并不依赖于外部值，它可以在不嵌入到另一个查询的情况下，作为单独的查询运行。下面，我们将展示两类子查询的一些例子。

在开始之前，将会给出本节使用的数据库设计，这将对你有所帮助。该数据库是为了记录你最喜爱的菜谱，如图 6-1 所示。

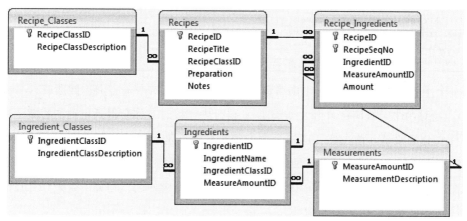

图 6-1　菜谱数据库的设计结构

现在让我们来了解这两种类型的子查询。

非关联子查询

通常在下面两种情况下，使用非关联子查询：

❑ 在 FROM 子句中作为一个被过滤的数据集。

❑ 在 WHERE 子句的 IN 条件中作为单列数据集，或者在 WHERE 或 HAVING 子句的对比条件中作为单个值（标量子查询）。

首先，让我们了解如何在 FROM 子句中使用非关联子查询。代码清单 6-7（已在第 40 条的代码清单 6-1 中列出）展示了一种解决方案，该方案能够列出所有同时包含牛肉和大蒜的菜谱。

代码清单6-7　使用非关联子查询找出同时包含牛肉和大蒜的菜谱

```
SELECT BeefRecipes.RecipeTitle
FROM (
  SELECT Recipes.RecipeID, Recipes.RecipeTitle
  FROM Recipes
    INNER JOIN Recipe_Ingredients
      ON Recipes.RecipeID = Recipe_Ingredients.RecipeID
    INNER JOIN Ingredients
      ON Ingredients.IngredientID =
        Recipe_Ingredients.IngredientID
  WHERE Ingredients.IngredientName = 'Beef'
) AS BeefRecipes
```

```
INNER JOIN (
SELECT Recipe_Ingredients.RecipeID
FROM Recipe_Ingredients
  INNER JOIN Ingredients
    ON Ingredients.IngredientID =
       Recipe_Ingredients.IngredientID
WHERE Ingredients.IngredientName = 'Garlic'
) AS GarlicRecipes
ON BeefRecipes.RecipeID = GarlicRecipes.RecipeID;
```

第一个子查询返回所有包含牛肉菜谱的标题和 ID。第二个子查询返回所有包含大蒜菜谱的 ID。当对两个子查询在菜谱 RecipeID 上执行内连接时，你会得到正确的答案——同时包含两种成分的菜谱。请注意，这两个查询都是对数据进行过滤，但它们在 WHERE 子句中的过滤器不依赖于子查询外部返回的任何值。你可以单独执行其中的任意一个子查询。

现在让我们了解一下，在 WHERE 子句中的 IN 条件中使用不相关子查询作为过滤器的方法。代码清单 6-8 给出了一个例子。

代码清单6-8　列出所有含沙拉、汤和主菜的菜谱

```
SELECT Recipes.RecipeTitle
FROM Recipes
WHERE Recipes.RecipeClassID IN (
  SELECT rc.RecipeClassID
  FROM Recipe_Classes AS rc
  WHERE rc.RecipeClassDescription IN
    ('Salad', 'Soup', 'Main course')
);
```

同样，你可以单独执行在 IN 条件中提供值的子查询，因为它不依赖于子查询之外的任何值。你还可以通过在主 FROM 子句中使用 Recipes 表和 Recipe_Classes 表的内连接，以及简单的 IN 条件来解决此问题。但子查询比 JOIN 更有效率（至少在 SQL Server 中）。

最后，让我们了解一下如何在 WHERE 子句中使用标量子查询。代码清单 6-9 中的 SQL 语句展示了一种方法，该方法用于查找使用大蒜最多的菜谱（仅供大蒜爱好者使用）。请注意，标准测量（在该例中，是大蒜的蒜瓣数）在成分表中是指定的，因此我们可以假定 RecipeIngredients 表中的所有数量使用相同的度量。

代码清单6-9　查找使用大蒜最多的菜谱

```
SELECT DISTINCT Recipes.RecipeTitle
FROM Recipes
  INNER JOIN Recipe_Ingredients
    ON Recipes.RecipeID = Recipe_Ingredients.RecipeID
  INNER JOIN Ingredients
    ON Recipe_Ingredients.IngredientID
     = Ingredients.IngredientID
WHERE Ingredients.IngredientName = 'Garlic'
```

```
AND Recipe_Ingredients.Amount = (
    SELECT MAX(Amount)
    FROM Recipe_Ingredients
      INNER JOIN Ingredients
        ON Recipe_Ingredients.IngredientID =
            Ingredients.IngredientID
    WHERE IngredientName = 'Garlic'
    );
```

和任何非关联的子查询一样，你可以对其本身执行 SELECT MAX 子查询，这并没有问题。因为 MAX 聚合函数返回单个值，我们可以在 WHERE 子句中使用子查询返回用于相等比较的值。

关联子查询

关联子查询在 WHERE 或 HAVING 子句中使用一个或多个过滤器，并依赖于外部查询提供的值。由于这种依赖性，子查询与外部查询被称为"相互关联的"，并且数据库引擎会对外部查询返回的每一行运行一次子查询。这可能使得像这样的子查询运行速度比其他技术慢，但也并非都是如此，因为一些数据库系统能够优化包含关联子查询的查询语句。

你可能不会使用关联子查询作为 FROM 子句中的一个数据集，因为使用 JOIN 会更简单，更直接。（实际上，许多数据库系统在执行计划中使用 JOIN 来优化关联子查询。）你可以使用关联标量子查询作为 SELECT 子句返回一个值，为 WHERE 或 HAVING 子句提供单个值进行比较，在 WHERE 或 HAVING 子句中，为 IN 条件提供单列列表或 EXISTS 条件提供用于测试的集合。

首先，让我们了解如何在 SELECT 子句中使用标量关联子查询返回一个值。代码清单 6-10 给出了获得所有菜谱配方类别以及每个类别中配方数量的方法。

代码清单6-10　使用关联子查询统计总数

```
SELECT Recipe_Classes.RecipeClassDescription, (
    SELECT COUNT(*)
    FROM Recipes
    WHERE Recipes.RecipeClassID =
      Recipe_Classes.RecipeClassID
    ) AS RecipeCount
FROM Recipe_Classes;
```

子查询是关联的，这是因为子查询必须根据外部查询中 Recipe_Classes 表的值进行过滤。也就是说，数据库系统必须为 Recipe_Classes 表中的每一行执行一次子查询。你可能想知道为什么我们不使用 JOIN 和 GROUP BY 来得到结果。这样做是出于以下两个原因：

（1）实际上大多数数据库系统使用关联子查询运行更快；（2）使用 GROUP BY 技术，有可能得到错误的结果。有关第二个原因的详细解释，请阅读第 34 条。

现在看看如何使用关联子查询，为 EXISTS 条件中的测试返回一个集合。在代码清单 6-7 中，展示了如何查找所有同时包含牛肉和大蒜的菜谱。通过关联的子查询和已存在的测试，你可以获得相同的结果。代码清单 6-11 展示了该方案的细节。

代码清单6-11　使用关联子查询查找同时使用牛肉和大蒜的菜谱

```
SELECT Recipes.RecipeTitle
FROM Recipes
WHERE EXISTS (
  SELECT NULL
  FROM Ingredients
    INNER JOIN Recipe_Ingredients
      ON Ingredients.IngredientID =
        Recipe_Ingredients.IngredientID
  WHERE Ingredients.IngredientName = 'Beef'
    AND Recipe_Ingredients.RecipeID = Recipes.RecipeID
) AND EXISTS (
  SELECT NULL
  FROM Ingredients
    INNER JOIN Recipe_Ingredients
      ON Ingredients.IngredientID =
        Recipe_Ingredients.IngredientID
  WHERE Ingredients.IngredientName = 'Garlic'
    AND Recipe_Ingredients.RecipeID = Recipes.RecipeID
);
```

由于每个子查询都引用外部查询中的 Recipes 表，数据库系统必须为 Recipes 表中的每一行执行两个子查询。你可能认为第二个版本的查询速度比第一个版本慢得多（或效率更低）。第二个版本的查询的确需要更多的资源（在 SQL Server 中两个版本的资源对比是55％比45％）。但这并不可怕，大多数数据库系统对第二个版本的查询进行了优化。下一段中我们将对第二个查询进行讨论。但是，请注意，在 IngredientName 列上并没有定义索引。如果我们为该列添加索引，EXISTS 版本将轻松胜出。这里仅是为了说明在你使用可参数化的条件时，索引的重要性。更多详细信息请阅读第 28 条。

正如你所期望的，你也可以使用 IN 解决问题。你可以以 Recipes.RecipeID IN (SELECT Recipe_Ingredients.RecipeID ...) 取 代 EXISTS（SELECT Recipe_Ingredients.RecipeID ...）。事实证明，在 IngredientName 列没有使用索引的情况下，IN 版本使用的资源与 EXISTS 版本基本相同。如果我们为该列添加索引，EXISTS 版本运行的速度更快。在没有索引的情况下，EXISTS 可能仍旧运行得很快，这是因为只要数据库引擎找到第一行，大多数优化程序就会停止运行子查询，但 IN 通常检索所有行。常规 JOIN 子句在连接一对多关系的两个数据表时，会产生重复的行。使用 EXISTS 条件时，优化器会将其转换为"半连接"。在这种情况下，最外层表的行不会被重复使用，优化器不需要像在 IN 条件中对内层表的整个内容进行处理。

总结

- ❑ 关联子查询在 WHERE 或 HAVING 子句中使用一个引用，该引用依赖于嵌入子查询的查询返回值。
- ❑ 非关联子查询不依赖于外部查询，并且可以独立执行。
- ❑ 通常，你可以使用非关联子查询，为 FROM 子句提供已过滤的数据集，或作为 IN 条件的单列数据集，或作为在 WHERE 或 HAVING 子句中为比较条件返回的标量值。
- ❑ 你可以使用关联子查询，为 SELECT 子句返回标量值，在 WHERE 或 HAVING 子句中为比较条件提供单个值进行测试，或者在 EXISTS 子句中提供用于存在性检验的数据集合。
- ❑ 关联子查询不一定比其他方法慢，但它可能是返回正确结果的唯一方法。

第 42 条：尽可能使用公共表表达式而不是子查询

在第 25 条中，我们已经向你展示了如何查询所有购买了 4 种不同产品的客户。我们也向你展示了如何查询购买了潜在危险产品（如滑板），但没有购买必要的防护装备（如头盔、手套和护膝）的客户。在那一节中，我们推荐你创建一个基于参数的函数，用于评估复杂的连接，并基于参数对其进行过滤，以使最终的 SQL 更加简单。

 注意 Microsoft Access 和 MySQL 都不支持公共表表达式。

图 6-2 展示了销售订单数据库的设计。

函数的一个缺点是，你不能够直观地看到最终的 SQL 语句中函数是如何执行的。此外，你或其他人可能无意中更改一个独立函数，并破坏依赖于它的查询。有一个更好的方法来做到这一点：公共表表达式（CTE），前提是你的数据库系统支持该功能。（IBM DB2、Microsoft SQL Server、Oracle 和 PostgreSQL 都支持 CTE；2016 版的 Microsoft Access 和 MySQL 5.7 则不支持）。

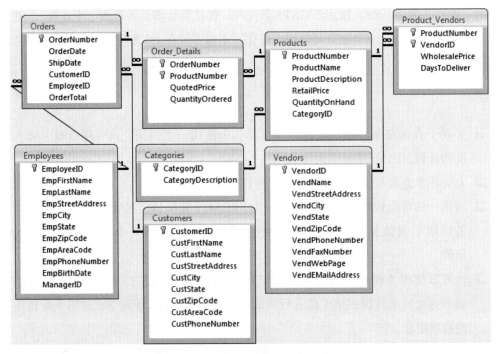

图 6-2　典型销售订单数据库的设计

使用 CTE 简化查询

首先，让我们回顾一下最初的查询。原始的查询用于查找购买滑板、头盔、护膝和手套这四种商品的所有客户。代码清单 6-12 显示了最初的解决方案。

> 注意　在销售订单示例数据库中的实际产品名称不仅仅是滑板和头盔，因此此项中的示例查询不返回任何记录。要使用示例数据库解决这些问题，你需要使用 LIKE '%Skateboard%' 和 LIKE '%Helmet%' 查看结果。为了使它们更容易理解，我们在示例查询中使用的都是简单的值。

代码清单6-12　查询出购买所有四种产品的客户

```
SELECT c.CustomerID, c.CustFirstName, c.CustLastName
FROM Customers AS c
  INNER JOIN (
  SELECT DISTINCT Orders.CustomerID
  FROM Orders
    INNER JOIN Order_Details
      ON Orders.OrderNumber = Order_Details.OrderNumber
    INNER JOIN Products
```

```
          ON Products.ProductNumber = Order_Details.ProductNumber
WHERE Products.ProductName = 'Skateboard'
) AS OSk
    ON c.CustomerID = OSk.CustomerID
INNER JOIN (
SELECT DISTINCT Orders.CustomerID
FROM Orders
    INNER JOIN Order_Details
      ON Orders.OrderNumber = Order_Details.OrderNumber
    INNER JOIN Products
      ON Products.ProductNumber = Order_Details.ProductNumber
WHERE Products.ProductName = 'Helmet'
) AS OHel
    ON c.CustomerID = OHel.CustomerID
INNER JOIN (
SELECT DISTINCT Orders.CustomerID
FROM Orders
    INNER JOIN Order_Details
      ON Orders.OrderNumber = Order_Details.OrderNumber
    INNER JOIN Products
      ON Products.ProductNumber = Order_Details.ProductNumber
WHERE Products.ProductName = 'Knee Pads'
) AS OKn
ON c.CustomerID = OKn.CustomerID
INNER JOIN (
SELECT DISTINCT Orders.CustomerID
FROM Orders
    INNER JOIN Order_Details
      ON Orders.OrderNumber = Order_Details.OrderNumber
    INNER JOIN Products
      ON Products.ProductNumber = Order_Details.ProductNumber
WHERE Products.ProductName = 'Gloves'
) AS OGl
ON c.CustomerID = OGl.CustomerID;
```

四个表子查询使查询难以阅读和理解。但四者之间的唯一区别是所选的 ProductName 值不同。如果在查询中 CTE 包括 ProductName 列，则可以像使用表一样使用 CTE，并可对其应用所需的过滤器。代码清单 6-13 展示了如何使用 CTE 简化这一查询。你可以使用 WITH 子句定义 CTE。

代码清单6-13　使用CTE查询出购买所有四种产品的客户

```
WITH CustProd AS (
  SELECT Orders.CustomerID, Products.ProductName
  FROM Orders
    INNER JOIN Order_Details
      ON Orders.OrderNumber = Order_Details.OrderNumber
    INNER JOIN Products
      ON Products.ProductNumber = Order_Details.ProductNumber
  ),
SkateboardOrders AS (
  SELECT DISTINCT CustomerID
  FROM CustProd
```

```
    WHERE ProductName = 'Skateboard'
    ),
  HelmetOrders AS (
    SELECT DISTINCT CustomerID
    FROM CustProd
    WHERE ProductName = 'Helmet'
    ),
  KneepadsOrders AS (
    SELECT DISTINCT CustomerID
    FROM CustProd
    WHERE ProductName = 'Knee Pads'
    ),
  GlovesOrders AS (
    SELECT DISTINCT CustomerID
    FROM CustProd
    WHERE ProductName = 'Gloves'
  )
SELECT c.CustomerID, c.CustFirstName, c.CustLastName
FROM Customers AS c
  INNER JOIN SkateboardOrders AS OSk
    ON c.CustomerID = OSk.CustomerID
  INNER JOIN HelmetOrders AS OHel
    ON c.CustomerID = OHel.CustomerID
  INNER JOIN KneepadsOrders AS OKn
    ON c.CustomerID = OKn.CustomerID
  INNER JOIN GlovesOrders AS OGl
    ON c.CustomerID = OGl.CustomerID;
```

如你所见，使用 CTE 可以大大缩短和简化查询语句。你可以很容易地看到 CustProd 返回的是什么，而不必查找单独的函数。注意，我们必须在 CTE 的输出中包括 ProductName 列，以便应用适当的过滤器。

你还能看到，你可以创建多个 CTE，如果需要的话可以让这些 CTE 返回其他 CTE。使用 CTE 的最大优点是，它能够构建复杂的查询，并使你自上而下地理解子查询，而非以往从内而外的方式。当你需要构建用于报告且需要对不同分组执行聚合操作的查询时，这种方式就十分有用了。另一大优点是，CTE 可以在查询语句中复用。

有些人可能通过创建多个视图并将其连接，以解决该问题。然而，这种解决方案很难维护。因为你必须检查每个视图的定义，再将这些视图组合为最终的查询，并且需要处理几个不直接使用的视图。CTE 能保证你在视图定义中创建的视图是"私有"的，从而仅需在一个位置进行维护。在起始位置放置一个 CREATE VIEW 语句，用于将之前的 SQL 语句转换为视图。

使用递归 CTE

利用 CTE 可以做一些有趣的事情，递归 CTE 就是其中之一。递归 CTE 是指使用 CTE

调用自身以生成额外记录的函数。当你创建递归 CTE 时，需要注意大多数数据库对此做了限制。例如，Microsoft SQL Server 不允许 DISTINCT、GROUP BY、HAVING、标量聚合、子查询、LEFT 或 RIGHT JOIN（但允许 INNER JOIN）。

ISO SQL 标准规定，如果你需要递归地使用 CTE，必须在 WITH 关键字后使用 RECURSIVE 关键字。但只有 PostgreSQL 需要该关键字。在支持 CTE 的其他数据库系统中，你不需要使用该关键字，或这些系统根本不能识别该关键字。

让我们来看一个简单的例子，它将生成一个从 1～100 的数字列表。代码清单 6-14 展示了整个过程。（请注意，我们没有使用 RECURSIVE 关键字。）

代码清单6-14 生成1～100的数字列表

```
WITH SeqNumTbl AS (
  SELECT 1 AS SeqNum
  UNION ALL
  SELECT SeqNum + 1
  FROM SeqNumTbl
  WHERE SeqNum < 100
)
SELECT SeqNum
FROM SeqNumTbl;
```

UNION 查询中的第二个 SELECT 再次调用 CTE，并对最后生成的数字加 1，当数字达到 100 时停止。阅读第 9 章时，你会发现我们经常在一个保存的表中使用类似的数字列表，用 SQL 语句做一些有创意的事情。虽然你可以使用此处展示的 CTE，而不是已经保存的数字表，但使用保存的表可能更快。因为你可以在已保存的表上建立索引，但 CTE 生成的列却不能。

另一个有趣的事是，使用递归 CTE 遍历自引用表中的层次结构。在示例销售订单数据库中，我们可以利用与 EmployeeID 匹配的 Employees 表的 ManagerID 字段，列出所有员工及其经理。结果与表 6-1 相似。

表 6-1 Employees 表的相关列

EmployeeID	EmpFirstName	EmpLastName	ManagerID
701	Ann	Patterson	NULL
702	Mary	Thompson	701
703	Jim	Smith	701
704	Carol	Viescas	NULL
705	Michael	Johnson	704
706	David	Viescas	704
707	Kathryn	Patterson	704
708	Susan	Smith	706

利用递归 CTE，你可以编写与代码清单 6-15 相似的代码来创建管理员和员工的列表。

代码清单6-15　查询经理和所有员工

```
WITH MgrEmps (
    ManagerID, ManagerName, EmployeeID, EmployeeName,
    EmployeeLevel
) AS (
  SELECT ManagerID, CAST(' ' AS varchar(50)), EmployeeID,
    CAST(CONCAT(EmpFirstName, ' ', EmpLastName)
      AS varchar(50)), 0 AS EmployeeLevel
  FROM Employees
  WHERE ManagerID IS NULL
  UNION ALL
  SELECT e.ManagerID, d.EmployeeName, e.EmployeeID,
    CAST(CONCAT(e.EmpFirstName, ' ', e.EmpLastName)
      AS varchar(50)), EmployeeLevel + 1
  FROM Employees AS e
    INNER JOIN MgrEmps AS d
      ON e.ManagerID = d.EmployeeID
)
SELECT ManagerID, ManagerName, EmployeeID, EmployeeName,
  EmployeeLevel
FROM MgrEmps
ORDER BY ManagerID;
```

CTE 中的第一个查询查找没有 ManagerID 的员工，以获得起始根记录。我们使用 CAST 来确保所有名称列的数据类型是兼容的，以便 UNION 能够正常工作。第二个查询将 CTE（递归）与原始 Employees 表连接，以查询经理与其管理的员工。表 6-2 展示了查询返回的结果。

表 6-2　使用递归 CTE 查询经理与其管理的员工

Manager ID	ManagerName	Employee ID	EmployeeName	Employee Level
NULL	NULL	701	Ann Patterson	0
NULL	NULL	704	Carol Viescas	0
701	Ann Patterson	702	Mary Thompson	1
701	Ann Patterson	703	Jim Smith	1
704	Carol Viescas	705	Michael Johnson	1
704	Carol Viescas	706	David Viescas	1
704	Carol Viescas	707	Kathryn Patterson	1
706	David Viescas	708	Susan Smith	2

前两条记录列出了不向表中的任何人报告的经理。其余的记录显示了这些经理的员工，你可以看到 Susan Smith 向 David Viescas 报告，之后 David Viescas 向 Carol Viescas 报告。

使用 CTE，你将大大简化多次使用相同子查询的复杂查询。如你所见，利用递归 CTE，你能做到一些你未曾想到且具有创造性的事情。

总结

- ❑ 利用公用表表达式（CTE），你可以简化多次使用相同子查询的复杂查询。
- ❑ CTE 可以免除使用可能无意中更改的功能，而这样的修改会导致使用该函数的查询无法正常工作。
- ❑ 在同一 SQL 中，CTE 允许你直接定义要嵌入到另一个查询中的子查询，这样做也更容易理解。
- ❑ 虽然你可以使用递归 CTE 生成一些数据值，这些值可能在计数表（见第 9 章）中找到，但保存的计数表效率更高，因为你可以对其添加索引。
- ❑ 你可以使用递归 CTE 遍历层次关系，并以有意义的方式进行展示。

第 43 条：使用连接而非子查询创建更高效的查询

在查询数据库时，通常有很多不同的方法来获得相同的结果，但有些方法比其他方法更好。在本节中，我们将使用连接替换子查询。

以图 6-3 中所示的数据模型为例。

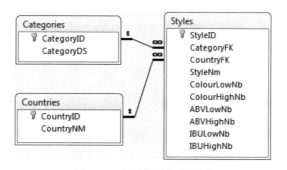

图 6-3　啤酒类别数据模型

如果我们想要得到一个与比利时相关的所有啤酒类别的列表，可以使用代码清单 6-16 所示的查询。

代码清单6-16　使用子查询查找出与比利时相关的啤酒类别

```
SELECT StyleNm
FROM Styles
```

```
WHERE CountryFK IN (
  SELECT CountryID
  FROM Countries
  WHERE CountryNM = 'Belgium'
);
```

这看起来是解决该问题的合理方法。"以表 B 中的事实为条件，从表 A 中获得事实"，这是符合逻辑的。因为类别包含 CountryFK，而不包含 CountryNM，所以首先根据 Countries 运行子查询以确定 ID 的值，然后使用 IN 子句确定具有该值的类别。

但是，请注意，在整个查询可以执行 IN 子句以将 Styles 表中的值与子查询返回的值相匹配之前，必须处理整个子查询。如代码清单 6-17 所示，除非子查询中的表非常小（幸运的是，正是在这种情况下！），使用连接通常更有效，这是由于数据库引擎通常能够更好地优化连接。

代码清单6-17   使用JOIN查询产自比利时的啤酒类别

```
SELECT s.StyleNm
FROM Styles AS s
  INNER JOIN Countries AS c
    ON s.CountryFK = c.CountryID
WHERE c.CountryNM = 'Belgium';
```

使用连接时，有一点需要注意。虽然代码清单 6-17 与代码清单 6-16 中的查询是相同的，但重要的是记住连接可能会更改输出。如果表的任一侧有重复数据，就会得到预期之外的结果，例如多个名为比利时的国家。这就可能无法返回预期结果。

如代码清单 6-18 所示，避免使用子查询的另一种方法是使用 EXISTS 子句。这也避免了使用连接产生重复输出的潜在问题。

代码清单6-18   使用EXISTS语句列出产自比利时的啤酒

```
SELECT s.StyleNm
FROM Styles AS s
WHERE EXISTS (
  SELECT NULL
  FROM Countries
  WHERE CountryNM = 'Belgium'
    AND Countries.CountryID = s.CountryFK
);
```

虽然这种方式不像连接或子查询那么直观，但数据库只需要检查指定的关系以返回 true 或 false，而不必执行整个子查询。此外，考虑到 EXISTS 运算符期望得到一个子查询，优化器将其转换为半连接（已在第 41 条进行了讨论）。

注
意 实际上，这与优化器的特性，与 DBMS 版本的特性和查询语句特性相关。一些优化
器倾向于使用子查询的连接，而有些则采用其他方式。你应该使用第 7 章中的信息
检查 DBMS 的特性。

倾向于使用连接还有一些其他原因。虽然在此示例中只有国家和地区两列，但你是否
需要使用连接以包含其他表的列？此外，考虑到外键可能没有值，那么使用左连接就很容
易检索到与条件匹配或没有值的记录，如代码清单 6-19 所示。

代码清单6-19 使用左连接查询出产自比利时或者未知的啤酒

```
SELECT s.StyleNm
FROM Styles AS s
  LEFT JOIN Countries AS c
    ON s.CountryFK = c.CountryID
WHERE c.CountryNM = 'Belgium'
   OR c.CountryNM IS NULL;
```

注
意 为了更清楚地了解代码清单 6-19 讨论的内容，请阅读第 29 条。

总结

❑ 不要认为按顺序解决问题是首选方法。SQL 语句最适合按集合，而不是按行运行。

❑ 了解 DBMS 优化器多种处理方式的特性，从而决定首选的解决方案。

❑ 确保为任何连接都建立了适当的索引。

Chapter 7 | 第 7 章

获取与分析元数据

有时候会觉得信息不够多。你需要有关数据的信息。你甚至可能需要有关数据如何被查询到的信息。这种情况下，使用 SQL 获取数据库元数据可能会有帮助。本章中的内容可能会针对某个数据库产品，但我们希望提供了足够多的信息，以便你可以将这些原则应用到你使用的数据库系统。

另一种类型的元数据是用于描述查询的性能。原则上 SQL 应该将定位和查询数据的机制抽象出来，但它仍是一个抽象。正如 Joel Spolsky ⊖所说，"所有的抽象都存在泄露"。因此，可以编写一个强制执行次优的执行计划的查询，但必须在深入了解数据库系统的物理特性后，才能知晓如何提高性能。本章将介绍元数据的基础知识，但由于它是特定于数据库系统的，因此最多只能作为你学习的一个起点。

第 44 条：了解如何使用系统的查询分析器

在本书的很多条目中，已经介绍了不同的 DBMS 在特定功能上的区别，比如说可能适用于 Microsoft SQL Server 的方法无法在 Oracle 上正常工作。你可能想知道如何确定哪些功能可以在你的 DBMS 中使用，本条会介绍一些工具，以此来帮助你做决定。

在任何 DBMS 执行 SQL 语句之前，其优化器通过创建执行计划并逐步执行来确定如何最高效地执行它。优化器可以被视为一个类似于编译器的东西。编译器将源代码转换为可

<hr />

⊖ Joel Spolsky 是软件工程师兼作家，以及《Joel on Software》和同名博客的作者。

执行程序；而优化器则将 SQL 语句转换为执行计划。对于将运行的特定 SQL 语句，通过查看其执行计划，可以帮助你识别出性能问题。

 注意　因为对于不同的 DBMS 甚至于相同 DBMS 的不同版本而言，其优化器的具体实现细节都会有差异，所以我们无法对任一特定的数据库进行深入探讨。请阅读相关文档以了解更多细节。

IBM DB2

在从 DB2 获取执行计划之前，需要确保特定系统表是存在的。如果不存在，则需要创建它们。通过运行代码清单 7-1，使用 SYSINSTALLOBJECTS 存储过程来创建这些表。

代码清单7-1　创建DB2执行计划表

```
CALL SYSPROC.SYSINSTALLOBJECTS('EXPLAIN', 'C',
    CAST(NULL AS varchar(128)), CAST(NULL AS varchar(128)))
```

 注意　SYSPROC.SYSINSTALLOBJECTS 存储过程在 z/OS 操作系统下的 DB2 中不存在。

在 SYSTOOLS 模式中创建必要的表后，可以通过在 SQL 语句前添加 EXPLAIN PLAN FOR 关键字来指明该 SQL 语句的执行计划，如代码清单 7-2 所示。

代码清单7-2　在DB2中创建执行计划

```
EXPLAIN PLAN FOR SELECT CustomerID, SUM(OrderTotal)
FROM Orders
GROUP BY CustomerID;
```

请注意，使用 EXPLAIN PLAN FOR 并不会真正显示执行计划。它所做的是将执行计划存储在由代码清单 7-1 所创建的表中。

IBM 提供了一些用来帮助分析解释信息的工具，例如 db2exfmt 工具和 db2expln 工具。db2exfmt 用于以格式化输出的方式显示解释信息，db2expln 用于查看一个或多个静态 SQL 包的访问计划信息，或者你可以编写针对解释表的查询。自己编写的查询可以进行自定义输出，并对不同的查询进行比较，或者在了解数据如何存储在说明表中的前提下，反复执行相同的查询。IBM 还通过其可免费下载的 Data Studio 工具（版本 3.1 及更高版本）提供了生成当前访问计划图的功能。可以从 www-03.ibm.com/software/products/en/data-studio 网站下载 Data Studio 工具。图 7-1 展示了 Data Studio 的执行计划界面（使用"Access Plan Diagram"选项）。

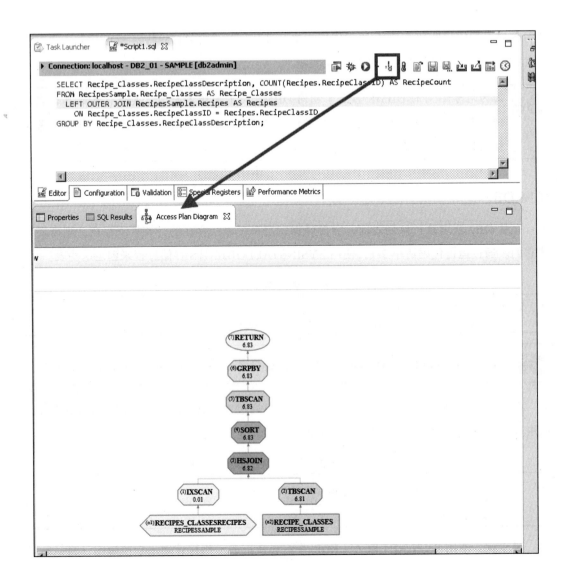

图 7-1   IBM Data Studio 访问计划图

Microsoft Access

在 Access 中获取执行计划可能存在风险。实质上，通过开启一个选项，数据库引擎会在每次编译查询时创建一个名为 SHOWPLAN.OUT 的文本文件。根据 Access 版本的不同，打开该选项（以及 SHOWPLAN.OUT 的存储位置）的操作也有所区别。

开启该选项涉及更新系统注册表。对于 x64 操作系统上的 x86 版本的 Access 2013，可使用如代码清单 7-3 所示的注册表项。

代码清单7-3　Windows x64上的Access 2013 x86用于打开显示计划的注册表项

```
Windows Registry Editor Version 5.00

[HKEY_LOCAL_MACHINE\SOFTWARE\WOW6432Node\Microsoft\Office↲
\15.0\Access Connectivity Engine\Engines\Debug]
"JETSHOWPLAN"="ON"
```

 注意　在 GitHub（https://github.com/TexanInParis/Effective-SQL）上的 MicrosoftAccess/Chapter?07 文件夹中保存有可用于更新注册表的 .REG 文件。请仔细核对文件名，以确保安装的是正确的文件。

 注意　如上所述，具体的注册表键因所运行 Access 的版本及其位数而有所不同。举例来说，对于 x86 操作系统上的 Access 2013，注册表键为 [HKEY_LOCAL_MACHINE\SOFTWARE\Microsoft\Office\15.0\Access Connectivity Engine\Engines\Debug]。对于 x64 操作系统上的 Access 2010，注册表键是 [HKEY_LOCAL_MACHINE\SOFTWARE\WOW6432Node\Microsoft\Office\14.0\Access Connectivity Engine\Engines\Debug]。对于 x86 操作系统上的 Access 2010，注册表键是 [HKEY_LOCAL_MACHINE\SOFTWARE\Microsoft\Office\14.0\Access Connectivity Engine\Engines\Debug]。

　　创建该注册表项后，你只需照常进行查询。每次运行查询时，Access 的查询引擎会将查询的计划写入文本文件。对于 Access 2013，SHOWPLAN.OUT 文件将被写入"我的文档"文件夹，而在较早版本中，该文件会被写入当前的默认文件夹中。

　　一旦分析完成所有将进行的查询，请记得关闭系统注册表中的相应选项。再次，对于 x64 操作系统上的 x86 版本 Access 2013，可以使用如代码清单 7-4 所示的注册表项，但具体的键取决于你所使用的 Access 以及操作系统的版本。遗憾的是，没有以图形化方式查看计划的内置工具。

代码清单7-4　Windows x64上的Access 2013 x86用于关闭显示计划的注册表项

```
Windows Registry Editor Version 5.00

[HKEY_LOCAL_MACHINE\SOFTWARE\WOW6432Node\Microsoft\Office↲
\15.0\Access Connectivity Engine\Engines\Debug]
"JETSHOWPLAN"="OFF"
```

 注意　前 Access MVP Sascha Trowitzsch 为 Access 2010 及更早版本编写了免费的 Showplan Capturer 工具，可以从 www.mosstools.de/index.php?option=com_content&view=

article&id=54 下载。此工具允许你查看执行计划，而无须更新注册表及定位 SHOWPLAN.OUT 文件。

Microsoft SQL Server

SQL Server 提供了数种获取执行计划的方式。在 Management Studio 中可以轻松访问图形化界面，但是由于某些信息仅在将鼠标移动到特定操作按钮上时才可见，因此难以与其他人共享详细信息。图 7-2 显示了工具栏上的两个不同图标，可用于生成图形化的执行计划。

图 7-2　如何在 SQL Server 中生成图形执行计划

无论使用哪个按钮来生成执行计划，最后都将显示与图 7-3 类似的图表。

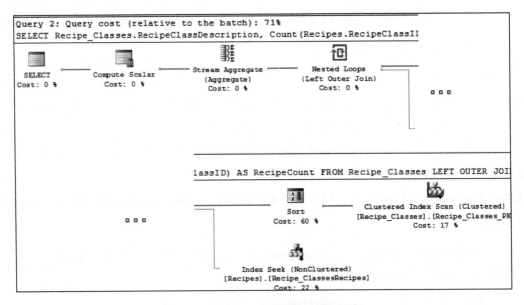

图 7-3　SQL Server 图形执行计划示例

通过将两个 SQL 语句放在新的查询窗口中，将其高亮显示，然后单击 Display Estimated Execution Plan 按钮来比较两个查询。Management Studio 在结果窗口中显示两个预估的执行计划。你可以通过分析 SQL 语句的执行情况来获取 XML 格式的执行计划。运行代码清单 7-5 中的代码来启用该功能。

代码清单7-5 在SQL Server中启用执行概要分析

```
SET STATISTICS XML ON;
```

启用分析后，每次执行语句时都会得到一个额外的结果集。例如，如果运行 SELECT 语句，将会得到两个结果集：首先是 SELECT 语句的结果，然后是以格式良好的 XML 文档保存的执行计划。

> **注意** 使用 SET STATISTICS PROFILE ON（和 SET STATISTICS PROFILE OFF）关键字，可以获得表格形式（而非 XML 文档）的输出。遗憾的是，表格形式的执行计划可能难以阅读，尤其是在 SQL Server Management Studio 中，因为 StmtText（执行计划的具体内容）中包含的信息太宽，无法适应显示屏幕。但是，你可以复制信息并重新格式化以提高其可用性。与图形化的执行计划不同，格式化以后可以一次查看所有信息。我们建议使用 XML 格式，因为 Microsoft 已经表示不推荐使用 SET STATISTICS PROFILE。

在捕获所需的所有信息后，可以通过运行代码清单 7-6 中的代码来禁用分析。

代码清单7-6 禁用SQL Server中的执行概要分析

```
SET STATISTICS XML OFF;
```

MySQL

与 DB2 的情况类似，可以通过在语句前面加上 EXPLAIN 关键字，在 MySQL 中指明生成任意 SQL 语句的执行计划，如代码清单 7-7 所示。（与 DB2 不同，在此之前无须做任何事情来启用该操作。）

代码清单7-7 在MySQL中创建执行计划

```
EXPLAIN SELECT CustomerID, SUM(OrderTotal)
FROM Orders
GROUP BY CustomerID;
```

MySQL 以表格形式显示执行计划。还可以使用 MySQL Workbench 6.2 的 "Visual Explain" 功能来可视化显示执行计划，如图 7-4 所示。

Oracle

请执行以下两个步骤以在 Oracle 中查看执行计划：

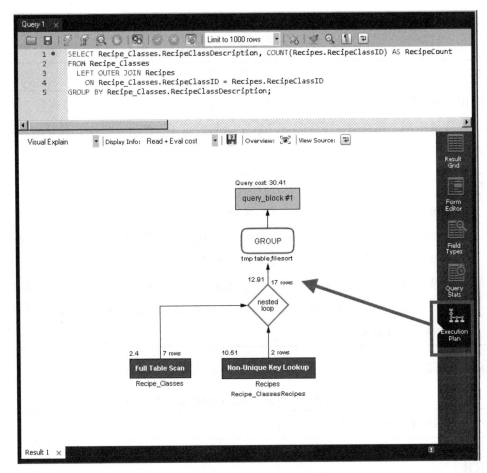

图 7-4　MySQL Workbench 执行计划面板

1）将执行计划保存在 PLAN_TABLE 中。

2）格式化并显示执行计划。

要创建执行计划，请在 SQL 语句前加上关键字 EXPLAIN PLAN FOR，如代码清单 7-8 所示。

代码清单7-8　在Oracle中创建执行计划

```
EXPLAIN PLAN FOR SELECT CustomerID, SUM(OrderTotal)
FROM Orders
GROUP BY CustomerID;
```

与 DB2 的情况一样，执行 EXPLAIN PLAN FOR 命令实际上不会显示该计划。相反，系统将计划保存到名为 PLAN_TABLE 的表中。你应该注意到 EXPLAIN PLAN FOR 命令可能不一定创建执行该语句时系统将使用的相同执行计划。

注意 在版本 10g 及更高版本中，PLAN_TABLE 表是自动生成的全局临时表。对于较早的版本，则根据需要在每个模式中创建表。你或你的数据库管理员可以基于 Oracle 数据库安装位置（$ORACLE_HOME/rdbms/admin/utlxplan.sql），在任何所需的模式中执行 CREATE TABLE 语句。

虽然在 Oracle 开发环境中显示执行计划很容易，但如何对它们进行格式化却有所不同。版本 9iR2 引入了名为 DBMS_XPLAN 的包，其可用于格式化和显示 PLAN_TABLE 表中的执行计划。例如，代码清单 7-9 中的语句展示了如何显示当前数据库会话中创建的最新执行计划。

代码清单7-9　显示当前Oracle数据库会话中最新的执行计划

```
SELECT * FROM TABLE(dbms_xplan.display)
```

不同的工具显示的执行计划信息有所不同。例如 Oracle SQL Developer 可以以树状方式显示执行计划信息，如图 7-5 所示。

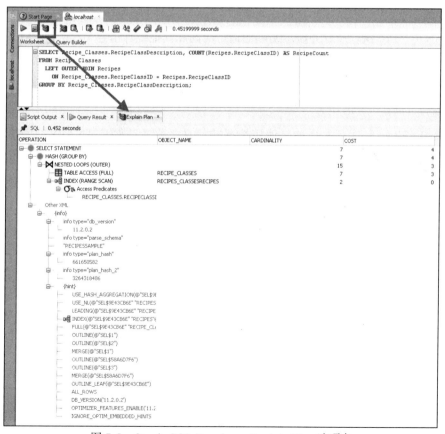

图 7-5　Oracle SQL Developer Explain Plan 选项卡

请注意，有些工具不显示所有信息，即使可能存在于 PLAN_TABLE 中。

> **注意** 在某些情况下，由 EXPLAIN PLAN FOR 生成的执行计划和实际运行时计划可能不匹配，例如，当存在数据偏移的 BIND 变量时。更多信息，建议你阅读 Oracle 文档。

PostgreSQL

在 PostgreSQL 中，可以通过在 SQL 语句前加上关键字 EXPLAIN 来显示执行计划，如代码清单 7-10 所示。

代码清单7-10　PostgreSQL中创建执行计划

```
EXPLAIN SELECT CustomerID, SUM(OrderTotal)
FROM Orders
GROUP BY CustomerID;
```

可以在 EXPLAIN 关键字后面跟以下选项：

❑ ANALYZE: 执行命令并显示实际的运行时间和其他统计信息（默认为 FALSE）。

❑ VERBOSE: 显示执行计划的附加信息（默认为 FALSE）。

❑ COSTS: 包括每个执行计划的启动时间和总时间信息，以及每行的预估行数和预估宽度（默认为 TRUE）。

❑ BUFFERS: 包括有关缓冲区使用情况的信息，前置条件是 ANALYZE 选项被启用（默认为 FALSE）。

❑ TIMING: 包括实际启动时间和花费在节点的输出的时间，前置条件是 ANALYZE 选项被启用（默认为 FALSE）。

❑ FORMAT: 指定输出格式，支持的格式有 TEXT、XML、JSON、YAML（默认为 TEXT）。

需要注意的是，必须首先准备具有 BIND 参数（如 $1、$2 等）的 SQL 语句，如代码清单 7-11 所示。

代码清单7-11　在PostgreSQL中准备绑定的SQL语句

```
SET search_path = SalesOrdersSample;

PREPARE stmt (int) AS
SELECT * FROM Customers AS c
WHERE c.CustomerID = $1;
```

语句准备完成后，可以使用代码清单 7-12 所示的语句来解释其执行情况。

代码清单7-12　在PostgreSQL中解释一个已编译的SQL语句

```
EXPLAIN EXECUTE stmt(1001);
```

> **注意**　在 PostgreSQL 9.1 版本及更早版本中，执行计划是使用 PREPARE 调用创建的，因此无法参考 EXECUTE 调用提供的实际值。自 PostgreSQL 9.2 起，执行计划在执行完成时才被创建，所以它可以参考 BIND 参数的实际值。

PostgreSQL 还提供了 pgAdmin 工具，可通过 Explain 选项卡提供执行计划的图形界面，如图 7-6 所示。

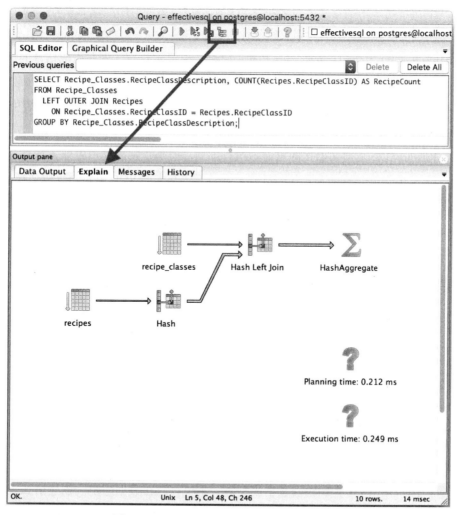

图 7-6　PostgreSQL pgAdmin Explain 选项卡

总结

- ❑ 了解如何获取 DBMS 的执行计划。
- ❑ 了解如何解读其生成的执行计划，请阅读相关 DBMS 的文档。
- ❑ 请记住，执行计划中显示的信息可能会随时间而变化。
- ❑ DB$_2$ 要求先创建系统表。它将执行计划存储在这些系统表中，而不是显示它们。它会产生预估的计划。
- ❑ Access 需要设置注册表项。它将执行计划存储在外部文本文件中，并生成实际计划。
- ❑ SQL Server 无须初始化即可显示执行计划。可以选择以图形或表格形式显示执行计划。还可以选择预估的计划或实际计划。
- ❑ MySQL 同样无须初始化即可显示执行计划。它显示执行计划并生成估计的计划。
- ❑ Oracle 不需要初始化即可在版本 10g 及更高版本中显示执行计划，但在较早版本中，需要对每个感兴趣的模式创建系统表。它只将执行计划存储在系统表中，而不是显示它们，并且会产生估计的计划。
- ❑   PostgreSQL 无须初始化即可显示执行计划。但是，它需要预先准备具有 BIND 参数的 SQL 语句。它会显示执行计划，并且对于基本的 SQL 语句会生成估计的计划。对于已准备好的 SQL 语句，在版本 9.1 及更早版本中，它会生成预估的计划，但是自版本 9.2 以后，它会生成实际的计划。

第 45 条：学习获取数据库的元数据

简单来说，元数据就是"关于数据的数据"。尽管你可能已经设计了一个理想的逻辑数据库模型，并且努力与 DBA 一起确保合适的物理数据库模型（理想情况下是使用本书中已学到的技术），能退后一步思考通常会更好，并能确保实际模型与你的设计一致。这就是元数据可以发挥作用的地方。

ISO/IEC 9075-11:2011 第 11 部分：信息和定义模式（SQL/Schema）是官方 SQL 标准中经常被忽视的一部分。该标准定义了 INFORMATION_SCHEMA，它旨在使 SQL 数据库和对象自描述。

当在符合的 DBMS 中实现物理数据模型时，不仅可以在数据库中会创建诸如表、列和视图之类的对象，还可以在系统表中存储有关每个对象的信息。在这些系统表的基础上存在一系列只读视图，这些视图可以提供有关重建该数据库结构所需的所有表、视图、列、过程、约束和其他一切信息。

> **注意** 虽然 INFORMATION_SCHEMA 是 SQL 语言的官方标准，但并不是所有的数据库都遵循这个标准。如 IBM DB2、Microsoft SQL Server、MySQL 和 PostgreSQL 都提供 INFORMATION_SCHEMA 视图，但 Microsoft Access 和 Oracle 目前还没有提供类似视图（尽管 Oracle 确实提供可以满足相同需求的内部元数据）。

有各种第三方产品可以提供有关数据库的信息，其中大多数是通过从 INFORMATION_SCHEMA 视图中检索信息。但是，不借助第三方工具也能从这些视图中获得有用的信息。

假设你已经被授权访问一个新的数据库，并且想要了解它的细节。

你可以查询 INFORMATION_SCHEMA.TABLES 视图以获取数据库中存在的表和视图，如代码清单 7-13 所示，其结果如表 7-1 所示。

代码清单7-13　获取表和视图

```
SELECT t.TABLE_NAME, t.TABLE_TYPE
FROM INFORMATION_SCHEMA.TABLES AS t
WHERE t.TABLE_TYPE IN ('BASE TABLE', 'VIEW');
```

表 7-1　代码清单 7-13 中的表和视图

TABLE_NAME	TABLE_TYPE
Categories	BASE TABLE
Countries	BASE TABLE
Styles	BASE TABLE
BeerStyles	VIEW

你可以查询 INFORMATION_SCHEMA、TABLE_CONSTRAINTS 视图以查询在这些表上创建的约束，如代码清单 7-14 所示，其结果如表 7-2 所示。

代码清单7-14　获取约束列表

```
SELECT tc.CONSTRAINT_NAME, tc.TABLE_NAME, tc.CONSTRAINT_TYPE
FROM INFORMATION_SCHEMA.TABLE_CONSTRAINTS AS tc;
```

表 7-2　代码清单 7-14 的约束列表

CONSTRAINT_NAME	TABLE_NAME	CONSTRAINT_TYPE
Categories_PK	Categories	PRIMARY KEY
Styles_PK	Styles	PRIMARY KEY
Styles_FK00	Styles	FOREIGN KEY

是的，确实有其他方法可以获得同样的信息。然而视图中的可用信息使得你可以得到

更多信息。例如，由于你知道数据库中的所有表和已定义的所有表约束，因此可以轻松确定数据库中哪些表不具有主键，如代码清单 7-15 所示，结果如表 7-3 所示。

代码清单7-15　获取没有主键的表

```
SELECT t.TABLE_NAME
FROM (
  SELECT TABLE_NAME
  FROM INFORMATION_SCHEMA.TABLES
  WHERE TABLE_TYPE = 'BASE TABLE'
) AS t
LEFT JOIN (
  SELECT TABLE_NAME, CONSTRAINT_NAME, CONSTRAINT_TYPE
  FROM INFORMATION_SCHEMA.TABLE_CONSTRAINTS
  WHERE CONSTRAINT_TYPE = 'PRIMARY KEY'
) AS tc
  ON t.TABLE_NAME = tc.TABLE_NAME
WHERE tc.TABLE_NAME IS NULL;
```

表 7-3　代码清单 7-15 中没有主键的表

TABLE_NAME
Countries

如果考虑对特定列进行更改，可以使用 INFORMATION_SCHEMA.VIEW_COLUMN_USAGE 视图来查看任何视图中正在使用的表列，如代码清单 7-16 所示。

代码清单7-16　获取所有视图中使用的所有表和列

```
SELECT vcu.VIEW_NAME, vcu.TABLE_NAME, vcu.COLUMN_NAME
FROM INFORMATION_SCHEMA.VIEW_COLUMN_USAGE AS vcu;
```

如表 7-4 所示，无论是否为任何列名使用了别名，甚至出现在视图的 WHERE 或 ON 子句中的列。此信息可快速查看可能的更改是否会产生影响。

表 7-4　代码清单 7-16 中所有视图中使用的所有表和列

VIEW_NAME	TABLE_NAME	COLUMN_NAME
BeerStyles	Categories	CategoryID
BeerStyles	Categories	CategoryDS
BeerStyles	Countries	CountryID
BeerStyles	Countries	CountryNM
BeerStyles	Styles	CategoryFK
BeerStyles	Styles	CountryFK
BeerStyles	Styles	StyleNM
BeerStyles	Styles	ABVHighNb

代码清单 7-17 显示了用于创建 BeerStyles 视图的 SQL 语句。可以看到 INFORMATION_
SCHEMA.VIEW_COLUMN_USAGE 会报告被使用的所有列，无论它们出现在 SELECT 子
句、ON 子句中或者 CREATE VIEW 语句中的其他任何位置。

代码清单7-17　表7-4中记录的CREATE VIEW语句

```
CREATE VIEW BeerStyles AS
SELECT Cat.CategoryDS AS Category, Cou.CountryNM AS Country,
  Sty.StyleNM AS Style, Sty.ABVHighNb AS MaxABV
FROM Styles AS Sty
  INNER JOIN Categories AS Cat
    ON Sty.CategoryFK = Cat.CategoryID
  INNER JOIN Countries AS Cou
    ON Sty.CountryFK = Cou.CountryID;
```

使用 INFORMATION_SCHEMA 而不是特定 DBMS 的元数据表的主要优点是：因
为 INFORMATION_SCHEMA 是 SQL 标准，所以编写的任何查询在不同 DBMS 以及特定
DBMS 的不同版本之间都具有可移植性。

话虽如此，但使用 INFORMATION_SCHEMA 可能会带来问题。首先，尽管作为标准，
INFORMATION_SCHEMA 实际上并不是在所有 DBMS 中都被实现了。在代码清单 7-16 中
显示的 INFORMATION_SCHEMA.VIEW_COLUMN_USAGE 视图在 MySQL 中不存在，但
它在 SQL Server 和 PostgreSQL 中存在。

另外，因为 INFORMATION_SCHEMA 是一个标准，它被设计为只记录标准中存在
的功能。即使允许使用该功能，INFORMATION_SCHEMA 仍可能无法记录该功能。一
个例子是创建引用唯一索引（与主键索引相反）的 FOREIGN KEY 约束。一般来说，可
以 通 过 在 INFORMATION_SCHEMA 中 连 接 REFERENTIAL_CONSTRAINTS、TABLE_
CONSTRAINTS 和 CONSTRAINT_COLUMN_USAGE 视 图 来 记 录 FOREIGN KEY 约 束，
但由于唯一索引不是约束，因此 TABLE_CONSTRAINTS（或任何其他与约束相关的视图）
中没有数据，然后也不能确定在"约束"中使用了哪些列。

幸运的是，所有 DBMS 都有可用的其他元数据源，也可以使用它们来获取信息。当
然，带来的缺点是，在一个 DBMS 中可用的数据源在另一个 DBMS 中可能是无效的。

例如，代码清单 7-18 和代码清单 7-13 中的 SQL 语句在 SQL Server 中检索可得到相同
的信息。

代码清单7-18　使用SQL Server系统表获取表和视图

```
SELECT name, type_desc
FROM sys.objects
WHERE type_desc IN ('USER_TABLE', 'VIEW');
```

在 SQL Server 中，代码清单 7-19 与代码清单 7-18 中的 SQL 语句能获取到相同的信息。

代码清单7-19   使用不同的SQL Server系统表获取表和视图

```
SELECT name, type_desc
FROM sys.tables
UNION
SELECT name, type_desc
FROM sys.views;
```

这可能说明了即使微软似乎也不信任 INFORMATION_SCHEMA：MSDN 上有很多地方声明了以下内容，例如 https://msdn.microsoft.com/en-us/library/ms186224.aspx：

重要   请勿使用 INFORMATION_SCHEMA 视图来确定对象的模式。查找对象模式的唯一可靠方法是查询 sys.objects 目录视图。INFORMATION_SCHEMA 视图可能不完整，因为它们不会针对所有新功能进行更新。

> **注意** 许多 DBMS 提供了获取其元数据的替代方法。例如 DB2 有一个 db2look 命令，MySQL 有一个 SHOW 命令，Oracle 有一个 DESCRIBE 命令，PostgreSQL 的命令行界面 psql 有一个 \d 命令，可以用来查询数据。请查阅相关文档以确定选择。然而，这些命令不允许你使用上一个代码清单中的 SQL 语句查询元数据，因此如果你需要从一个或多个 SQL 查询的上下文中收集多个对象的信息，请检查系统表或模式的文档。

总结

❑ 尽可能使用 SQL 标准的 INFORMATION_SCHEMA 视图。

❑ 请记住，INFORMATION_SCHEMA 在 DBMS 之间并不完全一样。

❑ 学习你使用的 DBMS 中用来显示元数据的任何非标准命令。

❑ 了解到 INFORMATION_SCHEMA 并不包含 100％ 的必要元数据，并学习与你的 DBMS 关联的系统表。

第 46 条：理解执行计划的工作原理

由于本书的主题是 SQL 而非特定的数据库产品，所以很难有针对性的内容，因为执行计划取决于具体的数据库实现。每个供应商都有不同的实现，并为相同的概念使用不同的术语。但是了解如何读取与理解执行计划是什么，以便能够优化 SQL 查询或进行任何所需的模式更改（特别是索引或模型设计），是使用 SQL 的人的一项基本技能。因此，我们将重点关注在阅读 SQL 数据库的执行计划时发现的一些有用的原则，无论你使用哪个供应商的产品。本节的内容旨在补充供应商文档中有关阅读和解释执行计划的内容。

我们还想提醒读者，SQL 的目标是让开发人员免于使用烦琐的物理步骤来查询数据，以一种更有效的方式。这意味着 SQL 是声明式的，描述我们想要的数据，并将其留给优化器，以最快的方式查询数据。当我们讨论执行计划与其物理实现的同时，也会详细描述 SQL 对底层的抽象。

有电脑常识的人也会犯一个错误，认为电脑执行任务的方式与人执行任务的方式不同。但其实并非如此。计算机可能会更快更准确地执行和完成任务，但是它实际采取的步骤与执行相同任务的人所采取的步骤没有什么不同。因此，当你阅读执行计划时，你会看到数据库引擎执行以满足查询的物理步骤的实际步骤。你可以问自己，如果你自己在做，是否能得到更好的结果。

以图书馆的卡片目录为例，如果你想找到一本名为"Effective SQL"的书，你会去字母 E 类别（也可能实际上是 D-G）的抽屉依序找你要的卡片。然后打开抽屉并查找卡片索引，直到找到你要查找的卡片。卡片显示本书位于 601.389，因此你必须找到类别 600 的位置，然后从 600-610 的书架上扫描，直到找到 601.3XX 这一排并挑出 601.389 这本书。

在电子数据库系统中也是一样的。数据库引擎必须先访问数据库索引，找到包含字母 E 的索引页，然后查找该页以获得保存数据的页的指针，最后跳转到数据页面所在的位置并读取数据。因此数据库中的索引如同图书馆的卡片目录，数据页如同书架，列如同书。目录中的抽屉和书架表示索引和数据页面的 B 树结构。

这样的说明是要强调，在阅读执行计划时，你可以认为正在使用纸、文件夹、书、索引卡、标签和分类系统。我们再试一次。假设你已经找到了由 John Viescas 合著的《Effective SQL》这本书，现在想要找到此作者的其他书籍。你不能回过头来用卡片目录再找一次，因为卡片目录是以书名而非作者名排序索引卡。没有可用的目录，解决问题的唯一方法是查找每个位置的每个书架上的每一本书来查看是否是 John Viescas 的书。如果你发现这样的问题很常见，在原来的目录旁边再建立以作者名排序的卡片目录会更好。这样就可以从新的目录查找作者的其他书籍，不再需要扫描书架。但是如果问题发生了变化，换成"John 写的每本书各有多少页？"额外的信息不在索引卡品中，因此得回到书架上找出每一本书的页数。

以上内容说明了下一个重点：你设置的索引系统在很大程度上取决于你通常对数据库使用什么样的查询。你需要两种目录来支持不同类型的查询，即使如此，仍然有些漏洞。

正确的做法是在目录的索引卡片上加上页数吗？不一定，要看快速找到这个答案的必要性。

有时候查询也不需要到书架去找。举例来说，若你想要列出与 John 合著的所有作者，可以查询 John 合著的书，但目录不会列出这些书的其他作者。然而，你可以查看书的目录，找出这些书的其他作者。以上都可以在目录中做到这点，而不用去书架就可以完成。因此，这是查询数据的最快方式。

上面的例子应该很清楚地表明，当你阅读执行计划时，可以在脑海中想象实际的步骤。因此，如果你看到存在表扫描的执行计划，并且知道有个索引并没有在计划中（如同不用目录而直接扫描书架），你就可以断定这个执行计划可能存在问题，需要进一步分析。

> **注意** 本节其余示例严重依赖于存储在数据库中的数据、现有的索引结构以及其他内容。因此，执行计划不一定相同，这些示例均使用 Microsoft SQL Server 来执行计划，因为其提供了图形界面。其他供应商的产品可能会产生类似的计划，但术语可能不同。

说明完基本概念后，让我们看些例子，从代码清单 7-20 开始。

代码清单7-20　根据地区代码查询客户所在的城市

```
SELECT CustCity
FROM Customers
WHERE CustAreaCode = 530;
```

在一个足够大的表中，我们可能会得到如图 7-7 所示的计划。

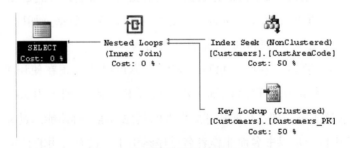

图 7-7　使用键查询初始执行计划

要将其转换成具体的步骤，可以将其视为索引卡片带有 CustAreaCode 与区域码的目录。找到索引卡片后到书架中找出记录并读取 CustCity 值，然后返回目录读取下一个索引，这是遇到"键搜索"时的操作。"索引搜索"操作表示从目录查找，而"键搜索"表示到书架取得索引卡片上没有的附加信息。

对于没有几条记录的表来说，并不是那么糟糕。但若找出许多索引卡片并记录分散在多个书架上时，这会浪费很多的时间。如果此查询很普遍，可以更新索引以包含 CustCity

是合理的。代码清单 7-21 的 SQL 语句展示了一种实现方式。

代码清单7-21　改进后的索引定义

```
CREATE INDEX IX_Customers_CustArea
ON Customers (CustAreaCode, CustCity);
```

这会将同一查询的执行计划变成如图 7-8 所示。

图 7-8　按主题将数据分割成表的例子

因此我们从目录而完全不需要到书架读取索引卡片，这在数据库有多个目录时，还是比较有效率的。

注意，有时候执行计划的实际步骤与 SQL 查询本身的逻辑步骤有很大的不同。以代码清单 7-22 中所示的执行 EXISTS 关联子查询的查询为例。

代码清单7-22　查询没有下订单的客户

```
SELECT p.*
FROM Products AS p
WHERE NOT EXISTS (
    SELECT NULL
    FROM Order_Details AS d
    WHERE p.ProductNumber = d.ProductNumber
    );
```

乍一看，引擎必须对 Products 表中的每一行执行子查询，因为我们使用的是关联子查询。让我们查看图 7-9 所示的执行计划。

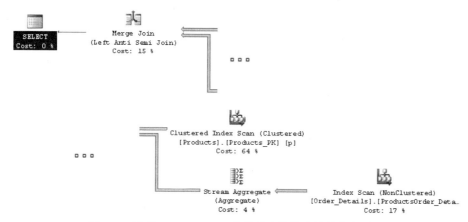

图 7-9　具有 NOT EXISTS 关联子查询的查询的执行计划

将执行计划转换成具体的步骤：对 Products 上的聚簇索引扫描，首先从一个目录中抓取一堆产品细节的索引卡片。对 Order_Details 的索引扫描从订单目录抓取另一堆索引卡片。"Stream Aggregate"将带有相同 ProductNumber 的索引卡片进行分组。然后合并处理，通过对两队进行排序，取出 Order_Details 这一堆没有相对应卡片的产品索引卡片，如此就得到了我们想要的结果。注意，合并连接是"左反半连接"；这是 SQL 语言中没有直接表示的关系操作。概念上讲，半连接如同连接，但选取一次相匹配的列而非全部匹配的列。因此，反半连接选取与另一边不匹配的不同列。

所以在这个例子中，引擎知道如何做比较好并以此重新安排执行计划，但要记住引擎本身受限于使用者是如何查询的。如果我们给它很糟糕的查询，它只能产生很糟糕的执行计划。

当你阅读执行计划时，你会检查引擎是否做出最有效的选择。由于执行计划是一系列实际的步骤，不同的数据量与分布对同一个查询会产生很大的变化。例如，对于一组较小的数据，使用代码清单 7-22 中所示的相同查询会产生如图 7-10 所示的执行计划。

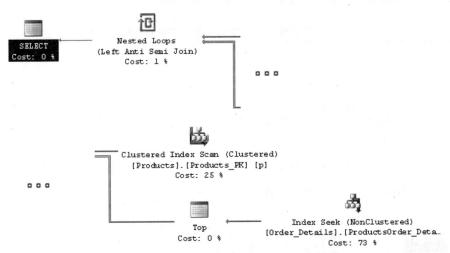

图 7-10　另一个具有 NOT EXISTS 关联子查询的查询的执行计划

不太容易理解的地方是，Order_Details 表上的"索引搜索"有个从 Products 表的"聚簇索引扫描"取值的条件。然后"TOP"操作限制只输出一条与 Products 表中的记录相匹配的记录。这与我们之前看到的键搜索很类似。由于数据集相当小，数据库引擎以键搜索取代抽出一堆卡片，因为这样的操作较少。

这带出了"大或小"的问题。现在你应该意识到了同一个结果可以采取多种不同的操作顺序，但哪一种顺序更有效率取决于数据的分布情况。因此一个参数化的查询可能对某个值很有效率，但对另外一个值就很差。这是缓存参数化查询（例如存储过程）的执行计划的引擎所要面临的问题。以代码清单 7-23 所示的参数化查询为例。

代码清单7-23　查询特定产品的订单详细信息

```
SELECT o.OrderNumber, o.CustomerID
FROM Orders AS o
WHERE EmployeeID = ?;
```

假设我们传入 EmployeeID = 751。该员工在有 160 933 行的 Orders 表中有 99 个订单。由于记录相对较少，引擎可能会创建一个如图 7-11 所示的计划。

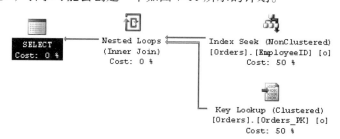

图 7-11　索引中较少记录的执行计划

相较于图 7-12 所示传入 EmployeeID = 708 且有 5414 条记录。

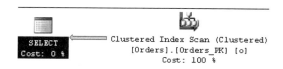

图 7-12　索引中大量记录的执行计划

由于引擎发现分散了这么多的记录，它判断扫描全部数据还比较快。这显然不是最佳的，我们可以通过添加专门针对此查询的索引来改进它，如代码清单 7-24 所示。

代码清单7-24　对代码清单7-23的查询加上索引

```
CREATE INDEX IX_Orders_EmployeeID_Included
ON Orders (EmployeeID)
INCLUDE (OrderNumber, CustomerID);
```

由于此索引涵盖了两个查询，因此这样可以显著提高"小"和"大"的计划，如图 7-13 所示。

但不一定所有情况有使用。在复杂的查询中，只为一个查询创建索引可能不合理。你会想要对多个查询都有用的索引，因此你会增加或删除索引。

在这种情况下，参数化查询的"大与小"问题还是存在，最好是重新编译查询，因为查询的编译只占一小部分的执行时间。你应该检查数据库产品提供什么选项可强制重新编译。Oracle 等数据库引擎支持在执行缓存计划之前查看参数，这有助于处理这些问题。

图 7-13　代码清单 7-23 的查询改进后的执行计划

总结

❑ 每当你阅读执行计划时，将其转换为实际步骤，分析是否存在未使用的索引，并确定其未被使用的原因。

❑ 分析各个步骤，并判断它们是否有效。请注意，效率受数据分布的影响。因此，没有所谓的"坏"操作，而是分析所使用的操作是否适合正在使用的查询。

❑ 不要因为一个查询就加上索引来改善执行计划，你必须从数据库出发做全盘考虑以确保索引尽可能的通用。

❑ 注意"大与小"情况，其中数据分布不均的数据对同一个查询会需要不同的优化。当执行计划被缓存和重用（通常是存储过程或客户端处理过的语句）时，这个问题就特别严重。

第8章 *Chapter 8*

笛卡儿积

在第 22 条中，你阅读过有关笛卡儿积的内容，它是将一个表或行集中的所有行与第二个表或行集中的所有行进行组合的结果。虽然不像其他连接一样常见，但 CROSS JOIN（在 SQL 中创建笛卡儿积）通常是创建 SQL 语句时必不可少的输入。

在本章中，我们讨论几个除了使用笛卡儿积否则无法回答的真实问题。请注意，我们不会讨论诸如在多列连接是忘记加上所需的一个或多个列而产生的错误笛卡儿积。我们讨论的是刻意使用笛卡儿积且没有连接条件的情况。

我们认为，一旦你看到这个功能的用途，你会看到它能解决许多其他的问题。

第 47 条：生成两张表所有行的组合并标示一张表中间接关联另一张表的列

有时候你需要生成各种组合的列表以判断哪些记录已经处理过而哪些还没有。

假设你希望找出每个客户买过什么与没买过什么产品。一个简单的方法是：

1）生成客户和产品的所有可能组合的列表。

2）生成每个客户的所有购买清单。

3）对所有可能组合的列表与实际的购买清单使用左连接，以标示出实际购买。

简单地列出每个客户购买的列表并不足以确定客户未购买什么。你还必须列出所有可能的购买（即笛卡儿积）。对这两个结果集之间使用左连接（笛卡儿积为"左"表，而实际购买为"右"表）时，你可以通过在"右侧"上判断空值来识别未购买的产品。

你可以如代码清单 8-1 所示的 SQL 使用笛卡儿积产生一个 Customers 与 Products 的每个组合列表。

代码清单8-1　使用笛卡儿积获得客户与产品的各种组合

```sql
SELECT c.CustomerID, c.CustFirstName, c.CustLastName,
  p.ProductNumber, p.ProductName, p.ProductDescription
FROM Customers AS c, Products AS p;
```

> 📷 **注意**　虽然所有 DBMS 都支持在没有 JOIN 子句的 FROM 子句中列出表，但有些则会将 FROM 子句更改为 FROM Customer AS c CROSS JOIN Products AS p。

你可以连接 Orders 与 Order_Details 表列出客户的购买清单，如代码清单 8-2 所示。

代码清单8-2　找出所有销售的产品

```sql
SELECT o.OrderNumber, o.CustomerID, od.ProductNumber
FROM Orders AS o
  INNER JOIN Order_Details AS od
    ON o.OrderNumber = od.OrderNumber;
```

使用这两个查询，你可以使用左连接来确定笛卡儿积中的哪些行已被购买，哪些行没有，如代码清单 8-3 所示。

代码清单8-3　列出所有客户和所有产品，标示被客户购买过的产品

```sql
SELECT CustProd.CustomerID, CustProd.CustFirstName,
  CustProd.CustLastName, CustProd.ProductNumber,
  CustProd.ProductName,
  (CASE WHEN OrdDet.OrderCount > 0
    THEN 'You purchased this!'
    ELSE ' '
  END) AS ProductOrdered
FROM
(SELECT c.CustomerID, c.CustFirstName, c.CustLastName,
  p.ProductNumber, p.ProductName, p.ProductDescription
 FROM Customers AS c, Products AS p) AS CustProd
  LEFT JOIN
    (SELECT o.CustomerID, od.ProductNumber,
       COUNT(*) AS OrderCount
     FROM Orders AS o
       INNER JOIN Order_Details AS od
         ON o.OrderNumber = od.OrderNumber
     GROUP BY o.CustomerID, od.ProductNumber) AS OrdDet
    ON CustProd.CustomerID = OrdDet.CustomerID
      AND CustProd.ProductNumber = OrdDet.ProductNumber
ORDER BY CustProd.CustomerID, CustProd.ProductName;
```

相对于使用 LEFT JOIN，另一种方式是如代码清单 8-4 所示使用 IN 判断某个客户是否购买过某个产品。不幸的是，我们无法告诉你哪一种方式比较好，因为性能取决于数据量、索引以及你使用的 DMBS。

代码清单8-4　列出所有客户和所有产品的替代方法，标示每个客户已经购买过的产品

```
SELECT c.CustomerID, c.CustFirstName, c.CustLastName,
  p.ProductNumber, p.ProductName,
  (CASE WHEN c.CustomerID IN
    (SELECT Orders.CustomerID
     FROM Orders
       INNER JOIN Order_Details
         ON Orders.OrderNumber = Order_Details.OrderNumber
     WHERE Order_Details.ProductNumber = p.ProductNumber)
    THEN 'You purchased this!'
    ELSE ' '
  END) AS ProductOrdered
FROM Customers AS c, Products AS p
ORDER BY c.CustomerID, p.ProductNumber;
```

两个查询的结果类似表 8-1 所示。

表 8-1　列出所有客户与所有产品，标示被客户购买过产品的部分结果

Customer ID	CustFirst Name	CustLast Name	Product Number	Product Name	Product Ordered
1004	Doug	Steele	28	Turbo Twin Tires	You purchased this!
1004	Doug	Steele	40	Ultimate Export 2G Car Rack	You purchased this!
1004	Doug	Steele	29	Ultra-2K Competition Tire	You purchased this!
1004	Doug	Steele	30	Ultra-Pro Knee Pads	You purchased this!
1004	Doug	Steele	23	Ultra-Pro Skateboard	
1004	Doug	Steele	4	Victoria Pro All Weather Tires	
1004	Doug	Steele	7	Viscount C-500 Wireless Bike Computer	You purchased this!
1004	Doug	Steele	18	Viscount CardioSport Sport Watch	You purchased this!

总结

❏ 使用笛卡儿积产生两个表之间的各种组合。

❏ 使用 INNER JOIN 确定实际发生的组合。

❏ 使用 LEFT JOIN 将笛卡儿积的结果与实际发生的组合列表进行比较。

❏ 你还可以使用 SELECT 子句中 CASE 语句中的 IN 子查询来产生与使用笛卡儿积及 LEFT JOIN 相同的结果，但性能取决于数据量、索引和特定 DBMS。

第 48 条：理解如何以等分量排名

分析和比较结果时——无论是产品销售还是学生成绩——不仅要知道最好与最差，还要知道特定值的排名区间。为此，你需要将排名等分，例如 4 等分（4 组）、5 等分（5 组），或 10 等分（10 组）。这样不仅能够知道最好的学生或热卖产品，还能知道前 10 或 20 名或前 25% 的人。在本节中，我们将探讨如何制作这种排名与 5 等分区间。

此例使用图 8-1 所示的销售订单数据库。

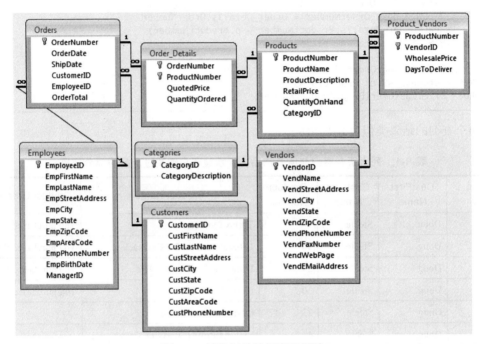

图 8-1　销售订单数据库的设计

找出特定产品类别销售状况也很有意思。在示例的数据库中，Accessories 类别有很多产品，因此应该会产生更有趣的结果。

此查询中需要多个产品销售，因此使用公共表表达式（CTE）回传 Accessories 类别中每个产品的总销售是合理的。你可以在代码清单 8-5 中看到 CTE 的 SQL。

代码清单8-5　计算Accessories类别中每个产品的总销售

```
SELECT od.ProductNumber,
  SUM(od.QuantityOrdered * od.QuotedPrice) AS ProductSales
FROM Order_Details AS od
WHERE od.ProductNumber IN (
  SELECT p.ProductNumber
  FROM Products AS p
    INNER JOIN Categories AS c
      ON p.CategoryID = c.CategoryID
  WHERE c.CategoryDescription = 'Accessories'
  )
GROUP BY od.ProductNumber;
```

接下来，需要产品总计以判断 5 等分区间的开始与结束，我们需要让每个产品列的值能够执行计算以判断分区。我们可以在外层 SELECT 子句加上一个标量子查询，但是我们不想要在输出的每一行上显示该数字。解决办法是使用 CROSS JOIN 与子查询以让每一行都有值，但不要将它加入最终的 SELECT 子句中。

为了简化，我们需要第二个表的子查询，通过比较当前产品的销售额和所有其他产品的销售量，返回说明性的列并计算产品的销售量"等级"。执行方式请阅读第 38 条。虽然你可以使用子查询与 COUNT 来产生排名，但 RANK() 窗口函数更为直接。

最后，我们需要一个复杂的 CASE 子句以产品总计乘以 0.2、0.4、0.6 和 0.8（每个分区的边界）比较每个产品的排名与区间。最终的解决方案如代码清单 8-6 所示。

代码清单8-6　以销售总计排名Accessories类别并计算区间

```
WITH ProdSale AS (
  SELECT od.ProductNumber,
    SUM(od.QuantityOrdered * od.QuotedPrice) AS ProductSales
  FROM Order_Details AS od
  WHERE od.ProductNumber IN (
    SELECT p.ProductNumber
    FROM Products AS p
      INNER JOIN Categories AS c
        ON p.CategoryID = c.CategoryID
    WHERE c.CategoryDescription = 'Accessories'
    )
  GROUP BY od.ProductNumber
),
RankedCategories AS (
  SELECT Categories.CategoryDescription, Products.ProductName,
    ProdSale.ProductSales,
    RANK() OVER (
      ORDER BY ProdSale.ProductSales DESC
    ) AS RankInCategory
  FROM Categories
    INNER JOIN Products
      ON Categories.CategoryID = Products.CategoryID
    INNER JOIN ProdSale
      ON ProdSale.ProductNumber = Products.ProductNumber
),
ProdCount AS (
  SELECT COUNT(ProductNumber) AS NumProducts
  FROM ProdSale
)
SELECT p1.CategoryDescription, p1.ProductName,
  p1.ProductSales, p1.RankInCategory,
  CASE
    WHEN RankInCategory <= ROUND(0.2 * NumProducts, 0)
      THEN 'First'
    WHEN RankInCategory <= ROUND(0.4 * NumProducts, 0)
      THEN 'Second'
```

```
   WHEN RankInCategory <= ROUND(0.6 * NumProducts, 0)
     THEN 'Third'
   WHEN RankInCategory <= ROUND(0.8 * NumProducts, 0)
     THEN 'Fourth'
   ELSE 'Fifth'
  END AS Quintile
FROM RankedCategories AS p1
  CROSS JOIN ProdCount
ORDER BY p1.ProductSales DESC;
```

请注意，ROUND() 函数并非 ISO 的 SQL 标准，但所有的主流数据库都支持它，最终结果如表 8-2 所示。

表 8-2　Accessories 类别的销售排名与分区

Category Description	ProductName	Product Sales	RankIn Category	Quintile
Accessories	Cycle-Doc Pro Repair Stand	62157.04	1	First
Accessories	King Cobra Helmet	57572.41	2	First
Accessories	Glide-O-Matic Cycling Helmet	56286.25	3	First
Accessories	Dog Ear Aero-Flow Floor Pump	36029.40	4	First
Accessories	Viscount CardioSport Sport Watch	27954.43	5	Second
Accessories	Pro-Sport 'Dillo Shades	20336.82	6	Second
Accessories	Viscount C-500 Wireless Bike Computer	18046.70	7	Second
Accessories	Viscount Tru-Beat Heart Transmitter	17720.41	8	Second
Accessories	HP Deluxe Panniers	15984.54	9	Third
Accessories	ProFormance Knee Pads	14792.96	10	Third
Accessories	Ultra-Pro Knee Pads	14581.35	11	Third
Accessories	Nikoma Lok-Tight U-Lock	12488.85	12	Fourth
Accessories	TransPort Bicycle Rack	9442.44	13	Fourth
Accessories	True Grip Competition Gloves	7465.70	14	Fourth
Accessories	Kryptonite Advanced 2000 U-Lock	5999.50	15	Fourth
Accessories	Viscount Microshell Helmet	4219.20	16	Fifth
Accessories	Dog Ear Monster Grip Gloves	2779.50	17	Fifth
Accessories	Dog Ear Cyclecomputer	2238.75	18	Fifth
Accessories	Dog Ear Helmet Mount Mirrors	767.73	19	Fifth

如果不适用 ROUND()，第一个区间会有 3 个成员，其余的会有 4 个成员。总数无法平均分配成 5 个区间时，使用 ROUND() 将"多出"的移动到中间。

注意 如果你的数据库系统不支持 RANK()，则可以在每个类别中使用 SELECT COUNT 子查询生成排名。我们在 GitHub 网站 https://github.com/TexanInParis/Effective-SQL 的代码清单 8-006-RankedCategories 中为 Microsoft Access 版本的销售订单数据库使用了此技巧。

你可以使用同样的技巧将任何排名数据等分。要计算乘数，将 1 除以分区数，然后使用其结果的倍数分组。例如，如要 10 等分，1/10=0.10，因此你会使用 0.10、0.20、…、0.80 和 0.90。

总结

❑ 将等分数据分成排名区间是评估信息有趣有用的方式。

❑ 使用 RANK() 窗口函数轻松创建排名值。

❑ 将 1 除以分区数以产生每个分区的乘数。

第 49 条：知道如何对表中的行配对

找出一组数据所有可能的组合有时很有用。最简单的例子是制作球队的各种排列组合——产生棒球或保龄球联盟的赛程表。假设有个 Teams 表以代码清单 8-7 所示的 SQL 创建。

代码清单8-7　Teams表的结构

```
CREATE TABLE Teams (
  TeamID int NOT NULL PRIMARY KEY,
  TeamName varchar(50) NOT NULL,
  CaptainID int NULL
);
```

要制作所有任务的赛程表，你必须得到球队的两两组合（不是排列）。[⊖]若至少有一个列是独一无二的，将一个队伍与独特 ID 较高或较低的队伍配对很简单。你可以使用如代码清单 8-8 所示建立两个表副本的笛卡儿积并套用 TeamID 过滤。

⊖ 组合为不管顺序的独特数字集合。例如，给定集合 1、2、3、4、5 的两两组合为 1-2、1-3、1-4、1-5、2-3、2-4、2-5、3-4、3-5 和 4-5。排列是组合和考虑顺序的集合。集合 1、2、3、4、5 的排列是两两组合加上另外一个顺序相反的数字组。因此 1-2 余 2-1 都是排列的数据，但组合只能是 1-2 或 2-1 其中一个。

代码清单8-8 使用笛卡儿积获取两个队伍的所有组合

```
SELECT Teams1.TeamID AS Team1ID,
  Teams1.TeamName AS Team1Name,
  Teams2.TeamID AS Team2ID,
  Teams2.TeamName AS Team2Name
FROM Teams AS Teams1
  CROSS JOIN Teams AS Teams2
WHERE Teams2.TeamID > Teams1.TeamID
ORDER BY Teams1.TeamID, Teams2.TeamID;
```

或者使用如代码清单 8-9 所示以非等式解决。在 SQL Server 中，两种查询都是用相同的资源，但在其他系统中可能一个会比另一个快。

代码清单8-9 使用非等式获取两个队伍的所有组合

```
SELECT Teams1.TeamID AS Team1ID,
  Teams1.TeamName AS Team1Name,
  Teams2.TeamID AS Team2ID,
  Teams2.TeamName AS Team2Name
FROM Teams AS Teams1
  INNER JOIN Teams AS Teams2
    ON Teams2.TeamID > Teams1.TeamID
ORDER BY Teams1.TeamID, Teams2.TeamID;
```

 注意 在某些 DBMS 中，优化器可能会为代码清单 8-8 和代码清单 8-9 产生相同的计划，优化器也可能将交叉连接转换为内部连接。有关读取执行计划的详细信息，请阅读第 7 章。

如果你懂一些数学，则计算从 N 个项目中取出 K 个项目排列组合的公式如下：

$$\frac{N!}{K!(N-K)!}$$

如果我们配对 10 支球队，我们会得到：

$$\frac{10!}{2!(10-2)!} = \frac{10*9*8*7*6*5*4*3*2*1}{2*1(8*7*6*5*4*3*2*1)}$$

当你从分界线上下去掉 8 个因子（$8 \times 7 \times 6 \times 5 \times 4 \times 3 \times 2 \times 1$）时，最终会以 10×9 除以 2 等于 45 行。结果如表 8-3 所示，确实是 45 行。

表 8-3 所有队伍相互配对

Team1ID	Team1Name	Team2ID	Team2Name
1	Marlins	2	Sharks
1	Marlins	3	Terrapins
1	Marlins	4	Barracudas

（续）

Team1ID	Team1Name	Team2ID	Team2Name
1	Marlins	5	Dolphins
1	Marlins	6	Orcas
1	Marlins	7	Manatees
1	Marlins	8	Swordfish
1	Marlins	9	Huckleberrys
1	Marlins	10	MintJuleps
2	Sharks	3	Terrapins
2	Sharks	4	Barracudas
2	Sharks	5	Dolphins
2	Sharks	6	Orcas
2	Sharks	7	Manatees
2	Sharks	8	Swordfish
2	Sharks	9	Huckleberrys
2	Sharks	10	MintJuleps
… 其他行 …			
7	Manatees	8	Swordfish
7	Manatees	9	Huckleberrys
7	Manatees	10	MintJuleps
8	Swordfish	9	Huckleberrys
8	Swordfish	10	MintJuleps
9	Huckleberrys	10	MintJuleps

如需要加上主客场分别，你可以将此 SQL 与另一份使用 Teams2.TeamID<Teams1.
TeamID 产生左右对调的 SQL 做 UNION。若要交错主客场，你可以使用如代码清单 8-10
所示的窗口函数（更多细节请阅读第 37 条）。

代码清单8-10　使用窗口函数分配主客场

```
WITH TeamPairs AS (
  SELECT
    ROW_NUMBER() OVER (
      ORDER BY Teams1.TeamID, Teams2.TeamID
    ) AS GameSeq,
    Teams1.TeamID AS Team1ID, Teams1.TeamName AS Team1Name,
    Teams2.TeamID AS Team2ID, Teams2.TeamName AS Team2Name
  FROM Teams AS Teams1
    CROSS JOIN Teams AS Teams2
  WHERE Teams2.TeamID > Teams1.TeamID
)
```

```
SELECT TeamPairs.GameSeq,
  CASE ROW_NUMBER() OVER (
    PARTITION BY TeamPairs.Team1ID
    ORDER BY GameSeq
    ) MOD 2
    WHEN 0 THEN
      CASE RANK() OVER (ORDER BY TeamPairs.Team1ID) MOD 3
        WHEN 0 THEN 'Home' ELSE 'Away' END
    ELSE
      CASE RANK() OVER (ORDER BY TeamPairs.Team1ID) MOD 3
        WHEN 0 THEN 'Away' ELSE 'Home' END
    END AS Team1PlayingAt,
  TeamPairs.Team1ID, TeamPairs.Team1Name,
  TeamPairs.Team2ID, TeamPairs.Team2Name
FROM TeamPairs
ORDER BY TeamPairs.GameSeq;
```

> 🛈 注意　SQL Server 和 PostgreSQL 中的模数运算符是 %，而不是 MOD。在 DB2 和 Oracle 中，使用 MOD 函数。PostgreSQL 也支持 MOD 函数。

TeamPairs 这个 CTE 是原来的查询加上列号。在主查询中，我们每隔一行（MOD 2）判断指派"home"或"away"分配第一支队伍。由于每支队伍的第一场都指派"home"，我们每隔三列做相反指派。若没有这么做，最后会有 25 个主场 20 个客场。更多 CTE 的信息请阅读第 42 条。

排列组合有许多用途。假设你是超市的经理，你想要知道什么产品组合卖得最好。例如，是否很多客户经常购买饼干、薯片和啤酒？找出最畅销的三种产品组合后，有一种营销理论建议将它们一起摆放在货架上最显眼的位置，以便购物者更容易找到它们。另一种理论是让它们尽可能分开使得客户必须逛完整个商城才能完全买全。

假设你有一个 Products 表，其中包含 ProductNumber 主键列和 ProductName 列。你可以使用代码清单 8-11 中的 SQL，一次查找三个产品的所有排列组合。

代码清单8-11　一次查找采用三种产品的所有排列组合

```
SELECT Prod1.ProductNumber AS P1Num,
  Prod1.ProductName AS P1Name, Prod2.ProductNumber AS P2Num,
  Prod2.ProductName AS P2Name, Prod3.ProductNumber AS P3Num,
  Prod3.ProductName AS P3Name
FROM Products AS Prod1 CROSS JOIN Products AS Prod2
  CROSS JOIN Products AS Prod3
WHERE Prod1.ProductNumber < Prod2.ProductNumber
  AND Prod2.ProductNumber < Prod3.ProductNumber;
```

请注意，> 或 < 作为比较运算符没有关系，只要所有比较都一样就可以。你或许认为 <> 也可以，但当你要组合时，它会得到所有的排列。

当然，一般超市会有成千上万的产品，所以一次找到三种产品的组合可以产生超过

2000 亿行！聪明的商店经理可能会从一个供应商那里选择有限的产品类别或产品。

你可以使用它的结果找出带有特定三个产品的订单，然后对每个组合的订单进行统计，以确定最常发生的订单。我们在第 25 条中说明了这种多条件问题的解决办法（找出带有三个特定产品的订单）。

总结

❑ 找出从 N 个项目中取出 K 个项目的排列组合很有用。

❑ 有独特列时找出排列组合很容易。

❑ 要增加每个组合选择的项目数量时，只需将目标表的另一个副本添加到查询中即可。

❑ 操作大量数据时要小心，因为最终可能产生成百上千亿行。

第 50 条：理解如何列出类别与前三偏好

想要比较一系列属性的匹配度时，你可能不会找到完全符合的结果。找不到完全符合的结果时，你或许会想要最接近的结果，若能对匹配度重要性排序，会比较容易做到。

我们有个处理客户与艺人时间表的示例数据库。在该数据库中，我们列出每个艺人的音乐风格，还有一张表保存每个客户的音乐偏好。数据库的设计如图 8-2 所示。

你可以看到，Musical_Preferences 表包含一列，以使用序列号对客户偏好进行排名。在这个数据库中，1 表示客户的首选，2 表示第二偏好，以此类推。Entertainer_Styles 表中还有一列，列出了每个艺人的风格，一个艺人可以演奏该风格的相对强度。例如，客户 Zachary Johnson 已经按顺序指定了 Rhythm and Blues、Jazz 和 Salsa 的偏好。艺人 Jazz Persuasion 依序擅长 Rhythm and Blues、Salsa 与 Jazz。

首先，让我们看看，是否有艺人的风格完全吻合客户的偏好。我们可以使用第 26 条中提到的技巧来做。如代码清单 8-12 所示。

代码清单8-12　查找是否有艺人的风格完全吻合客户的偏好

```
WITH CustStyles AS (
  SELECT c.CustomerID, c.CustFirstName,
    c.CustLastName, ms.StyleName
  FROM Customers AS c
    INNER JOIN Musical_Preferences AS mp
      ON c.CustomerID = mp.CustomerID
    INNER JOIN Musical_Styles AS ms
      ON mp.StyleID = ms.StyleID
),
EntStyles AS (
```

```
SELECT e.EntertainerID, e.EntStageName, ms.StyleName
FROM Entertainers AS e
  INNER JOIN Entertainer_Styles AS es
    ON e.EntertainerID = es.EntertainerID
  INNER JOIN Musical_Styles AS ms
    ON es.StyleID = ms.StyleID
)
SELECT CustStyles.CustomerID, CustStyles.CustFirstName,
  CustStyles.CustLastName, EntStyles.EntStageName
FROM CustStyles
  INNER JOIN EntStyles
    ON CustStyles.StyleName = EntStyles.StyleName
GROUP BY CustStyles.CustomerID, CustStyles.CustFirstName,
  CustStyles.CustLastName, EntStyles.EntStageName
HAVING COUNT(EntStyles.StyleName) = (
  SELECT COUNT(StyleName)
  FROM CustStyles AS cs1
  WHERE cs1.CustomerID = CustStyles.CustomerID
  )
ORDER BY CustStyles.CustomerID;
```

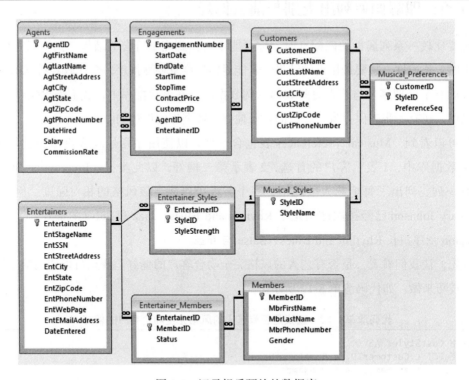

图 8-2　记录娱乐预约的数据库

　　由于有多组需求（客户偏好）能符合多组属性（艺人风格），代码清单 8-12 所示的查询是第 26 条中的第二种技巧。我们在计算风格名称的子查询加上 WHERE 子句以计算个别客户的风格。结果如表 8-4 所示，数据库中的 15 个客户中有 7 个完全符合（注意有 1 个客户有 2 个相符的记录）。

表 8-4　有完全相符偏好的艺人的客户

CustomerID	CustFirstName	CustLastName	EntStageName
10002	Deb	Smith	JV & the Deep Six
10003	Ben	Clothier	Topazz
10005	Elizabeth	Hallmark	Julia Schnebly
10005	Elizabeth	Hallmark	Katherine Ehrlich
10008	Darren	Davidson	Carol Peacock Trio
10010	Zachary	Johnson	Jazz Persuasion
10012	Kerry	Patterson	Carol Peacock Trio
10013	Louise	Johnson	Jazz Persuasion

发现有许多艺人符合客户的偏好是个好现象！但我们要找出最适合每个客户的艺人。假设对客户来说，最好的艺人是其最擅长的前两个风格与客户的前两个偏好在不考虑顺序的情况下相符。

为了做到这一点，我们需要"行转列"，将前三的偏好转为第一、第二与第三项，对艺人的擅长也做同样的处理。然后，如果在前两项不考虑顺序的情况下相符，我们就找到最好的匹配。代码清单 8-13 显示了如何做。

代码清单8-13　比较前两个偏好以选择最佳匹配

```
WITH CustPreferences AS (
  SELECT c.CustomerID, c.CustFirstName, c.CustLastName,
    MAX((CASE WHEN mp.PreferenceSeq = 1
            THEN mp.StyleID
            ELSE Null END)) AS FirstPreference,
    MAX((CASE WHEN mp.PreferenceSeq = 2
            THEN mp.StyleID
            ELSE Null END)) AS SecondPreference,
    MAX((CASE WHEN mp.PreferenceSeq = 3
            THEN mp.StyleID
            ELSE Null END)) AS ThirdPreference
  FROM Musical_Preferences AS mp
    INNER JOIN Customers AS c
      ON mp.CustomerID = c.CustomerID
  GROUP BY c.CustomerID, c.CustFirstName, c.CustLastName
),
EntStrengths AS (
  SELECT e.EntertainerID, e.EntStageName,
    MAX((CASE WHEN es.StyleStrength = 1
            THEN es.StyleID
            ELSE Null END)) AS FirstStrength,
    MAX((CASE WHEN es.StyleStrength = 2
            THEN es.StyleID
```

```
                      ELSE Null END)) AS SecondStrength,
        MAX((CASE WHEN es.StyleStrength = 3
                  THEN es.StyleID
                  ELSE Null END)) AS ThirdStrength
     FROM Entertainer_Styles AS es
       INNER JOIN Entertainers AS e
         ON es.EntertainerID = e.EntertainerID
     GROUP BY e.EntertainerID, e.EntStageName
)
SELECT CustomerID, CustFirstName, CustLastName,
  EntertainerID, EntStageName
FROM CustPreferences
  CROSS JOIN EntStrengths
WHERE (
  FirstPreference = FirstStrength
    AND SecondPreference = SecondStrength
  ) OR (
  SecondPreference = FirstStrength
    AND FirstPreference = SecondStrength
  )
ORDER BY CustomerID;
```

如你所想的一样，你可以在 WHERE 子句中使用各种测试组合来放宽条件。举例来说，你可以接受客户的前两项偏好符合任何艺人的三项风格。结果如表 8-5 所示。

如你所见，第一个查询挑出许多相同的匹配项，但我们对客户 10009 加上了一个建议，因为至少有两个偏好与风格相匹配。但客户 10008（Darren Davidson）与 10010（Zachary Johnson）不在列表中，因为即使所有三个偏好都匹配，但并不是匹配第一或第二。

当然，除运算可以找到完全相符，但是当你想要找到最好的部分相符时，你必须更有创意。找出三项中两项相符可帮助你决定要推荐什么。

表 8-5 查找前两种风格与客户的前两种偏好相符的艺人

Customer ID	CustFirst Name	CustLast Name	Entertainer ID	EntStageName
10002	Deb	Smith	1003	JV & the Deep Six
10003	Ben	Clothier	1002	Topazz
10005	Elizabeth	Hallmark	1009	Katherine Ehrlich
10005	Elizabeth	Hallmark	1011	Julia Schnebly
10009	Sarah	Thompson	1007	Coldwater Cattle Company
10012	Kerry	Patterson	1001	Carol Peacock Trio

总结

❑ 除运算可找出完全匹配。

❑ 如果接受部分匹配，则需要套用其他技巧。

❑ 表中有排名的数据可以帮助你决定最佳的匹配。

计 数 表

在第 8 章中，你看到笛卡儿积如何对 SQL 语句提供必要的数据。

另一个实用的工具是计数表，通常是具有单列序列号的表，其值从 1（或 0）开始到适用于某种情况的最大数。它也可以是一系列连贯可能会感兴趣的日期，或者更复杂的以帮助"行转列"的序列。这些使我们能够解决笛卡儿积不能解决的问题，因为笛卡儿积依赖于基础表中的实际值，而计数表能够涵盖所有的可能性。在本章中，我们向你展示这些问题的示例以及如何用计数表解决。

与笛卡儿积一样，使用计数表也可以解决很多其他问题。

第 51 条：根据计数表内定义的参数生成空行

有时，能够在数据中生成空值或空行很有用，特别是对于生成报表需要的数据时。一个例子是每一页报表需要表头和几行描述，还有表尾在几行描述与最后一行之间的分割线。当一组数据中描述行不够（或者数据组的末尾）填充整个页面时，这时就需要足够的空行来填充报表以便将底边推移到合适的位置。

另一个也许更简单的例子是数据被格式化以打印邮寄标签。最后一次运行报告时，你在最后一页的顶部使用了几个标签。而不是丢弃部分使用的页面，可以在邮件列表数据的开头生成 n 个空行，以跳过第一页上已经使用的标签。

因此你需要的是一组整数，从 1 到报告组中的最大行数或页面上的最大标签数。你可以使用参数值或计算值以产生所需的空行。在第 42 条中，我们示范过使用递归 CTE 产生一系列数字。让我们使用如代码清单 9-1 所示的 CTE 解决"跳过使用过的邮件标签"问题。我们假设要跳过 3 个已经用掉的标签；我们在稍后会加上参数。

代码清单9-1　使用生成的列表来跳过空白标签

```
WITH SeqNumTbl AS (
  SELECT 1 AS SeqNum
  UNION ALL
  SELECT SeqNum + 1
  FROM SeqNumTbl
  WHERE SeqNum < 100
  ),
SeqList AS (
  SELECT SeqNum
  FROM SeqNumTbl
  )
SELECT ' ' AS CustName, ' ' AS CustStreetAddress,
    ' ' AS CustCityState, ' ' AS CustZipCode
FROM SeqList
WHERE SeqNum <= 3
UNION ALL
SELECT CONCAT(c.CustFirstName, ' ', c.CustLastName)
    AS CustName,
  c.CustStreetAddress,
  CONCAT(c.CustCity, ', ', c.CustState, ' ', c.CustZipCode)
    AS CustCityState, c.CustZipCode
FROM Customers AS c
ORDER BY CustZipCode;
```

> **注意** IBM DB2、Microsoft SQL Server、MySQL、Oracle 和 PostgreSQL 都 支持 CONCAT() 函数；但是，DB2 和 Oracle 只接受两个参数，因此你必须嵌套 CONCAT() 函数来连接多个字符串。ISO 标准仅定义运算符 || 执行连接。DB2、Oracle 和 PostgreSQL 接受 || 连接运算符，如果服务器 sql_mode 设置为 PIPES_AS_CONCAT，MySQL 将接受它。在 SQL Server 中，可以使用 + 作为连接运算符。Microsoft Access 不支持 CONCAT() 函数，但你可以使用 & 或 + 连接字符串。
>
> 记住，5.7 版的 MySQL 与 2016 版的 Microsoft Access 都不支持 CTE，包括递归的 CTE。

如此可产生 3 个空白列与我们要输出的数据。请注意，我们使用 UNION ALL 不是因为某些重复项可能会被忽略（极不可能），而是因为这样比较有效率。使用 UNION 时，数据库必须额外检查与排除重复。输出的前 8 行如表 9-1 所示。

表 9-1 在邮件列表中跳过已使用的标签

CustName	CustStreetAddress	CustCityState	CustZip
Deborah Smith	2500 Rosales Lane	Dallas, TX 75260	75260
Doug Steele	672 Lamont Ave.	Houston, TX 77201	77201
Kirk Johnson	455 West Palm Ave.	San Antonio, TX 78284	78284
Angel Kennedy	667 Red River Road	Austin, TX 78710	78710
Mark Smith	323 Advocate Lane	El Paso, TX 79915	79915

另一种方式是使用计数表来提供数字序列。在示例销售订单数据库中，恰好有合适的表，名为 ztblSeqNumbers，其中包含从 1～60 的数字。代码清单 9-2 展示了如何使用计数表。

代码清单9-2 使用计数表跳过空白标签

```sql
SELECT ' ' AS CustName, ' ' AS CustStreetAddress,
    ' ' AS CustCityState, ' ' AS CustZipCode
FROM ztblSeqNumbers
WHERE Sequence <= 3
UNION ALL
SELECT CONCAT(c.CustFirstName, ' ', c.CustLastName)
    AS CustName,
    c.CustStreetAddress,
    CONCAT(c.CustCity, ', ', c.CustState, ' ', c.CustZipCode)
    AS CustCityState, c.CustZipCode
FROM Customers AS c
ORDER BY CustZipCode;
```

两种技巧在 SQL Server 中的性能差异可以忽略不计，也许是因为示例 Customers 表中只有 28 个客户。在某些系统中，计数表可能比使用 CTE 更有效，因为可以在表中对 Sequence 列进行索引。

刚刚提出的两个解决方案，3 被硬编码到 SQL 中。因为每次要跳过的标签数量会随着时间的变化而变化，所以将要跳过的标签数量作为参数显然会更加灵活。为此，我们需要将 SQL 加到有参数的函数中，使用该参数对序列号应用过滤器，并将结果作为表返回。每次产生报表时，只需要改变 SELECT 语句中使用的参数值即可。代码清单 9-3 展示了函数的 SQL 语句和用于跳过 5 行的调用此函数的 SELECT 语句。

代码清单9-3　使用函数跳过空白标签

```
CREATE FUNCTION MailingLabels (@skip AS int = 0)
RETURNS Table
AS RETURN (
  SELECT ' ' AS CustName, ' ' AS CustStreetAddress,
    ' ' AS CustCityState, ' ' AS CustZipCode
  FROM ztblSeqNumbers
  WHERE Sequence <= @skip
  UNION ALL
  SELECT
    CONCAT(c.CustFirstName, ' ', c.CustLastName) AS CustName,
    c.CustStreetAddress,
    CONCAT(c.CustCity, ', ', c.CustState, ' ', c.CustZipCode)
        AS CustCityState, c.CustZipCode
  FROM Customers AS c
);

SELECT * FROM MailingLabels(5)
ORDER BY CustZipCode;
```

表值函数

返回标量值的函数可以用于任何使用列名的地方，用于多个视图或存储过程的复杂计算可放在函数中，并在需要执行复杂计算时调用此函数。

但返回整个表的函数会更有用。想要执行有个过滤器变参的查询时，表值函数可让你只编写一次复杂的 SQL 语句，并使用参数值来返回过滤后的数据集。你可以在 FROM 子句中使用表引用的任何地方使用表值函数，你可以将表值函数看作“参数化”的视图。参数值可以是常数，也可以是从另一张表或利用子查询查询出来的单列值。

从性能的角度来看，表值函数可能比使用相同的标量函数的 SQL 查询更好。如第 12 条所述，数据库引擎可能会使用不同的算法加入来自不同表的数据。具有标量函数的 SQL 查询更有可能严重限制引擎的选择，实际上引擎必须在使用前将其视为黑盒做完整的处理，然后才能使用。这通常需要对每行执行一个（或更多）标量函数。另一方面，表值函数可以是透明的，引擎能够看到函数的“内部”，并使用该信息来形成更好的执行计划。这通常称为“内联运算”。因此引擎也许能够对表值内联运算，但无法对根据标量函数进行过滤或连接的查询做内联。如果你写过调用函数的程序，编写 SQL 查询时你必须将想法转换并以集合而非行的方式来思考。同样，请阅读相关数据库文档，以确保数据库何时使用内联表值函数。

当然，你只需执行一次 CREATE 语句。请注意，我们在调用该函数的查询中执行最终排序，因为大多数实现不允许在返回表的函数中使用 ORDER BY。数据库系统保存此函数后，每次要产生邮件标签报告时，只需要修改参数值。

总结

- ❏ 生成空白行可能是有用的，特别是对于报表。
- ❏ 你可以使用递归 CTE 或计数表来帮助你生成空行。在某些情况下，直接使用表可能会更快。
- ❏ 为了方便为空行数提供参数值，创建一个接受参数的函数，以便你可以从 SELECT 语句中调用它。

第 52 条：使用计数表和窗口函数生成序列

本节将讨论在第 37 条中已经提到的一个案例，获得依赖于相邻行的结果（例如编号和排名等），联合使用计数表和窗口函数的做法。当没有预先存在的数据时，对生成记录或排序很有用。如果你的数据库引擎支持窗口函数（见第 37 条），则本节就适用。

假设你正在开发券商数据库，国家法律要求必须保存所有交易记录。但复杂的部分在于同一支股票的买入与卖出价格不同，也不一定要一次全卖掉。在某些情况下，这些差异可以通过总计利润来解决。但有时候不行，特别是需要操作复杂公式或受计算获利的交易方式的影响。这如何影响我们的券商？让我们从下列公式开始：

$$毛利润＝收入－成本$$

特定股票的成本是多少？实际销售了多少？让我们来看看券商的数据模型，注意图 9-1 中的计数表是单列表。

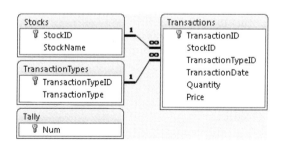

图 9-1　简化的券商数据库的数据模型

券商记录所有买卖的股票。实际买卖记录在交易表中，以交易类型区别买或卖。我们发现有数量和价格的列。让我们看看表 9-2 的交易表并假设只有一只股票。

表 9-2　交易表的内容

ID	Type	Date	Qty	Price
1	Buy	2/24	12	27.10
2	Sell	2/25	7	29.90
3	Buy	2/25	3	26.35
4	Sell	2/25	6	30.20
5	Buy	2/26	15	22.10
6	Sell	2/27	5	26.25

问题是：第 10 股的毛利是多少？由于第 10 股是在第一笔交易中以 27.10 美元买入，所以这是它的成本。但它不是在第一笔卖单中全部售出；只卖出 7 股。实际上是在第二笔卖出交易才将 10 股卖出，因此卖出价格为 30.20 美元。这一股的毛利是 3.10 美元。重点是：我们如何用 SQL 计算？我们甚至没有键可以提供连接。

我们不能叫券商一股一股输入交易记录，这很麻烦。此时可以使用计数表与窗口函数（在第 37 条讨论过），想法是我们需要对每一股指派一个"行"并指派成本与收入，以便计算毛利。如果你懂一些会计知识，你可能听过"先进先出"（FIFO），这表示卖出时，成本为先购入的价格。因此第一与第二笔卖出应该使用第一笔买入交易的价格（成本）加上第二笔卖出的第 6 股来自第二笔买入的交易。因此我们需要使用计数表两次：一次计算成本（"买入"价格）；一次计算收入（"卖出"价格）。

完整的查询如代码清单 9-4 所示。

代码清单9-4　计算个别股票买卖的完整查询

```
WITH Buys AS (
  SELECT
    ROW_NUMBER() OVER (
      PARTITION BY t.StockID
      ORDER BY t.TransactionDate, t.TransactionID, c.Num
      ) AS TransactionSeq,
    c.Num AS StockSeq,
    t.StockID,
    t.TransactionID,
    t.TransactionDate,
    t.Price AS CostOfProduct
  FROM Tally AS c
    INNER JOIN Transactions AS t
    ON c.Num <= t.Quantity
  WHERE t.TransactionTypeID = 1
  ),
Sells AS (
  SELECT
    ROW_NUMBER() OVER (
      PARTITION BY t.StockID
```

```
      ORDER BY t.TransactionDate, t.TransactionID, c.Num
      ) AS TransactionSeq,
    c.Num AS StockSeq,
    t.StockID,
    t.TransactionID,
    t.TransactionDate,
    t.Price AS RevenueOfProduct
  FROM Tally AS c
    INNER JOIN Transactions AS t
      ON c.Num <= t.Quantity
    WHERE t.TransactionTypeID = 2
  )
SELECT
  b.StockID,
  b.TransactionSeq,
  b.TransactionID AS BuyID,
  s.TransactionID AS SellID,
  b.TransactionDate AS BuyDate,
  s.TransactionDate AS SellDate,
  b.CostOfProduct,
  s.RevenueOfProduct,
  s.RevenueOfProduct - b.CostOfProduct AS GrossMargin
FROM Buys AS b
  INNER JOIN Sells AS s
    ON b.StockID = s.StockID
      AND b.TransactionSeq = s.TransactionSeq
ORDER BY b.TransactionSeq;
```

表 9-3 展示了查询返回的数据。

表 9-3 代码清单 9-4 中查询返回的数据

Stock ID	Transaction Seq	Buy ID	Sell ID	Buy Date	Sell Date	Cost	Revenue	Margin
1	1	1	2	2/24	2/25	27.10	29.90	2.80
1	2	1	2	2/24	2/25	27.10	29.90	2.80
	...			...			...	
1	7	1	2	2/24	2/25	27.10	29.90	2.80
1	8	1	4	2/24	2/25	27.10	30.20	3.10
	...			...			...	
1	12	1	4	2/24	2/25	27.10	30.20	3.10
1	13	3	4	2/25	2/25	26.35	30.20	3.85
1	14	3	6	2/25	2/27	26.35	26.25	−0.10

　　如你所见，我们需要执行三个逻辑步骤：拆开"买入"股票，拆开"卖出"股票，根据指定的顺序对应成本与售价。让我们在代码清单 9-5 中深入了解 Buys 这个 CTE。

🎬 **注意** 更多 CTE 的例子请阅读第 42 条。

代码清单9-5　Buys CTE

```
SELECT
  ROW_NUMBER() OVER (
    PARTITION BY t.StockID
    ORDER BY t.TransactionDate, t.TransactionID, c.Num
    ) AS TransactionSeq,
  ...
FROM Tally AS c
  INNER JOIN Transactions AS t
    ON c.Num <= t.Quantity
WHERE t.TransactionTypeID = 1
```

我们在交易表与计数表之间使用第 33 条提到的非等式连接的方法为每一股订单生成一行数据，但我们还需要所有"买入"的全局序列以对应所有的"卖出"。为此，我们使用第 38 条所述的 ROW_NUMBER() 窗口函数，传入交易日期与 ID 加上计数表的数字以确保独特且一致的排序。我们以 ID 解决同日两个"买入"（或"卖出"）的情况，虽然本书只处理一只股票，但窗口函数有 PARTITION 子句可处理不同股票，重置每只股票的序列。

Sells 这个 CTE 实际上是类似的，唯一的差别是过滤条件为 2 而非 1，以表示我们只想要"卖出"交易且使用 RevenueOfProduct 而非 CostOfProduct。

最终的 SELECT 以 ROW_NUMBER() 产生的全局序列连接 Buys 与 Sells 两个 CTE。由于序列的逻辑相同（按交易日期，然后按照 ID 排序），我们可以确保每次执行此查询结果的一致性，且个别股会指派正确的成本与售出价格，让我们能够以一致的方式计算个别股的毛利。

我们可能会怀疑"买入"多于"卖出"或相反的情况会如何。在代码清单 9-4 所示的查询中，这些多余的行会被排除，因为我们执行的是内连接。这取决于公司的会计，他们可能会将超出的买入以库存处理，因此不影响毛利的计算，或将它们当做亏损（特别是产品为易腐烂的水果而非股票时）。如有必要，你可以使用 LEFT JOIN 或 FULL OUTER JOIN 以确保多余的买入也被计算在内。

总结

❏ 计数表可以与窗口函数一起使用，以提供更多的序列或其他需要以窗口描述的方式。
❏ 非等式连接与计数表在需要凭空产生记录时很有用。

第 53 条：根据计数表内定义的范围生成行

我们在第 51 条学到使用计数表根据参数生成空行很方便，让我们进一步使用计数表根据值范围选择一个行数，然后以另一个计数表根据前面的计数表存储的值生成一个行数。

本节我们将再次使用销售订单数据库。设计如图 9-2 所示；注意其中包括两个计数表。

假设你是一家公司的营销经理，去年 12 月的销售非常好，你想要根据 2015 年 12 月的购买记录，邮寄一张或多张 10 美元的优惠券（最低消费金额为 100 美元可用）奖励最佳的客户。如果消费超过 1000 美元，你会送 1 张优惠券。如果消费满 2000 美元，你会送 2 张优惠券。如果消费满 5000 美元，你会送 4 张优惠券。如果消费满 50000 美元，你最多会送 50 张优惠券。

你无法用数学公式计算优惠券的确切数量，因为金额的范围与相应的数量不遵循线性规律。但你可以创建有范围与对应张数的计数表。表 9-4 展示了有经理人决定的值的示例表（ztblPurchaseCoupons）。

第二个计数表 ztblSeqNumbers 是一个具有整型单列的表，列的值从 1～60 递增。

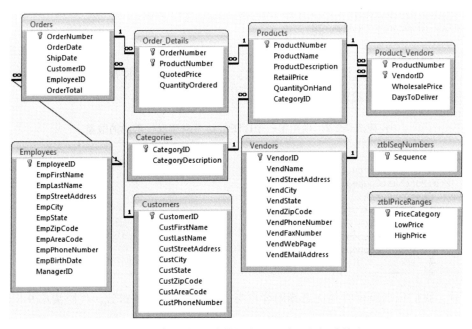

图 9-2　示例销售订单数据库的设计，包括计数表

表 9-4　根据支出金额定义优惠券数量的计数表

LowSpend	HighSpend	NumCoupons
1000.00	1999.99	1
2000.00	4999.99	2
5000.00	9999.99	4
10000.00	29999.99	9
30000.00	49999.99	20
50000.00	999999.99	50

很明显，我们需要找出每位客户在 2015 年 12 月的销售金额，找出计数表中的相对值，然后使用 NumCoupons 列的值对每位客户产生多个行。让我们先计算客户的消费，代码清单 9-6 显示可用于最终查询的第一个 CTE（有关使用 CTE 的详细信息，请阅读第 42 条）。注意我们在此代码中的最后留下一个逗号，因为还要加入第二个 CTE。

代码清单9-6　计算每位客户2015年12月的消费总额

```
WITH CustDecPurch AS (
  SELECT Orders.CustomerID,
    SUM((QuotedPrice)*(QuantityOrdered)) AS Purchase
  FROM Orders
    INNER JOIN Order_Details
      ON Orders.OrderNumber = Order_Details.OrderNumber
  WHERE Orders.OrderDate BETWEEN '2015-12-01'
      AND '2015-12-31'
  GROUP BY Orders.CustomerID
), ...
```

接下来，已消费金额找出优惠券的张数。代码清单 9-7 显示第二个 CTE，它使用第一个 CTE 的值从计数表查找正确的数量。

代码清单9-7　使用第一个CTE的结果来查找优惠券的数量

```
... Coupons AS (
  SELECT CustDecPurch.CustomerID,
    ztblPurchaseCoupons.NumCoupons
  FROM CustDecPurch
    CROSS JOIN ztblPurchaseCoupons
  WHERE CustDecPurch.Purchase BETWEEN
    ztblPurchaseCoupons.LowSpend AND
    ztblPurchaseCoupons.HighSpend
) ...
```

最后，我们识别出可收到优惠券的客户与 10 美元优惠券的张数。代码清单 9-8 显示根据张数产生客户姓名与地址的 SQL。

代码清单9-8　对每位客户每个优惠券生成一行

```
...
SELECT c.CustFirstName, c.CustLastName,
  c.CustStreetAddress, c.CustCity, c.CustState,
  c.CustZipCode, cp.NumCoupons
FROM Coupons AS cp
  INNER JOIN Customers AS c
    ON cp.CustomerID = c.CustomerID
  CROSS JOIN ztblSeqNumbers AS z
WHERE z.Sequence <= cp.NumCoupons;
```

组合这 3 个代码以产生最终的查询。最终的结果是 321 行——有些客户得到 1 张优惠

券（一行），有些得到 2 张，有些得到 4 张，有些得到 9 张，有些得到 20 张，而有两位客
户得到最多的 50 张。然后可以将查询发送到打印程序，以便为每位客户打印指定数量的
优惠券。表 9-5 显示了结果的前几行。请注意，重复的客户行对应 NumCoupons 列中的
数字。

表 9-5　查询的部分结果

CustFirst Name	CustLast Name	CustStreet Address	CustCity	Cust State	Cust ZipCode	Num Coupons
Suzanne	Viescas	15127 NE 24th, #383	Redmond	WA	98052	2
Suzanne	Viescas	15127 NE 24th, #383	Redmond	WA	98052	2
William	Thompson	122 Spring River Drive	Duvall	WA	98019	9
William	Thompson	122 Spring River Drive	Duvall	WA	98019	9
William	Thompson	122 Spring River Drive	Duvall	WA	98019	9
William	Thompson	122 Spring River Drive	Duvall	WA	98019	9
William	Thompson	122 Spring River Drive	Duvall	WA	98019	9

我们使用一个计数表来计算特定客户应该收到的优惠券张数，以另一个计数表展开每
位客户的每一张优惠券。你可以使用 CTE 与服务的 CASE 表达式来阐述范围值，这是只用
一次的情况。但若未来需要以不同的范围重复使用，改变计数表的值比修改 CTE 与 CASE
表达式更简单。

总结

- ❑ 使用计数表产生数据库中没有的值。
- ❑ 当计数表包含一个范围的值时，你可以比较此范围与现有数据以产生相对值。
- ❑ 你可以使用序列计数表根据另一个计数表的值生成行。

第 54 条：根据计数表定义的值范围转换某个表中的值

你在第 5 章中学到如何聚合数据以供分析使用。如同大多数的电脑运算，GROUP BY
有个潜在的问题：值必须相同才能聚合在一起。有时候你希望以同样的方式处理一个范围
内的值，本节将讨论如何做到这一点。

以表 9-6 所示的学生成绩数据库为例（Advanced SQL 的老师明显的会给予奖励！）。

表 9-6　学生成绩数据

Student	Subject	FinalGrade
Ben	Advanced SQL	102
Ben	Arithmetic	99
Ben	Reading	88.5
Ben	Writing	87
Doug	Advanced SQL	90
Doug	Arithmetic	72.3
Doug	Reading	60
Doug	Recess	100
Doug	Writing	59
Doug	Zymurgy	99.9
John	Advanced SQL	104
John	Arithmetic	75
John	Reading	61
John	Recess	95
John	Writing	92

由于成绩不存在相同的分值，所以很难创建该数据的摘要。诸如代码清单 9-9 所示的查询将会返回主题和最终成绩的每个组合的总数为 1，如表 9-7 所示。

代码清单9-9　尝试创建学生成绩数据摘要

```sql
WITH StudentGrades (Student, Subject, FinalGrade) AS (
  SELECT stu.StudentFirstNM AS Student,
    sub.SubjectNM AS Subject, ss.FinalGrade
  FROM StudentSubjects AS ss
  INNER JOIN Students AS stu
    ON ss.StudentID = stu.StudentID
  INNER JOIN Subjects AS sub
    ON ss.SubjectID = sub.SubjectID
  )
SELECT Subject, FinalGrade, COUNT(*) AS NumberOfStudents
FROM StudentGrades
GROUP BY Subject, FinalGrade
ORDER BY Subject, FinalGrade;
```

表 9-7　代码清单 9-9 尝试创建学生成绩数据摘要的结果

Subject	FinalGrade	NumberOfStudents
Advanced SQL	90	1
Advanced SQL	102	1
Advanced SQL	104	1
Arithmetic	72.3	1

（续）

Subject	FinalGrade	NumberOfStudents
Arithmetic	75	1
Arithmetic	99	1
Reading	60	1
Reading	61	1
Reading	88.5	1
Recess	95	1
Recess	100	1
Writing	59	1
Writing	87	1
Writing	92	1
Zymurgy	99.9	1

总的来说，这种统计没什么意义。如果按照成绩进行分组，例如以字母等级代表某个范围的分值比较有意义。表 9-8 显示了达到此目的的计数表。

表 9-8　将分数成绩转换成等级的计数表

LetterGrade	LowGradePoint	HighGradePoint
A+	97	120
A	93	96.99
A-	90	92.99
B+	87	89.99
B	83	86.99
B-	80	82.99
C+	77	79.99
C	73	76.99
C-	70	72.99
D+	67	69.99
D	63	66.99
D-	60	62.99
F	0	59.99

代码清单 9-10 显示了如何将 GradeRanges 这个计数表连接到 StudentGrades 表以生成表 9-9 所示的结果。

代码清单9-10 连接GradeRanges计数表以将成绩转换成等级

```
WITH StudentGrades (Student, Subject, FinalGrade) AS (
  SELECT stu.StudentFirstNM AS Student,
    sub.SubjectNM AS Subject, ss.FinalGrade
  FROM StudentSubjects AS ss
  INNER JOIN Students AS stu
    ON ss.StudentID = stu.StudentID
  INNER JOIN Subjects AS sub
    ON ss.SubjectID = sub.SubjectID
  )
SELECT sg.Student, sg.Subject, sg.FinalGrade, gr.LetterGrade
FROM StudentGrades AS sg INNER JOIN GradeRanges AS gr
  ON sg.FinalGrade >= gr.LowGradePoint
  AND sg.FinalGrade <= gr.HighGradePoint
ORDER BY sg.Student, sg.Subject;
```

表 9-9 有等级的成绩数据

Student	Subject	FinalGrade	LetterGrade
Ben	Advanced SQL	102	A+
Ben	Arithmetic	99	A+
Ben	Reading	88.5	B+
Ben	Writing	87	B+
Doug	Advanced SQL	90	A-
Doug	Arithmetic	72.3	C-
Doug	Reading	60	D-
Doug	Recess	100	A+
Doug	Writing	59	F
Doug	Zymurgy	99.9	A+
John	Advanced SQL	104	A+
John	Arithmetic	75	C
John	Reading	61	D-
John	Recess	95	A
John	Writing	92	A-

现在你可以使用代码清单 9-11 制作 LetterGrade 的摘要，结果如表 9-10 所示。

代码清单9-11 以等级制作成绩摘要

```
WITH StudentGrades (Student, Subject, FinalGrade) AS (
  SELECT stu.StudentFirstNM AS Student,
    sub.SubjectNM AS Subject, ss.FinalGrade
  FROM StudentSubjects AS ss
  INNER JOIN Students AS stu
    ON ss.StudentID = stu.StudentID
  INNER JOIN Subjects AS sub
    ON ss.SubjectID = sub.SubjectID
```

```
    )
SELECT ag.Subject, gr.LetterGrade, COUNT(*) AS NumberOfStudents
FROM StudentGrades AS sg
  INNER JOIN GradeRanges AS gr
    ON sg.FinalGrade >= gr.LowGradePoint
    AND sg.FinalGrade <= gr.HighGradePoint
GROUP BY sg.Subject, gr.LetterGrade
ORDER BY sg.Subject, gr.LetterGrade;
```

表 9-10　按字母等级统计学生成绩数据的结果

Subject	LetterGrade	NumberOfStudents
Advanced SQL	A+	2
Advanced SQL	A-	1
Arithmetic	A+	1
Arithmetic	C	1
Arithmetic	C-	1
Reading	B+	1
Reading	D	2
Recess	A	1
Recess	A+	1
Writing	A-	1
Writing	B+	1
Writing	F	1
Zymurgy	A+	1

虽然示例中数据有许多的统计总数都为 1，但至少你可以看到采用了聚合。

在设计诸如此类转换的计数表时，有几点需要注意。重要的是要确保覆盖所有可能的范围。你最不希望看到的是，因为有些值在范围外而导致数据遗漏。有两种方法处理这个问题：（1）你可以使用 CHECK 约束禁止无效值，或者（2）你可以在计数表上加上无效值的范围，然后返回这些无效值。

假设意图是将数据分组用于统计目的，你要确保合适的范围大小。如果每个范围只有几个值，就没有多大用处。视情况而定，没有理由每个范围的大小一定要相同。

考虑的数据类型，意味着你可能需要使每个低范围值等于先前的高范围值，如表 9-11 所示。这在被比较的值使用十进制时遇到精度问题是很常见的。

当然，若你使用表 9-11 所示的范围，必须记得将 ON 子句中使用的不等式 <= 改成 <（如代码清单 9-12 所示），以确保值不会同时落入两个区间。

表 9-11   将连续的数字成绩转换成字母等级的计数表

LetterGrade	LowGradePoint	HighGradePoint
A+	97	120
A	93	97
A-	90	93
B+	87	90
B	83	87
B-	80	83
C+	77	80
C	73	77
C-	70	73
D+	67	70
D	63	67
D-	60	63
F	0	60

代码清单9-12   连接GradeRanges计数表以将连续的数字成绩转换为字母等级

```
WITH StudentGrades (Student, Subject, FinalGrade) AS (
  SELECT stu.StudentFirstNM AS Student,
    sub.SubjectNM AS Subject, ss.FinalGrade
  FROM StudentSubjects AS ss
  INNER JOIN Students AS stu
    ON ss.StudentID = stu.StudentID
  INNER JOIN Subjects AS sub
    ON ss.SubjectID = sub.SubjectID
  )
SELECT sg.Student, sg.Subject, sg.FinalGrade, gr.LetterGrade,
FROM StudentGrades AS sg
  INNER JOIN GradeRanges AS gr
    ON sg.FinalGrade >= gr.LowGradePoint
    AND sg.FinalGrade < gr.HighGradePoint
ORDER BY sg.Student, sg.Subject;
```

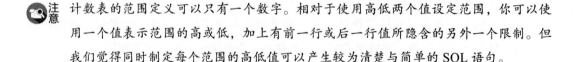 注意 计数表的范围定义可以只有一个数字。相对于使用高低两个值设定范围，你可以使用一个值表示范围的高或低，加上有前一行或后一行值所隐含的另外一个限制。但我们觉得同时制定每个范围的高低值可以产生较为清楚与简单的 SQL 语句。

总结

❑ 确保你的转换计数表符合你的数据设计。

❑ 确保非等式中使用的不等式适用于正在使用的计数表。

第 55 条：使用日期表简化日期计算

日期与时间是最麻烦的数据类型。相对于其他数据类型，它们需要联合函数才能起作用，且在某些情况下，可能还需要在日期函数中用到另一个日期函数。有些人使用怪招，像是对日期使用不合逻辑的数学运算。若考虑到大部分 DBMS 并没有完整的实现 SQL 标准中与日期数据类型、函数和操作有关的部分，则挑战会更为严峻。

为了说明这个问题，以代码清单 9-13 所示的交货速度查询为例。注意此查询可能会返回零行，因为此查询只搜寻两个月内的数据。

代码清单9-13　具有多个日期函数的可能查询

```
SELECT DATENAME(weekday, o.OrderDate) AS OrderDateWeekDay,
  o.OrderDate,
  DATENAME(weekday, o.ShipDate) AS ShipDateWeekDay,
  o.ShipDate,
  DATEDIFF(day, o.OrderDate, o.ShipDate) AS DeliveryLead
FROM Orders AS o
WHERE o.OrderDate >=
    DATEADD(month, -2,
      DATEFROMPARTS(YEAR(GETDATE()), MONTH(GETDATE()), 1))
  AND o.OrderDate <
    DATEFROMPARTS(YEAR(GETDATE()), MONTH(GETDATE()), 1);
```

 注意 代码清单 9-13 使用了几个 SQL Server 的日期函数，有些在 2012 版本前是没有的。其他 DBMS 的等效日期函数，请阅读附录。

如你所见，就算是这个简单的查询也动用好几个函数与文字。代码越多可读性就越差。如果不是别名，很难看出来这个查询要做什么。但别名无法帮助我们检查逻辑是否正确，毕竟猪换个名字还是猪。

商业决策或分析非常依赖日期。最好能采用不同的方式：创建日期表并以它取代日期函数。代码清单 9-14 展示了创建日期表的 DDL。

代码清单9-14　创建日期表的DDL

```
CREATE TABLE DimDate (
  DateKey int NOT NULL,
  DateValue date NOT NULL PRIMARY KEY,
  NextDayValue date NOT NULL,
  YearValue smallint NOT NULL,
  YearQuarter int NOT NULL,
  YearMonth int NOT NULL,
  YearDayOfYear int NOT NULL,
  QuarterValue tinyint NOT NULL,
  MonthValue tinyint NOT NULL,
  DayOfYear smallint NOT NULL,
```

```
DayOfMonth smallint NOT NULL,
DayOfWeek tinyint NOT NULL,
YearName varchar(4) NOT NULL,
YearQuarterName varchar(7) NOT NULL,
QuarterName varchar(8) NOT NULL,
MonthName varchar(3) NOT NULL,
MonthNameLong varchar(9) NOT NULL,
WeekdayName varchar(3) NOT NULL,
WeekDayNameLong varchar(9) NOT NULL,
StartOfYearDate date NOT NULL,
EndOfYearDate date NOT NULL,
StartOfQuarterDate date NOT NULL,
EndOfQuarterDate date NOT NULL,
StartOfMonthDate date NOT NULL,
EndOfMonthDate date NOT NULL,
StartOfWeekStartingSunDate date NOT NULL,
EndOfWeekStartingSunDate date NOT NULL,
StartOfWeekStartingMonDate date NOT NULL,
EndOfWeekStartingMonDate date NOT NULL,
StartOfWeekStartingTueDate date NOT NULL,
EndOfWeekStartingTueDate date NOT NULL,
StartOfWeekStartingWedDate date NOT NULL,
EndOfWeekStartingWedDate date NOT NULL,
StartOfWeekStartingThuDate date NOT NULL,
EndOfWeekStartingThuDate date NOT NULL,
StartOfWeekStartingFriDate date NOT NULL,
EndOfWeekStartingFriDate date NOT NULL,
StartOfWeekStartingSatDate date NOT NULL,
EndOfWeekStartingSatDate date NOT NULL,
QuarterSeqNo int NOT NULL,
MonthSeqNo int NOT NULL,
WeekStartingSunSeq int NOT NULL,
WeekStartingMonSeq int NOT NULL,
WeekStartingTueSeq int NOT NULL,
WeekStartingWedSeq int NOT NULL,
WeekStartingThuSeq int NOT NULL,
WeekStartingFriSeq int NOT NULL,
WeekStartingSatSeq int NOT NULL,
JulianDate int NOT NULL,
ModifiedJulianDate int NOT NULL,
ISODate varchar(10) NOT NULL,
ISOYearWeekNo int NOT NULL,
ISOWeekNo smallint NOT NULL,
ISODayOfWeek tinyint NOT NULL,
ISOYearWeekName varchar(8) NOT NULL,
ISOYearWeekDayOfWeekName varchar(10) NOT NULL);
```

相对于以各种文字调用各种函数，我们创建单独的表，其中大量的列来存储预先计算过的值。实际产生日期表的脚本太长，你可以从 GitHub 网站 https://github.com/TexanInParis/Effective-SQL 下载此脚本。

返回到代码清单 9-13 所示的查询，可以将它修改成代码清单 9-15。

代码清单9-15　　从代码清单9-13修改的查询

```
SELECT od.WeekDayNameLong AS OrderDateWeekDay,
    o.OrderDate,
    sd.WeekDayNameLong AS ShipDateWeekDay,
    o.ShipDate,
    sd.DateKey - od.DateKey AS DeliveryLead
FROM Orders AS o
    INNER JOIN DimDate AS od
        ON o.OrderDate = od.DateValue
    INNER JOIN DimDate AS sd
        ON o.ShipDate = sd.DateValue
    INNER JOIN DimDate AS td
        ON td.DateValue = CAST(GETDATE() AS date)
WHERE od.MonthSeqNo = (td.MonthSeqNo - 1);
```

相对于函数与复杂的谓词，现在是简单连接与简单运算。注意我们连接 DimDate 表三次，每次都是不同的日期列。根据描述性的别名清楚地表示要从 WeekdayNameLong 得到什么。

请注意，由于 DimDate 表已经有预先计算过的顺序数字，现在能够执行原先比较危险的简单运算。以表 9-12 所示的 DimDate 取样来说。

表 9-12　　DimDate 表的采样数据

DateValue	Year Value	Month Value	Year Month	YearMonth NameLong	Month SeqNo
2015-12-30	2015	12	201512	2015 December	1392
2015-12-31	2015	12	201512	2015 December	1392
2016-01-01	2016	1	201601	2016 January	1393
2016-01-02	2016	1	201601	2016 January	1393
	...			...	
2016-01-30	2016	1	201601	2016 January	1393
2016-01-31	2016	1	201601	2016 January	1393
2016-02-01	2016	2	201602	2016 February	1394
2016-02-02	2016	2	201602	2016 February	1394

如你所见，MonthValue 列有典型的 1～12 以及每个月连续递增的 MonthSeqNo。通过使用 ***SeqNo 列，对日期的不同部分执行运算比较容易且不用调用函数。更重要的是，这些列可以添加索引，让你能够更容易地创建搜索的查询。

如第 27 条所述，代码清单 9-13 必须使用两个谓词与多个函数以正确地过滤日期，这是在创建能够找出上个月的订单的可搜索查询时必要的。当我们开始进行周计算时，事情还会变得更糟，特别是碰到工作日或财年等商业日期时。

注意此日期表可以扩展以支持工作日与其他没有简单运算可以运算的特定领域，你可以计算未来 5～10 年甚至更多的逻辑。额外的工作可以让复杂日期查询更简单。

但是，要知道你可能是以 CPU 运算交换磁盘 I/O。日期表现在存储在磁盘中，而日期函数在内存中计算。即使日期表被缓存在内存中，你仍然必须考虑一个表要比一个简单的内联函数需要更多的处理。实际上，代码清单 9-15 所示的查询执行速度会比代码清单 9-13 的查询慢，因为在 DimDate 表上执行了额外的读取操作。但是，日期表会在必须读取多个不同来源的日期并加以计算时胜出。

另外一件必须记住的事情是，由于 DimDate 表不会被修改且只会周期性地新增，你可以在表上创建多个索引，就像在数据仓库中对维度表进行索引一样。如此能让数据库引擎从索引而非整个表中读取数据，这样应该能减少 I/O。若能够明确将表加载到内存中，你可以选择将表载入到内存中以减少磁盘读取。不是所有 DBMS 产品都有这个功能，但若有，这样可以加速日期表，因为优化器可以假定该表将始终在内存中可用。

使用日期表优化查询

应用第 11 条、第 12 条与第 46 条学到的技巧，你应该能够分析怎样使用日期表最好。继续以代码清单 9-15 的查询来看，若除了主键外没有其他索引，则查询的执行计划可能不是最佳的，因为还有多个查询所需的细节才能确定。

例如，我们查询 DimDate 表的 WeekDayNameLong 列以对应 Orders 表的 OrderDate 与 ShipDate 列。因此我们可以使用代码清单 9-16 创建索引以快速地提取工作日名称。

代码清单9-16　首先尝试索引DimDate表

```
CREATE INDEX DimDate_WeekDayLong
ON DimDate (DateValue, WeekdayNameLong);
```

但是，这并不是我们在此查询中唯一能够对 DimDate 表做的事情。例如，我们使用了 MonthSeqNo；比较 td.MonthSeqNo 与 od.MonthSeqNo，因此让我们将它们加到代码清单 9-17 中。

代码清单9-17　第二次尝试索引DimDate表

```
CREATE INDEX DimDate_WeekDayLong
ON DimDate (DateValue, WeekdayNameLong, MonthSeqNo);
```

现在，它涵盖了代码清单 9-15 所示的查询的所有列。但在索引中涵盖所有列还不够。例如索引是以 DateValue 列排序，即使它用于查询的 WHERE 子句中，我们也无法直接存取 MonthSeqNo 列。在代码清单 9-18 中创建先以 MonthSeqNo 排序的索引。

代码清单9-18　在DimDate表中按MonthSeqNo进行索引

```
CREATE INDEX DimDate_MonthSeqNo
ON DimDate (MonthSeqNo, DateValue, WeekdayNameLong);
```

　　若在每个键尝试检查执行计划，你应该发现它越来越好，以嵌套循环替代哈希连接，以搜索取代扫描。但 DimDate 只是一部分，还有 Orders 表。我们还查询 OrderDate 与 ShipDate 列，且在 WHERE 子句中间接以 od.MonthSeqNo 过滤 OrderDate。因此我们应该要有如代码清单 9-19 所示对两个日期列以 OrderDate 排序的索引。

代码清单9-19　索引Orders表的日期

```
CREATE INDEX Orders_OrderDate_ShipDate
ON Orders (OrderDate, ShipDate);
```

　　现在这个查询应该优化得很好，能够在整个执行计划中使用更小的索引，以尽可能快地给出这个特定查询的结果。在某些 DBMS 上，使用过滤索引会更好。试试看。

　　不太可能只有这个查询使用 DimDate 表，但由于 DimDate 的内容不会频繁更新，你可以创建尽可能多的索引以提供数据库引擎更多的选择，通过使用索引访问的请求，而不实际触摸数据页。这意味着更快的 I/O，无论它是磁盘还是内存。

总结

❑ 对于日期与日期运算密集的应用程序，日期表可大幅简化逻辑。

❑ 日期表可加入工作日、假日或财年等特定应用领域。

❑ 由于日期表基本上是个维度表，因此即使是在线交易处理（OLTP）数据库也可以大量创建索引。如果可能，将表明确地存储在内存中能够避免磁盘存取并改善优化器的判断。

第 56 条：创建在某个范围内所有日期的日程表

　　你在第 55 条中了解到日期表的概念，且在第 47 条中看到如何使用左连接生成清单。你可以使用相同的方式生成该清单（或其他要在日历上显示的事件）。

　　以代码清单 9-20 所示的 Appointments 表为例。

代码清单9-20　创建Appointments表的DDL

```
CREATE TABLE Appointments (
  AppointmentID int IDENTITY (1, 1) PRIMARY KEY,
  ApptStartDate date NOT NULL,
```

```
ApptStartTime time NOT NULL,
ApptEndDate date NOT NULL,
ApptEndTime time NOT NULL,
ApptDescription varchar(50) NULL
);
```

> **注意** 并不是所有的 DBMS 都支持时间数据类型。有关详细信息请阅读附录。
>
> 将日期存储为整数值（以 yyyymmdd 格式）可能会产生效力更好的查询，但是，我们选择不要将此例子复杂化。

虽然每个会议有开始与结束时间，因此 DateTime 或 Timestamp 数据类型可能更合适，但我们建议将值存储在单独的日期与时间列中，以便更容易地写出可搜索的查询（更多详细信息请阅读第 28 条）。

> **注意** 有些 DBMS 支持 SQL:2011 标准的时间数据库，可以的话就使用时间数据库。

本节讨论所需的每天一行的日期表，如代码清单 9-21 所示。当然，若有更完整的日期表，加上其他列不是问题。

代码清单9-21　创建日期表的DDL

```
CREATE TABLE DimDate (
  DateKey int PRIMARY KEY,
  FullDate date NOT NULL
  );
CREATE INDEX iFullDate
  ON DimDate (FullDate);
```

> **注意** 如何创建与生成日期表见第 55 条。由于日期表通常用于信息仓库，主键通常不是日期列。

你现在可以如代码清单 9-22 所示创建查询，它会显示日期表中的每一天以及你安排的会议（请注意，此查询会产生比日期表更多的行，除非你有特殊情况，否则在指定的日期不会有多个会议）。

代码清单9-22　返回日历细节的SQL语句

```
SELECT d.FullDate,
  a.ApptDescription,
  a.ApptStartDate + a.ApptStartTime AS ApptStart,
  a.ApptEndDate + a.ApptEndTime AS ApptEnd
FROM DimDate AS d
  LEFT JOIN Appointments AS a
    ON d.FullDate = a.ApptStartDate
ORDER BY d.FullDate;
```

🔘注
意　并非所有 DBMS 都能让你如代码清单 9-22 那样新增日期与时间。你的 DBMS 可用的方法见附录。

若希望只看到特定时间段的会议，记得使用如第 35 条所述的技巧，WHERE 子句应该引用 DimDate 而非 Appointments 列，因为该日期可能不在 Appointments 中。

如果你使用表 9-13 中的示例数据运行代码清单 9-22 中的查询，可以得到如表 9-14 所示的结果。

表 9-13　Appointments 表的示例数据

Appointment ID	ApptStart Date	ApptStart Time	ApptEnd Date	ApptEnd Time	Appt Description
1	2017-01-03	10:30	2017-01-03	11:00	Meet with John
2	2017-01-03	11:15	2017-01-03	12:00	Design cover page
3	2017-01-05	09:00	2017-01-05	15:00	Teach SQL course
4	2017-01-05	15:30	2017-01-05	16:30	Review with Ben
5	2017-01-06	10:00	2017-01-06	11:30	Plan for lunch

表 9-14　代码清单 9-22 返回的结果

FullDate	ApptDescription	ApptStart	ApptEnd
2017-01-01			
2017-01-02			
2017-01-03	Meet with John	2017-01-03 10:30	2017-01-03 11:00
2017-01-03	Design cover page	2017-01-03 11:15	2017-01-03 12:00
2017-01-04			
2017-01-05	Teach SQL course	2017-01-05 09:00	2017-01-05 15:00
2017-01-05	Review with Ben	2017-01-05 15:30	2017-01-05 16:30
2017-01-06	Plan for lunch	2017-01-06 10:00	2017-01-06 11:30
2017-01-07			

总结

❑ 确保你的日期表有适当的索引。

❑ 了解 DBMS 的日期与时间，并合理利用它。

❑ 确保 WHERE 子句从适当的表中测试值。

第 57 条：使用计数表行转列

为创建报表的输出，"行转列"数据以取得类似电子表格那样非规范化的结果是很常见的。你通常以输出一个 SUM() 或 COUNT() 将两列值分组的查询来执行此操作，例如，计算销售代表每个月的订单或合约总金额。"行转列"的意思是将其中一列中的值用作列标题，结果将聚合值放在剩下的分组列和行转列分组列的值的交集处。

本节使用的示例，艺人经纪公司示例数据库可以从 GitHub 网站 https://github.com/TexanInParis/Effective-SQL 找到，此数据库的设计（包括我们将要使用的计数表）如图 9-3 所示。

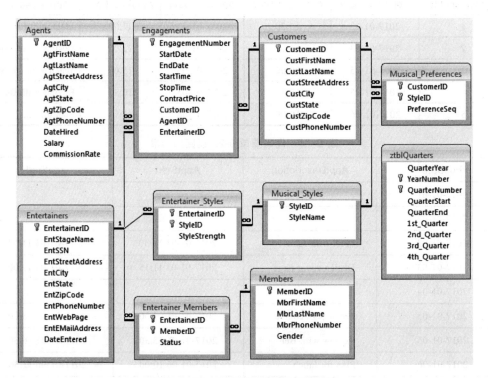

图 9-3　艺人经纪公司数据库的设计

假设你的销售经理要求 2015 年每个经纪人每个月的合同总价值统计。你第一次尝试的 SQL 如代码清单 9-23 所示。

代码清单9-23　计算每个经纪人每个月的合同总额

```
SELECT a.AgtFirstName, a.AgtLastName,
  MONTH(e.StartDate) AS ContractMonth,
  SUM(e.ContractPrice) AS TotalContractValue
FROM Agents AS a
```

```
INNER JOIN Engagements AS e
    ON a.AgentID = e.AgentID
WHERE YEAR(e.StartDate) = 2015
GROUP BY a.AgtFirstName, a.AgtLastName, MONTH(e.StartDate);
```

此 SQL 在示例数据库中返回 25 行，表 9-15 显示了前面几行。

表 9-15　2015 年每个经纪人每个月的合同统计

AgtFirstName	AgtLastName	ContractMonth	TotalContractValue
Caleb	Viescas	9	2300.00
Caleb	Viescas	10	3460.00
Caleb	Viescas	12	1000.00
Carol	Viescas	9	6560.00
Carol	Viescas	10	6170.00
Carol	Viescas	11	3620.00
Carol	Viescas	12	1900.00

这得到了所需的数据，但经理看过之后说："我知道这是我要求的，但是我说的是按季度统计的数据列出每个经纪人的合同总额，这样我才能看出并比较每个经纪人每一季的表现。记得我们的第一季从 5 月 1 日开始，并且无论经纪人有无合约都要列出。"

你忍了，但至少需求比较明确。无论经纪人有无合同都要列出会增加复杂度，但你确定你可以处理它（更多细节请阅读第 29 条）。

不幸的是，目前 ISO 的 SQL 标准对此没有简单的方法。各个数据库系统实现的解决方案不同，有些版本的 IBM DB2 使用 DECODE，Microsoft SQL Server 使用 PIVOT，Microsoft Access 使用 TRANSFORM，Oracle 使用 PIVOT 和 DECODE，而 PostgreSQL 使用 CROSSTAB（需要安装 "tablefunc"）。

如果还是按月计算，你可以使用标准 SQL 而无须计数表。解决方法如代码清单 9-24 所示。

代码清单9-24　使用标准SQL按月计算合同总额

```
SELECT a.AgtFirstName, a.AgtLastName,
  YEAR(e.StartDate) AS ContractYear,
  SUM(CASE WHEN MONTH(e.StartDate) = 1
        THEN e.ContractPrice
      END) AS January,
  SUM(CASE WHEN MONTH(e.StartDate) = 2
        THEN e.ContractPrice
      END) AS February,
  SUM(CASE WHEN MONTH(e.StartDate) = 3
        THEN e.ContractPrice
```

```
            END) AS March,
      SUM(CASE WHEN MONTH(e.StartDate) = 4
            THEN e.ContractPrice
            END) AS April,
      SUM(CASE WHEN MONTH(e.StartDate) = 5
            THEN e.ContractPrice
            END) AS May,
      SUM(CASE WHEN MONTH(e.StartDate) = 6
            THEN e.ContractPrice
            END) AS June,
      SUM(CASE WHEN MONTH(e.StartDate) = 7
            THEN e.ContractPrice
            END) AS July,
      SUM(CASE WHEN MONTH(e.StartDate) = 8
            THEN e.ContractPrice
            END) AS August,
      SUM(CASE WHEN MONTH(e.StartDate) = 9
            THEN e.ContractPrice
            END) AS September,
      SUM(CASE WHEN MONTH(e.StartDate) = 10
            THEN e.ContractPrice
            END) AS October,
      SUM(CASE WHEN MONTH(e.StartDate) = 11
            THEN e.ContractPrice
            END) AS November,
      SUM(CASE WHEN MONTH(e.StartDate) = 12
            THEN e.ContractPrice
            END) AS December
FROM Agents AS a
  LEFT JOIN (
    SELECT en.AgentID, en.StartDate, en.ContractPrice
    FROM Engagements AS en
    WHERE en.StartDate >= '2015-01-01'
      AND en.StartDate < '2016-01-01'
    ) AS e
    ON a.AgentID = e.AgentID
GROUP BY AgtFirstName, AgtLastName, YEAR(e.StartDate);
```

当然，你可以将它定义为接受年作为参数并返回表的函数，这样以提高其灵活性。但现在的需求是按季度排列数据且第一季从奇数日期开始，因此你无法以内建函数找出季度数字。你可以加上测试特定季起始与终止日期的 WHERE 子句，但这会让查询更复杂，并依赖你指定的特定日期。要对不同年份执行此查询，你必须做修改，这样可能产生错误。

一个更简单的解决方案是，使用一个预定义季度的计数表，并为每个可以使用的季度列提供常量值0或1，而不是使用复杂的 CASE 子句来计算汇总的值。计数表（ztblQuarters）如表 9-16 所示。

表 9-16 能够对可变季度日期行转列的计数表

Quarter Year	Year Number	Quarter Number	Quarter Start	Quarter End	Qtr_1st	Qtr_2nd	Qtr_3rd	Qtr_4th
Q1 2015	2015	1	5/1/2015	7/31/2015	1	0	0	0
Q2 2015	2015	2	8/1/2015	10/31/2015	0	1	0	0
Q3 2015	2015	3	11/1/2015	1/31/2016	0	0	1	0
Q4 2015	2015	4	2/1/2016	4/30/2015	0	0	0	1
Q1 2016	2016	1	5/1/2016	7/31/2016	1	0	0	0
Q2 2016	2016	2	8/1/2016	10/31/2016	0	1	0	0
Q3 2016	2016	3	11/1/2016	1/31/2017	0	0	1	0
Q4 2016	2016	4	2/1/2017	4/30/2016	0	0	0	1

在最终的查询中，我们在连接 Agents 与 Engagements 并过滤 QuarterStart 与 Quarter-End 日期的笛卡儿积中使用此计数表。为了使其更加灵活，你可以使用参数来过滤 YearNumber 列。当你需要运行其他年份的报表时，只需在此计数表中添加行。解决方案见代码清单 9-25。

代码清单9-25 2015年按经纪人和季度统计的合同总额

```
SELECT ae.AgtFirstName, ae.AgtLastName, z.YearNumber,
  SUM(ae.ContractPrice * z.Qtr_1st) AS First_Quarter,
  SUM(ae.ContractPrice * z.Qtr_2nd) AS Second_Quarter,
  SUM(ae.ContractPrice * z.Qtr_3rd) AS Third_Quarter,
  SUM(ae.ContractPrice * z.Qtr_4th) AS Fourth_Quarter
FROM ztblQuarters AS z
  CROSS JOIN (
    SELECT a.AgtFirstName, a.AgtLastName,
      e.StartDate, e.ContractPrice
    FROM Agents AS a
    LEFT JOIN Engagements AS e
      ON a.AgentID = e.AgentID
  ) AS ae
WHERE (ae.StartDate BETWEEN z.QuarterStart AND z.QuarterEnd)
  OR (ae.StartDate IS NULL AND z.YearNumber = 2015)
GROUP BY AgtFirstName, AgtLastName, YearNumber;
```

请注意，查询使用计数表中的 1 和 0 乘以相加的值以将值放在正确的列中，结果（使用没有大量数据的示例数据库）如表 9-17 所示。

表 9-17 2015 年按经纪人和季度统计的合同总额

AgtFirst Name	AgtLast Name	Year Number	First_ Quarter	Second_ Quarter	Third_ Quarter	Fourth_ Quarter
Caleb	Viescas	2015	0.00	5760.00	3525.00	0.00
Carol	Viescas	2015	0.00	12730.00	8370.00	0.00

（续）

AgtFirst Name	AgtLast Name	Year Number	First_ Quarter	Second_ Quarter	Third_ Quarter	Fourth_ Quarter
Daffy	Dumbwit	2015	NULL	NULL	NULL	NULL
John	Kennedy	2015	0.00	950.00	21675.00	0.00
Karen	Smith	2015	0.00	11200.00	6575.00	0.00
Maria	Patterson	2015	0.00	6245.00	4910.00	0.00
Marianne	Davidson	2015	0.00	3545.00	11970.00	0.00
Scott	Johnson	2015	0.00	1370.00	4850.00	0.00
William	Thompson	2015	0.00	8460.00	4880.00	0.00

我们正确地执行从 Agents 到 Engagements 的左连接，因为没有任何业绩的经纪人显示空的总计。如你所想的一样，加上参数就可以让使用者指定年度。

当其他替代方案可用时，使用计数表做行列转换不一定是最好的方式。但是有多个变量来过滤要行列转换的数据时，计数表可能就是一个不错的选择，因为你只需要在计数表上加上对应的行就可以让查询计算其他值。

总结

❑ 需要"行转列"数据时，你的数据库系统可能有专属的语法。

❑ 若只想要使用标准 SQL，你可以使用 CASE 表达式对数据进行行列转换，以提供聚合函数中每行需要的值。

❑ 决定列范围的值会变化时，使用计数表简化你的 SQL。

第 10 章 *Chapter 10*

层次数据建模

你知道关系模型是不怎么分层次的，在描述不同实体之间复杂的关系时也挺好用。尽管如此，在关系数据库中维护分层数据的需求是很常见的。这也是 SQL 的弱点之一。

无论何时需要使用 SQL 数据库对分层数据进行建模，你必须在数据规范化与易查询和维护元数据之间进行权衡。有四种模型你可以使用，本章的每一节将分别讨论其中一种模型。根据以下的问题，每种模型适用的场景不同：

1）你要投入多少工作来存储与维护所需的元数据？请注意，元数据本身可能没有规范化。

2）分层的数据查询需要怎样的查询性能和速度？

3）树的搜索有从一个方向执行吗？

在本章的例子中，我们使用了一个员工组织图，如图 10-1 所示。

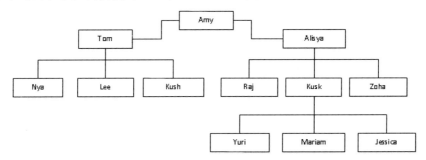

图 10-1　本章使用的组织结构图

然而，无论你最终选择什么，我们始终建议你在数据库中使用邻接列表模型，它是本章的第一种做法。

请注意，某些数据库厂商在产品中提供了方便制作分层数据模型的功能，例如 Oracle 的 CONNECT BY 子句和 Microsoft SQL Server 的 HierarchyId 数据类型，但本章的重点是介绍标准 SQL 中的解决方法。

第 58 条：从邻接列表模型开始

你可能已经看过邻接表模型，但没有听过这个术语。所有员工都有主管，但主管本身实际上是员工，他们可能有自己的主管。所以创建一个名为 Employees 的表和另一个名为 Supervisors 的表可能是不合适的——为何需要在两个表之间来回穿梭？相反，我们可以在表上创建一个外键约束的列，它引用同一张表的主键，如图 10-2 所示。

ID	Name	Position	Supervisor
1	Amy Kok	President	*NULL*
2	Tom LaPlante	Manager	1
3	Aliya Ash	Manager	1
4	Nya Maeng	Associate	2
5	Lee Devi	Associate	2

图 10-2　自引用的主键

我们可以在同一个表中以自引用主键的外键来建立无限深度的层次模型（此例中，SupervisorID 引用 EmployeeID）。Lee Devi 的主管是 Tom LaPlante，因为 Lee 的 SupervisorID 是 2，正是 Tom 的 EmployeeID。Tom 的主管 Amy Kok 位于层次结构的顶层，因为 SupervisorID 是 NULL，表示没有更上层的主管。创建此表的语句如代码清单 10-1 所示。

代码清单10-1　具有自引用外键的表创建语句

```
CREATE TABLE Employees (
  EmployeeID int PRIMARY KEY,
  EmpName varchar(255) NOT NULL,
  EmpPosition varchar(255) NOT NULL,
  SupervisorID int NULL
);

ALTER TABLE Employees
  ADD FOREIGN KEY (SupervisorID)
    REFERENCES Employees (EmployeeID);
```

这个模型很容易实现，而且由于它的设计方式，不可能产生不一致的层次结构。"不一致"，我们并不意味着不能保证一名雇员不会被分配到错误的主管，而是说我们不会得到不同的员工主管关系。假设公司调整职位，现在要让 Nya 向 Lee 报告，然后 Tom 向 Aliysa 报告。这通过两个 UPDATE 语句就可以做到，如代码清单 10-2 所示。

代码清单10-2　调整职位

```
UPDATE Employees SET SupervisorID = 5 WHERE EmployeeID = 4;
UPDATE Employees SET SupervisorID = 3 WHERE EmployeeID = 2;
```

你可能会注意到调整后 Lee 的主管还是 Tom，但我们没有更新它的记录。实际上，我们无须动这条记录，如图 10-3 所示。

ID	Name	Position	Supervisor
1	Amy Bacock	President	*NULL*
3	Aliysa Ash	Manager	1
2	Tom LaPlante	Manager	3
5	Lee Devi	Associate	2
4	Nya Maeng	Associate	5

图 10-3　标记出职位调整之后的员工和主管关系

所以即使 Lee 的记录没有被直接修改，数据还是保持一致。这是保持数据规范化的好处！

这引出了一个重点。这是唯一完全规范化的模型，不需要任何元数据。没有要维护的元数据，就不可能产生不一致的层次结构。

然而，以任意深度从层次结构中提取数据的查询性能通常是不好的。代码清单 10-3 展示了一种以固定深度（三层）的最简单方法。

代码清单10-3　三层自我连接

```
SELECT e1.EmpName AS Employee, e2.EmpName AS Supervisor,
  e3.EmpName AS SupervisorsSupervisor
FROM Employees AS e1
  LEFT JOIN Employees AS e2
    ON e1.SupervisorID = e2.EmployeeID
  LEFT JOIN Employees AS e3
    ON e2.SupervisorID = e3.EmployeeID;
```

如果你需要与代码清单 10-3 所示的不同深度的查询，必须修改查询。使用邻接列表模型进行可变深度的查询可能会较慢且效率很低。因此，我们建议你将邻接列表模型与本章后面介绍的其他模型进行组合。你可以使用邻接列表模型构建一致的层次结构，然后导出所需的元数据以准确表示其他模型。

总结

❑ 邻接列表只是在表中添加一个自引用表的主键的一个外键。不需要元数据。

❑ 始终使用邻接列表模型构建一致的层次模型，供后续章节中讨论的其他模型使用。

第 59 条：对不常更新的数据使用嵌套集以提升查询性能

在组织结构图的例子中，组织结构通常不会频繁变化。组织结构的变化可能会每隔几年才进行一次。在这种情况下，层次结构适合使用 Joe Celko 推荐的嵌套集。图示比文字更容易表达它的运作方式，因此先看图 10-4。特别留意编号是如何分配的，从左至右，当有子节点时向下，只有当没有更多的兄弟节点时向上。注意每个节点有一对数字。"左"数字为绿色，"右"数字为红色。

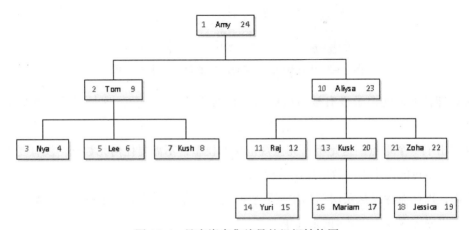

图 10-4　具有嵌套集编号的组织结构图

请注意，有 12 名员工，最顶层的员工——Amy，左右数字分别是 1 和 24，没有下级员工的数量只有一个。以 Nya 来说，左边数字是 3 而右边数字是 4。因此这个层次结构中每个节点都有两个数字，而这个层次结构的数字范围是 1~24，或者说是节点数量的两倍。最上面的节点的数字差是（＜节点数＞×2）−1。从这个指派方法可以推导出以下几点：

❑ 没有子节点的节点左右数字差只能是 1。

❑ 节点下面的节点数可以使用（右−（左+1））/2 来计算。以 Aliya 来说，是（23−（10+1））/2，也就是下面有 6 个节点。

❑ 我们可以用某个节点左右数字是否在某个节点左右数字的范围内来判断是否为其子节点。

❑ 同样，我们可以提供左右数字来判断节点的父节点。

所以，对比第 58 条的表结构来说，唯一的区别就是加上两列来存储描述嵌套集的元数据。让我们命名为 lft 与 rgt 以避免和 SQL 的 LEFT() 与 RIGHT() 函数冲突。代码清单 10-4

展示了如何创建一个实现嵌套集的表。

代码清单10-4　创建具有lft与rgt嵌套集元数据的表的SQL

```
CREATE TABLE Employees (
  EmployeeID int PRIMARY KEY,
  EmpName varchar(255) NOT NULL,
  EmpPosition varchar(255) NOT NULL,
  SupervisorID int NULL,
  lft int NULL,
  rgt int NULL
);
```

根据第 58 条的建议，我们保留邻接表模型。这么做比较容易在有需要时重建层次结构。我们从一些使用嵌套集查询层次结构的示例开始。

代码清单 10-5 展示了如何查找给定节点的所有子节点。

代码清单10-5　查询所有子节点

```
SELECT e.*
FROM Employees AS e
WHERE e.lft >= @lft
  AND e.rgt <= @rgt;
```

请注意，必须同时过滤 lft 与 rgt 列以避免得到无意义的结果，因为我们只需要在给定的 @lft 和 @rgt 范围内包含一对 lft 和 rgt 数字。或者，若不想要包含要找出其子节点的节点本身，则可以使用 > 与 < 取代 >= 与 <=。

代码清单 10-6 展示了相反的情况，找出某个节点的所有父节点。

代码清单10-6　查询所有父节点

```
SELECT *
FROM Employees AS e
WHERE e.lft <= @lft
  AND e.rgt >= @rgt;
```

与代码清单 10-5 类似，必须同时使用 lft 与 rgt 以确保不会出现不是该节点的父节点。

我们需要更多的篇幅才能示范如何以存储过程或触发器来过滤嵌套集，但以上的查询应该可以让你知道如何重建层次结构。例如，你可以创建一个包含迭代逻辑的存储过程，以根据当前的 SupervisorID 值为每个节点分配 lft 和 rgt 数值。

嵌套集模型最大的缺点是层次结构的变化，特别是将节点从一个分支移动到另外一个分支时，几乎会更新整个表的 lft 和 rgt 元数据以保持一致。若你预计层次结构会频繁地变动，请参考后续将要讨论的方法。另一个需要考虑的问题是，这种嵌套集只有在层次结构只有一个根节点的情况才能工作。若有多个独立的根节点，则需要额外的过滤逻辑。

总结

❑ 你必须使用存储过程来维护嵌套集模型，以封装构建集合后的逻辑，并为每个节点分配正确的左和右数字。

❑ 嵌套集模型不适用于频繁更新的情况，因为对层次结构的更改需要对其他几个节点进行重新编号，可能是整个表，这可能会导致死锁。

❑ 获取计数不需要查找其他记录，因为它可以从 lft 和 rgt 元数据列计算，使得嵌套集模型对于维护统计信息非常有效。

❑ 嵌套集模型只能使用单个根节点的单个层次结构。如果你需要多个层次结构，多个根节点，请考虑其他模型。

第 60 条：使用存储路径简化设置与搜索

存储路径比嵌套集更容易设置与理解。概念上，它与文件系统的路径没有什么不同。相对于文件夹和文件，我们使用主键以更精简的格式来描述层次结构。我们可以如代码清单 10-7 所示对 Employees 表增加列来保存存储路径的元数据。

代码清单10-7 创建有存储路径元数据的表的SQL

```
CREATE TABLE Employees (
  EmployeeID int PRIMARY KEY,
  EmpName varchar(255) NOT NULL,
  EmpPosition varchar(255) NOT NULL,
  SupervisorID int NULL,
  HierarchyPath varchar(255)
);
```

然后可以产生如图 10-5 所示的数据。

ID	Name	Position	Supervisor	Path
1	Amy Kok	President	*NULL*	1
2	Tom LaPlante	Manager	1	1/2
3	Aliya Ash	Manager	1	1/3
4	Nya Maeng	Associate	2	1/2/4
5	Lee Devi	Associate	2	1/2/5
6	Kush Itō	Associate	2	1/2/6
7	Raj Pavlov	Senior Editor	3	1/3/7
8	Kusk Pérez	Senior Developer	3	1/3/8
9	Zoha Larsson	Senior Writer	3	1/3/9
10	Yuri Lee	Developer	8	1/3/8/10
11	Mariam Davis	Developer	8	1/3/8/11
12	Jessica Yosef	Developer	8	1/3/8/12

图 10-5 有存储路径元数据的员工数据

请注意，这个方法没有通用的规则。斜线或任何其他占位符都可以用来分隔主键，只要方便查询就好。该示例包括根节点与路径节点会增加存储空间，可以省略根节点与路径节点，但需要根节点或路径时就必须相应地修改查询。看此图时请注意，存储路径方法很容易找出子节点与节点的深度。

代码清单 10-8 展示了用于查找给定节点内的所有子节点的 SQL。

代码清单10-8　查找某个节点的所有子节点

```
SELECT e.*
FROM Employees AS e
WHERE e.HierarchyPath LIKE @NodePath + '%';
```

为找出 Tom LaPlante 的所有员工，你可以设置 @NodePath 为 "1/2/"。若担心性能，索引 HierarchyPath 列应该可以解决问题，或至少通配符只用在字符串末尾。正如第 28 条所述，代码清单 10-8 所示的查询是可参数化搜索的，因为我们仅将通配符附加到最后。

我们也可以如代码清单 10-9 所示展出某个节点的父节点，但它不是可参数化搜索的。

代码清单10-9　查找某个节点的所有父节点

```
SELECT e.*
FROM Employees AS e
WHERE CHARINDEX(CONCAT('/',
  CAST(e.EmployeeID AS varchar(11)), '/'), @NodePath) > 0;
```

> 注意　该示例只适用于 SQL Server；不同 DBMS 的 CHARINDEX() 和 CAST() 函数的实现不同。

@Nodepath 将引用员工自己的路径。所以要找 Lee 的父节点，你需要传入 "1/2/5"。若需要密集且快速地搜索树，特别是中间或底部，存储路径可能不是最适合的方法。若需要在谓词中间插入通配符来处理分支也会遇到类似的问题，一种方式是创建另一个列反向存储层次节点后并对其进行索引。但存储路径与索引需要存储空间，是成本相当高的方法。

还要注意，我们使用 varchar(255) 作为 HierarchyPath 列的数据类型。你会发现，大多数（如果不是全部）数据库引擎对文本列的索引有字符数限制。这也限制了层次结构路径的深度。最糟糕的部分是，你可能会因为层次结构太宽（例如，每一层的键都很长）或者因为层次结构太深而超过限制。因此，有可能超过列容许的长度时要主动检查。如果你的数据库允许，可能的选项是使用 varchar(MAX) 以放宽限制并对前缀索引，但查询可能会返回奇怪的结果或性能不一致的问题。

总结

- ❑ 存储路径的好处是容易理解与处理，因为它基于我们都熟悉的文件系统路径。
- ❑ 设计的限制很难发现，因为没有简单的方法预知层次结构是否太深或太宽而超过索引的限制。因此你必须对层次结构加上限制以避免产生问题。
- ❑ 存储路径的搜索仅在一个方向上有效，因为在开始或谓词中有通配符时不能创建可搜索的查询。设计时要考虑这一点。

第 61 条：使用祖先遍历闭包做复杂搜索

管理层次数据的另一个选项是使用祖先闭包表。这基本上是第 60 条所述的存储路径相似的方法，相对于使用表中的列，我们改用另一个表并对每个节点间的"关系"创建一条元数据。与第 58 条所述的邻接表模型只记录相邻关系不同，我们记录所有可能的关系，而不管两个节点之间有多少节点。代码清单 10-10 展示了如何设置 Employees 表。

代码清单10-10　创建具有祖先表的SQL

```
CREATE TABLE Employees (
  EmployeeID int NOT NULL PRIMARY KEY,
  EmpName varchar(255) NOT NULL,
  EmpPosition varchar(255) NOT NULL,
  SupervisorID int NULL,
);

CREATE TABLE EmployeesAncestry (
  SupervisedEmployeeID int NOT NULL,
  SupervisingEmployeeID int NOT NULL,
  Distance int NOT NULL,
  PRIMARY KEY (SupervisedEmployeeID, SupervisingEmployeeID)
);

ALTER TABLE EmployeesAncestry
  ADD CONSTRAINT FK_EmployeesAncestry_SupervisingEmployeeID
    FOREIGN KEY (SupervisingEmployeeID)
      REFERENCES Employees (EmployeeID);

ALTER TABLE EmployeesAncestry
  ADD CONSTRAINT FK_EmployeesAncestry_SupervisedEmployeeID
    FOREIGN KEY (SupervisedEmployeedID)
      REFERENCES Employees (EmployeeID);
```

请注意，与其他模型不同，元数据现在存储在单独的 EmployeesAncestry 表中。然后，我们将生成如图 10-6 所示的数据。

ID	Name	Position	Supervisor
1	Amy Kok	President	NULL
2	Tom LaPlante	Manager	1
3	Aliya Ash	Manager	1
4	Nya Maeng	Associate	2
5	Lee Devi	Associate	2
6	Kush Itō	Associate	2
7	Raj Pavlov	Senior Editor	3
8	Kusk Pérez	Senior Developer	3
9	Zoha Larsson	Senior Writer	3
10	Yuri Lee	Developer	8
11	Mariam Davis	Developer	8
12	Jessica Yosef	Developer	8

Supervised EmployeeID	Supervising EmployeeID	Distance
1	1	0
2	1	1
2	2	0
3	1	1
3	3	0
4	1	2
4	2	1
4	4	0
5	1	2
5	2	1
5	5	0

图 10-6　具有祖先元数据记录的员工；祖先表只显示一部分

为了简洁起见，我们没有显示所有祖先表中的记录，但图 10-6 应该说明如何生成该表，以 Nya Maeng 来说，其主管为 Tom LaPlante，而 Tom LaPlante 的主管为 Amy Kok。这是三个节点间的关系，我们必须列出 Nya 所有的关系。因此需要三条记录：

1）一条记录显示 Nya 同时是主管与下属，距离为 0。

2）一条记录显示 Nya 的主管是 Tom，距离为 1。

3）一条记录显示 Amy——因为她是 Tom 的主管——也是其主管，但距离为 2。

由于祖先表列出各种关系，你可以连接祖先表与数据表以找出某个节点的完整路径。

与存储路径一样，这种方式没有通用的规则，因此你会看到一些差异。我们决定使用 Distance，但你可能会看到有人使用 Depth。我们觉得后者会产生误解，因为它暗示节点到根节点的深度，但通常我们要找的是两个节点间相隔的层次而不一定是根节点。因此我们使用"距离"一词。我们还需要手动维护该信息，因为有些查询会依赖深度。还有，将祖先表中的列称为 ancestry 与 descendant 很常见，但这也是相对的；一个节点的祖先也可能是其他节点的后代。还有，将列标示为 SupervisingEmployeeID 可帮助理解查询是如何写的。最后，要考虑是否包含路径记录——你可能会觉得 (1, 1, 0) 与 (2, 2, 0) 这种表示 Amy 与 Tom 管理自己的记录意义不大。但若不在祖先表中保存这种记录，在结果中呈现它们时需要比较复杂的查询。

使用祖先表最大的缺点是需要较多的维护，因为改变层次时你可能需要新增或删除记录以保持元数据正确。将逻辑包装在存储过程中可减轻负担，若使用邻接表模型，可用表的触发器来监控 Employees 表的 SupervisorID 以自动更新祖先表。虽然这是相对规范化的解决方案，但若祖先表中的元数据没有正确维护，最后可能会因不一致的层次结构导致查询产生错误的结果。

代码清单 10-11 展示了用于查找给定节点的所有子节点的 SQL。

代码清单10-11　查找某个节点的所有子节点

```
SELECT e.*
FROM Employees AS e
  INNER JOIN EmployeesAncestry AS a
    ON e.EmployeeID = a.SupervisedEmployeeID
WHERE a.SupervisingEmployeeID = @EmployeeID
  AND a.Distance > 0;
```

为了找出 Tom LaPlante 的所有下属，你可以指定 @EmployeeID 为 "3"。与其他方法不同，它很容易限制深度。例如，我们可以限制 Distance 必须介于 1 和 3 之间以列出特定层级的员工。

我们也可以如代码清单 10-12 所示找出某个节点的所有祖先，它不同于第 60 条所述的存储路径，但仍然是可参数化搜索的。

代码清单10-12　查找某个节点的所有祖先

```
SELECT e.*
FROM Employees AS e
  INNER JOIN EmployeesAncestry AS a
    ON e.EmployeeID = a.SupervisedEmployeeID
WHERE e.EmployeeID = @EmployeeID
  AND a.Distance > 0;
```

如你所见，此查询类似于代码清单 10-11，唯一的差别是连接引用 Supervised-EmployeeID 列而不是 SupervisingEmployeeID 列。这应该说明了为什么使用比 "祖先" 和 "后代" 更具描述性的名称可能是更好的。

我们认为你会发现此层次模型的查询相当直接，且主要靠数据表与祖先表之间的连接或在某些情况下进行存在检查。例如，要找出所有没有子节点的节点，可以使用代码清单 10-13 所示的 NOT EXISTS。

代码清单10-13　查找没有子节点的所有节点

```
SELECT e.*
FROM Employees AS e
WHERE NOT EXISTS (
  SELECT NULL
  FROM EmployeesAncestry AS a
  WHERE e.EmployeeID = a.SupervisingEmployeeID
    AND a.Distance > 0
  );
```

由于我们在祖先表中加入路径记录，在搜寻非路径记录的节点时需要排除它们。排除祖先表中的路径记录后，你需要将代码清单 10-11 与代码清单 10-12 的结果与员工记录做 UNION。代码清单 10-11 与代码清单 10-12 所示的查询更加复杂，但可以简化代码清单 10-13 所示的查询。

总结

❑ 当你需要频繁更新和易于搜索时，使用祖先遍历闭包模型，但代价是维护祖先表的额外复杂性。

❑ 虽然比较规范化，但是不能将祖先表中的元数据保持为最新，可能导致查询结果不正确。这可以通过在 Employees 表上使用触发器来自动修改祖先表来缓解，但需要付出一定的成本。

Appendix 附录

日期与时间类型、运算符和函数

　　不同数据库系统都有各种可用于计算或操作日期和时间值的函数。每个数据库系统也有自己的数据类型与日期和时间运算的规则。SQL标准定义了三个函数：CURRENT_DATE()、CURRENT_TIME()和CURRENT_TIMESTAMP()，但是许多商业数据库系统并不完全持这三个函数。为了帮助你在数据库系统中使用日期和时间值，我们将简要介绍支持的数据类型和运算操作。我们还整理了主要数据库系统用于处理日期和时间值的函数清单。本附录中的列表包括函数名称及其用法的简要说明。◷每个函数的具体语法，请阅读相关数据库文档。

IBM DB2

支持的数据类型

　　❑ DATE

　　❑ TIME

　　❑ TIMESTAMP

　　◷　大部分内容摘自John L. Viescas与Michael J. Hernandez合著的《SQL Queries for Mere Mortals》（第3版，Addison-Wesley，2014）。

支持的运算符

值 1	运算符	值 2	结果
DATE	+/–	年、月、日和日期区间	DATE
DATE	+/–	TIME	TIMESTAMP
TIME	+/–	时、分、秒和时间区间	TIME
TIMESTAMP	+/–	日期、时间和日期与时间区间	TIMESTAMP
DATE	–	DATE	以 yyyymmdd 格式表示的日期区间 (DECIMAL(8,0))
TIME	–	TIME	以 hhmmss 格式表示的时间区间 (DECIMAL(6,0))
TIMESTAMP	–	TIMESTAMP	以 yyyymmddhhmmss 格式表示的时间区间 (DECIMAL (20,6))

函数

函数名称	说明
ADD_MONTHS(<expression>, <number>)	对日期或时间戳加上表达式指定的月数
CURDATE	获取当前日期
CURRENT_DATE	获取当前日期
CURRENT_TIME	获取本地时区当前时间
CURRENT_TIMESTAMP	获取本地时区当前的日期与时间
CURTIME	获取本地时区当前时间
DATE(<expression>)	根据表达式返回日期
DAY(<expression>)	根据表达式返回日期、时间戳或日期区间
DAYNAME(<expression>)	根据表达式返回日期、时间戳或日期区间的名称
DAYOFMONTH(<expression>)	根据表达式返回日期或时间戳月中的天数（值介于 1～31）
DAYOFWEEK(<expression>)	根据表达式返回一星期的天数，周日＝1
DAYOFWEEK_ISO(<expression>)	根据表达式返回 ISO 标准星期中的天数，周一＝1
DAYOFYEAR(<expression>)	根据表达式返回一年中的天数（值介于 1～366）
DAYS(<expression>)	根据表达式返回自元年 1 月 1 日起加 1 的天数
HOUR(<expression>)	根据表达式返回日期或时间戳的小时数
JULIAN_DAY(<expression>)	根据表达式返回元年前 4713 年 1 月 1 日起的天数
LAST_DAY(<expression>)	返回表达式当月的最后一天
MICROSECOND(<expression>)	返回时间戳或时间区间表达式的微秒部分
MIDNIGHT_SECONDS(<expression>)	返回时间或时间戳表达式自午夜起的秒数
MINUTE(<expression>)	返回时间、时间戳或时间区间的分钟部分

（续）

函 数 名 称	说　明
MONTH(*<expression>*)	返回日期、时间戳或日期区间表达式的月数部分
MONTHNAME(*<expression>*)	返回日期、时间戳或日期区间表达式的月名称
MONTHS_BETWEEN(*<expression1>*, *<expression2>*)	比较两个日期或时间戳表达式，返回两个值之间的月数差。如果 *<expression1>* 晚于 *<expression2>*，则值为正数
NEXT_DAY(*<expression>*,*<dayname>*)	根据表达式中日期的 *<dayname>*（包含 MON 和 TUE 等字符串）中指定的第一天的日期作为时间戳返回
NOW	获得本地时区当前的日期和时间
QUARTER(*<expression>*)	根据表达式中日期返回一年中的第几个季节
ROUND_TIMESTAMP(*<expression>*, *<format string>*)	根据表达式将其四舍五入到格式字符串中指定的最近时间间隔
SECOND(*<expression>*)	根据时间、时间戳或时间区间表达式返回秒部分
TIME(*<expression>*)	根据时间或时间戳表达式返回时间部分
TIMESTAMP(*<expression1>*, [*<expression2>*])	将单独的如日期（<expression1>）和时间（<expression2>）值转换为时间戳
TIMESTAMP_FORMAT(*<expression1>*, *<expression2>*)	通过使用中的格式化字符串格式化中的字符串并返回时间戳
TIMESTAMP_ISO(*<expression>*)	根据日期、时间或时间戳返回时间戳。如果表达式只包含日期，则时间戳包含日期和全为零的时间。如果表达式只包含时间，则时间戳包含现在的日期和指定的日期
TIMESTAMPDIFF(*<numeric expression>*, *<string expression>*)	数字表达式必须包含代码数值，其中 1＝微妙、2＝秒、4＝分钟、8＝小时、16＝天、32＝周、64＝月、128＝季节和 256＝年。字符串表达式必须是减去两个时间戳并将结果转换为字符串。该函数返回字符串表示的请求间隔的次数
TRUNC_TIMESTAMP(*<expression>*, *<format string>*)	根据表达式将其截断成格式化字符串指定的最近间隔
WEEK(*<expression>*)	根据表达式返回值的日期部分的星期编号，其中 1 月 1 日从第一周开始
WEEK_ISO(*<expression>*)	根据表达式返回值的日期部分的周数，其中一年的第一周是包含星期四的第一周
YEAR(*<expression>*)	根据日期或时间戳表达式返回年份部分

Microsoft Access

支持的数据类型

❑ DATETIME

虽然 Access 的图形界面将日期类型显示为 Date/Time，但在 CREATE TABLE 语句中的正确名称是 DATETIME。

支持的运算符

值 1	运算符	值 2	结　　果
DATETIME	+	DATETIME	DATETIME。结果是通过将第一个值中的天数和一天的小数与第二个值中的天数和小数相加而获得的日期和时间。1899 年 12 月 31 日是第 0 天
DATETIME	−	DATETIME	INTEGER 或 DOUBLE。结果是天数（如果只有日期值）或天数和一天的小数（如果 DATETIME 值包含时间）
DATETIME	+/−	整数	DATETIME。在整数中增加或减少天数。0 是 1899 年 12 月 31 日
DATETIME	+/−	小数	DATETIME。增加或减少由小数表示的时间。0.5 = 12 小时
DATETIME	+/−	整数 . 小数	DATETIME

函数

函 数 名 称	说　　明
CDate(*<expression>*)	将表达式转换为日期
Date()	获取当前日期
DateAdd(*<interval>*,*<number>*, *<expression>*)	将指定的间隔数添加到 DATETIME 表达式
DateDiff(*<interval>*,*<expression1>*, *<expression2>*,*<firstdayofweek>*, *<firstdayofyear>*)	返回在 <expression1> 中的 DATETIME 和 <expression2> 中的 DATETIME 之间指定的间隔数。你可以选择指定除了星期日和一年中第一周之外的一周中的第一天，从 1 月 1 日开始，第一周至少有四天或第一个整周
DatePart(*<interval>*,*<expression>*, *<firstdayofweek>*,*<firstdayofyear>*)	从间隔指定的表达式中提取日期或时间的部分。你可以选择指定除了星期日和一年中第一周之外的一周中的第一天，从 1 月 1 日开始，第一周至少有四天或第一个整周
DateSerial(*<year>*, *<month>*, *<day>*)	返回与指定的年、月和日对应的日期
DateValue(*<expression>*)	根据表达式返回一个 DATETIME 数据类型的日期（见 TimeValue()）
Day(*<expression>*)	根据表达式返回日期的天数部分
Hour(*<expression>*)	根据表达式返回时间的小时部分
IsDate(*<expression>*)	根据表达式，如果表达式是有效的日期，则返回 True
Minute(*<expression>*)	根据表达式返回时间的分钟部分
Month(*<expression>*)	根据表达式返回日期的月部分

（续）

函 数 名 称	说　明
MonthName(<*expression*>, <*abbreviate*>)	根据表达式（必须是从 1~12 的整数值），返回等效月份名称。如果 <abbreviate> 参数为 True，则名称将为缩写
Now()	获取本地时区当前日期和时间
Second(<*expression*>)	根据表达式返回时间的秒部分
Time()	获取本地时区当前的时间
TimeSerial(<*hour*>, <*minute*>, <*second*>)	返回与指定的小时、分钟和秒对应的时间
TimeValue(<*expression*>)	根据表达式返回时间部分（见 DateValue()）
WeekDay(<*expression*>, <*firstdayofweek*>)	根据表达式返回星期几的整数。你可以选择指定星期日以外的星期的第一天
WeekDayName(<*daynumber*>, <*abbreviate*>,<*firstdayofweek*>)	根据指定的天数返回一周中的某一天。你可以选择要求缩写名称，并且你可以指定除星期日之外的星期的第一天
Year(<*expression*>)	根据表达式将日期的年份部分作为整数返回

Microsoft SQL Server

支持的数据类型

- ❏ date
- ❏ time
- ❏ smalldatetime
- ❏ datetime
- ❏ datetime2
- ❏ datetimeoffset

支持的运算符

值 1	运算符	值 2	结　果
datetime	+	datetime	datetime。值是在每个值中加上天数和一天的小数的结果。1900 年 1 月 1 日是第 0 天
datetime	-	datetime	两个值之间的天数和一天的小数
datetime	+/–	整数	datetime。在整数中增加或减少天数
datetime	+/–	小数	datetime。增加或减少小数表示的时间。0.5=12 小时
datetime	+/–	整数 . 小数	datetime
smalldatetime1	+	smalldatetime	smalldatetime。值是在每个值中加上天数和小数的结果。1900 年 1 月 1 日是第 0 天

（续）

值 1	运算符	值 2	结　　果
smalldatetime	+/–	整数	smalldatetime。在整数中增加或减少天数
smalldatetime	+	小数	smalldatetime。增加或减少小数表示的时间。0.5 = 12 小时
smalldatetime	+	整数 . 小数	smalldatetime

函数

函 数 名 称	说　　明
CURRENT_TIMESTAMP	获取本地时区当前的日期和时间
DATEADD(<interval>, <number>, <expression>)	将指定的间隔数增加到 date 或 datetime 表达式
DATEDIFF(<interval>,<expression1>, <expression2>)	返回 <expression1> 中的 datetime 和 <expression2> 中的 datetime 之间指定的间隔数
DATEFROMPARTS(<year>, <month>, <day>)	返回指定年、月、日的日期
DATENAME(<interval>, <expression>)	根据表达式返回一个包含指定间隔名称的字符串。如果间隔是一个月或一周中的某一天，则将名称拼写出来
DATEPART(<interval>, <expression>)	从间隔指定的表达式提取日期或时间的部分（作为整数）
DATETIMEFROMPARTS(<year>, <month>, <day>, <hour>,<minute>, <second>,<milliseconds>)	返回指定年、月、日、时、分、秒和毫秒的 datetime 值
DATETIME2FROMPARTS(<year>, <month>, <day>, <hour>, <minute>, <second>, <fractions>, <precision>)	返回指定年、月、日、时、分、秒和指定精度的小数的 datetime2 值
DAY(<expression>)	根据表达式返回日期的天数部分
EOMONTH(<date> [,<months>])	将指定日期的可选月数增加到指定日期，并返回该月的最后一天
GETDATE()	获取当前日期作为 datetime 值
GETUTCDATE()	获取当前 UTC（协调世界时）日期作为日期时间值
ISDATE(<expression>)	如果表达式是有效的日期值，则返回 1
MONTH(<expression>)	根据表达式将日期值的月份部分作为整数返回
SMALLDATETIMEFROMPARTS(<year>, <month>, <day>, <hour>,<minute>)	返回指定年、月、日、时和分钟的 smalldatetime 值
SWITCHOFFSET(<expression>, <offset>)	将表达式（datetimeoffset）值的时区偏移更改为指定的偏移量，并返回 datetimeoffset
SYSDATETIME()	以 datetime2 值返回当前日期和时间
SYSDATETIMEOFFSET()	将当前日期和时间（包括时区偏移量）作为 datetimeoffset 值返回

(续)

函 数 名 称	说　明
SYSUTCDATETIME()	以 datetime2 值返回当前 UTC 日期和时间
TIMEFROMPARTS(*<hour>*,*<minute>*, *<second>*, *<fraction>*,*<precision>*)	返回指定时、分、秒和指定精度的小数的时间值
TODATETIMEOFFSET(*<expression>*, *<offset>*)	使用指定的时区偏移转换表达式（datetime2 值），并返回 datetimeoffset 值
YEAR(*<expression>*)	根据表达式将日期的年份部分作为整数返回

MySQL

支持的数据类型

- ❏ DATE
- ❏ DATETIME
- ❏ TIMESTAMP
- ❏ TIME
- ❏ YEAR

支持的运算符

值 1	运算符	值 2	结　果
DATE	+/−	INTERVAL: year quarter month week day	DATE
DATETIME	+/−	INTERVAL: year quarter month week day hour minute second	DATETIME
TIMESTAMP	+/−	INTERVAL: year quarter month week day hour minute second	TIMESTAMP
TIME	+/−	INTERVAL: hour minute second	TIME

 注意　时间段的语法为 INTERVAL*<expr><unit>*，*<unit>* 是上述的关键字，例如 INTERVAL 31 day 或 INTERVAL 15 minute。

对日期与时间数据类型加减整数或小数值是合法的，但 MySQL 会先将日期或时间值转换成数字然后执行运算。例如，对日期值 2012-11-15 加上 30 产生数字 20121145。对时间值 12:20:00 加上 100 产生 122100。执行日期与时间运算时要使用 INTERVAL 关键字。

函数

函 数 名 称	说　　明
ADDDATE(*<expression>*, *<days>*)	将指定的天数增加到表达式的日期中
ADDDATE(*<expression>*, INTERVAL *<amount>* *<units>*)	将指定的间隔数量增加到表达式的日期中
ADDTIME(*<expression>*, *<time>*)	将指定的时间增加到时间或 DATETIME 表达式中
CONVERT_TZ(*<expression>*, *<from tz>*, *<to tz>*)	将 DATETIME 表达式从指定的时区转换为另一指定的时区
CURRENT_DATE, CURDATE()	获取当前的 DATE 值
CURRENT_TIME, CURTIME()	获取本地时区当前的 TIME 值
CURRENT_TIMESTAMP	获取本地时区当前日期和时间作为 DATETIME 值
DATE(*<expression>*)	从 DATETIME 表达式获取日期
DATE_ADD(*<expression>*, INTERVAL *<interval>* *<quantity>*)	将指定的间隔数量增加到表达式中的日期或 DATETIME 值
DATE_SUB(*<expression>*, INTERVAL *<interval>* *<quantity>*)	从表达式中的 DATE 或 DATETIME 值中减去指定的间隔数量
DATEDIFF(*<expression1>*, *<expression2>*)	从第一个 DATETIME 表达式中减去第二个 DATEIME 表达式，并返回两者之间的天数
DAY(*<expression>*)	根据表达式将 DATE 的日期部分作为 1～31 之间的数字返回
DAYNAME(*<expression>*)	根据表达式返回 DATE 或 DATETIME 值的日期名称
DAYOFMONTH(*<expression>*)	根据表达式将 DATE 的日期部分作为 1～31 之间的数字返回
DAYOFWEEK(*<expression>*)	根据表达式返回 DATE 或 DATETIME 值的周内的天数，其中 1 = 星期日
DAYOFYEAR(*<expression>*)	根据表达式返回年中的天数，值为 1～366
EXTRACT(*<unit>* FROM *<expression>*)	根据表达式返回指定的时间单位（例如年或月）
FROM_DAYS(*<number>*)	返回自公元 1 年 12 月 31 日以来的天数。第 366 天是 0001 年 1 月 1 日
HOUR(*<expression>*)	根据表达式返回 TIME 的小时部分
LAST_DAY(*<expression>*)	返回表达式中由日期指示的月份的最后一天
LOCALTIME, LOCALTIMESTAMP	见 NOW() 函数
MAKEDATE(*<year>*, *<dayofyear>*)	返回指定年份和年份的日期（1～366）
MAKETIME(*<hour>*, *<minute>*, *<second>*)	返回指定时、分和秒的 TIME
MICROSECOND(*<expression>*)	根据表达式返回 TIME 或 DATETIME 值的微妙部分
MINUTE(*<expression>*)	根据表达式返回 TIME 或 DATETIME 值的分钟部分
MONTH(*<expression>*)	根据表达式返回 DATE 值的月部分

（续）

函 数 名 称	说　明
MONTHNAME(<*expression*>)	根据表达式返回 DATE 或 DATETIME 值的月份名称
NOW()	获取本地时区中当前日期和时间值作为 DATETIME 值
QUARTER(<*expression*>)	根据表达式返回表达式中日期所在年份的季节的数字
SECOND(<expression>)	根据表达式返回时间或 DATETIME 值的秒部分
STR_TO_DATE(<*expression*>, <*format*>)	根据指定的格式计算表达式，并返回 DATE、DATETIME 或 TIME 值
SUBDATE(<*expression*>, INTERVAL <*interval*> <*quantity*>)	见 DATE_SUB() 函数
SUBTIME(<*expression1*>, <*expression2*>)	从 <expression1> 中 的 DATETIME 或 TIME 减 去 <expression2> 中的 TIME，并返回 TIME 或 DATETIME 值
TIME(<*expression*>)	根据表达式返回时间或 DATETIME 值的时间部分
TIME_TO_SEC(<*expression*>)	根据表达式中的 time 返回秒数
TIMEDIFF(<*expression1*>, <*expression2*>)	从 <expression1> 中的 TIME 或 DATETIME 值减去 <expression2> 中的 TIME 或 DATETIME 值，并返回差值
TIMESTAMP(<*expression*>)	根据表达式返回 DATETIME 值
TIMESTAMP(<*expression1*>, <*expression2*>)	将 <expression2> 中的 TIME 增加到 DATE 或 <expression1> 中的 DATETIME，并返回 DATETIME 值
TIMESTAMPADD(<*interval*>, <*number*>, <*expression*>)	将指定的间隔数增加到 DATE 或 DATETIME 表达式
TIMESTAMPDIFF(<*interval*>, <*expression1*>, <*expression2*>)	返回在 <expression1> 中的 DATE 或 DATETIME 与 <expression2> 中的 DATE 或 DATETIME 之间的指定间隔数
TO_DAYS(<*expression*>)	根据表达式中的 DATE，返回自 0 年依赖的天数
UTC_DATE	获取当前 UTC 的日期
UTC_TIME	获取当前 UTC 的时间
UTC_TIMESTAMP	获取当前 UTC 的日期与时间
WEEK(<*expression*>, <*mode*>)	根据表达式使用指定的模式返回值的日期部分的星期编号
WEEKDAY(<*expression*>)	根据表达式返回星期的整数值，其中 0 是星期一
WEEKOFYEAR(<*expression*>)	根据表达式返回周数（1～53），假设第一周超过三天
YEAR(<*expression*>)	根据表达式返回日期的 YEAR 部分

Oracle

支持的数据类型

❑ DATE

❏ TIMESTAMP

❏ INTERVAL YEAR TO MONTH

❏ INTERVAL DAY TO SECOND

支持的运算符

值 1	运算符	值 2	结果
DATE	+/−	INTERVAL	DATE
DATE	+/−	数字	DATE
DATE	−	DATE	数字（天数与天的小数）
DATE	−	TIMESTAMP	INTERVAL
INTERVAL	+	DATE	DATE
INTERVAL	+	TIMESTAMP	TIMESTAMP
INTERVAL	+/−	INTERVAL	INTERVAL
INTERVAL	*	数字	INTERVAL
INTERVAL	/	数字	INTERVAL

函数

函数名称	说　明
ADD_MONTHS(*<expression>*, *<integer>*)	返回表达式（DATE）的值加上指定的月数
CURRENT_DATE	获取当前 DATE 值
CURRENT_TIMESTAMP	获取本地时区当前日期、时间和时间戳
DBTIMEZONE	获取数据库的时区
EXTRACT(*<interval>* FROM *<expression>*)	根据表达式返回请求的间隔（年、月、日等）
LOCALTIMESTAMP	获取本地时区当前日期和时间
MONTHS_BETWEEN (*<expression1>*, *<expression2>*)	计算 <expression2> 和 <expression1> 之间的月份和月的小数
NEW_TIME(*<expression>*, *<timezone1>*, *<timezone2>*)	根据日期和时间表达式，从第一个时区转换到第二个时区的日期和时间
NEXT_DAY(*<expression>*, *dayname*)	根据表达式返回日期后面的 <dayname>（包含 MONDAY、TUESDAY 等字符串）中指定的第一天的日期
NUMTODSINTERVAL(*<number>*, *<unit>*)	将数字转换为指定的单位（DAY、HOUR、MINUTE、SECOND）中的间隔
NUMTOYMINTERVAL(*<number>*, *<unit>*)	将数字转换为指定单位（YEAR、MONTH）中的间隔
ROUND(*<expression>*, *<interval>*)	将日期值四舍五入到指定的时间间隔

(续)

函数名称	说　明
SESSIONTIMEZONE	获取当前回话的时区
SYSDATE	获取当前数据库服务器上的日期和时间
SYSTIMESTAMP	获取当前数据库服务器上的日期、时间和时区
TO_DATE(*<expression>*, *<format>*)	使用指定的格式将字符串表达式转换为日期数据类型
TO_DSINTERVAL(*<expression>*)	将字符串表达式转换为天到秒的时间间隔
TO_TIMESTAMP(*<expression>*, *<format>*)	使用指定的格式将字符串表达式转换为 TIMESTAMP
TO_TIMESTAMP_TZ(*<expression>*, *<format>*)	使用指定的格式将字符串表达式转换为具有时区数据类型的 TIMESTAMP
TO_YMINTERVAL	将字符串表达式转换为年到月间隔
TRUNC(*<expression>*, *<interval>*)	将日期值截断到指定的时间间隔

PostgreSQL

支持的数据类型

- ❑ DATE
- ❑ TIME（有或没有时区）
- ❑ TIMESTAMP（有或没有时区）
- ❑ INTERVAL

支持的运算符

值 1	运算符	值 2	结果
DATE	+/−	INTERVAL	TIMESTAMP
DATE	+/−	数字	DATE
DATE	+	TIME	TIMESTAMP
DATE	−	DATE	INTEGER
TIME	+/−	INTERVAL	TIME
TIME	−	TIME	INTERVAL
TIMESTAMP	+/−	INTERVAL	TIMESTAMP
TIMESTAMP	−	TIMESTAMP	INTERVAL
INTERVAL	+/−	INTERVAL	INTERVAL
INTERVAL	*	数字	INTERVAL
INTERVAL	/	数字	INTERVAL

函数

函数名称	说　明
AGE(<*expression*>, <*expression*>)	减去表达式（TIMESTAMP），生成使用年和月的"符号"结果
AGE(<*expression*>)	从 CURRENT_DATE() 减去 TIMESTAMP 表达式（在午夜）
CLOCK_TIMESTAMP()	返回当前日期和时间（在语句执行期间更改）
CURRENT_DATE	返回当前日期
CURRENT_TIME	返回当前时间
CURRENT_TIMESTAMP	返回当前的日期和时间（当前事务）
DATE_PART(<*unit*>, <*expression*>)	从表达式（TIMESTAMP 或 INTERVAL）获取由 TEXT 单元（年、月、日等）指定的子字段（见 EXTRACT()）
DATE_TRUNC(<*unit*>, <*expression*>)	将 TIMESTAMP 表达式截断为 TEXT 单元指定的精度（微妙、毫秒、分钟等）
EXTRACT(<*unit*> FROM <*expression*>)	从表达式（TIMESTAMP 或 INTERVAL）获取 TEXT 单元（年、月、日等）指定的子字段
ISFINITE(<*expression*>)	测试表达式（DATE、TIMESTAMP 或 INTERVAL）是否有限（不是正负无限）
JUSTIFY_DAYS(<*expression*>)	调整表达式（INTERVAL），因此 30 天的时间段表示为月份
JUSTIFY_HOURS(<*expression*>)	调整表达式（INTERVAL），因此 24 小时时间段表示为天
JUSTIFY_INTERVAL(<*expression*>)	使用 justify_days 和 justify_hours 调整表达式（INTERVAL），并使用其他符号调整
LOCALTIME	返回当前时间
LOCALTIMESTAMP	返回当前日期和时间（当前事务）
NOW()	返回当前日期和时间（当前事务）
STATEMENT_TIMESTAMP()	返回当前日期和时间（当前事务）
TIMEOFDAY()	返回当前日期和时间（如 CLOCK_TIMESTAMP()，但作为字符串）
TRANSACTION_TIMESTAMP()	返回当前日期和时间（当前事务）

推 荐 阅 读

Effective系列